普通高等教育"十一五"国家级规划教材

21 世纪高等院校计算机系列教材

信息技术应用基础

（Windows XP 环境）（第二版）

蔡翠平　主编

尚俊杰　赵海霞　姬　虹　编著

中国铁道出版社

CHINA RAILWAY PUBLISHING HOUSE

内 容 简 介

本书根据教育部高等教育司组织制订的《高等学校文科类专业大学计算机教学基本要求(2006年版)》并结合当前高等院校文科专业计算机基础课程教学的实际需要而编写。全书主要内容包括计算机基础知识、中文操作系统 Windows XP、文字处理软件 Word 2003、演示文稿软件 PowerPoint 2003、电子表格软件 Excel 2003、数据库管理软件 Access 2003、多媒体基础知识、Flash 动画制作、计算机网络基础知识、网络应用、信息检索和网页制作等，并配有相关的习题和附录，特别适合文科专业学生学习的需要。

本书适合高等学校文科各类专业（包括哲学、经济学、法学、教育学、文学、历史学和管理学的一些专业）计算机公共基础课教学使用，还可作为全国计算机等级考试的培训教材以及不同层次的办公人员的自学教材。

图书在版编目（CIP）数据

信息技术应用基础：Windows XP 环境/蔡翠平主编；
尚俊杰，赵海霞，姬虹编著. —2 版. —北京：中国铁道
出版社，2008.6
（21 世纪高等院校计算机系列教材）
普通高等教育"十一五"国家级规划教材
ISBN 978-7-113-08767-8

Ⅰ.信…　Ⅱ.①蔡…②尚…③赵…④姬…　Ⅲ.电子计算
机－高等学校－教材　Ⅳ.TP3

中国版本图书馆 CIP 数据核字（2008）第 090745 号

书　　名：信息技术应用基础（Windows XP 环境）（第二版）
作　　者：蔡翠平　主编　尚俊杰　等编著

策划编辑：严晓舟　秦绪好
责任编辑：崔晓静　黄园园　　　　　编辑部电话：(010) 63583215
封面设计：付　巍　　　　　　　　　封面制作：白　雪
责任印制：李　佳

出版发行：中国铁道出版社（北京市宣武区右安门西街 8 号　　邮政编码：100054）
印　　刷：河北省遵化市胶印厂
版　　次：2008 年 8 月第 2 版　　　2008 年 8 月第 1 次印刷
开　　本：787mm×1092mm　1/16　印张：23　字数：534 千
印　　数：5 000 册
书　　号：ISBN 978-7-113-08767-8/TP・2798
定　　价：33.00 元

21世纪高等院校计算机系列教材

应用计算机的能力已成为信息社会对大学生的基本要求。大学新生在中学阶段已受过的计算机教育，既不能满足信息化社会对大学生的一般要求，更不能满足大学各专业对计算机知识与技能方面的特殊需要。因此，对大学非计算机专业按学科门类建设具有专业特色的计算机课程体系十分必要。

包括文科在内的大学诸多专业与以计算机为重要内容的信息科学和信息技术的相互结合、交叉、渗透，是现代科学发展趋势的重要方面，是不可忽视的新学科的一个生长点。文科开设计算机课程是为培养传统文科专业人才满足信息化社会要求的重要举措，是培养跨学科、综合型的、具有创新意识和能力的文科人才的重要环节。

为了满足对文科各专业学生在计算机方面教学的不同需要，教育部高等教育司组织制订了文科类专业《大学计算机教学基本要求（2006 年版）》（下面简称《基要》）。

《基要》定位在本科；按学科门类（包括哲学、经济学、法学、教育学、文学、历史学和管理学）分为文史哲法教类、经济管理类和艺术类三个系列；在教学内容上则分三个层次。第一层次是计算机大公共课程，其教学内容是文科某系列（比如艺术类）各专业的学生都该应知应会的。目前，常由计算机基础知识、微机操作系统及其使用、多媒体知识和应用基础、办公软件应用、计算机网络基础、Internet 基本应用、信息检索与利用基础、电子政务基础、电子商务基础和网页设计基础等模块组成，为学生在某一信息技术方向上做深入学习打下基础。第二层次是计算机小公共课程，这是专指在开设计算机大公共课程之后，为满足同一系列某些专业的共同需要而开设的计算机课程，大多是多媒体应用技术、计算机网络、数据库系统、程序设计等方面与文科专业结合或体现更多文科专业特色的课程。在深度上超过计算机大公共课程相应模块或者是开拓新的应用领域。这部分的教学在更大程度上决定了学生在所在专业应用计算机解决问题的能力与水平。第三层次是计算机背景专业课程，也就是使用计算机工具，以计算机软/硬件为依托而开设的专业课，若无计算机的软、硬件为背景，此课就不存在，这是某些专业所特有的课程。

中国铁道出版社推出的"21 世纪高等院校计算机系列教材"，就是根据《基要》规定的相关内容编写而成的，其中不乏被教育部审定为普通高等教育"十一五"国家级规划教材，它可以满足文科各类学生在计算机教学上的基本需要。

由于计算机、信息科学和信息技术的发展日新月异，各院校、各专业的具体情况又有差异，加上作者水平有限，因此本系列教材难免会有不足之处，敬请同行和读者批评指正。

卢湘鸿

2008 年 1 月 8 日于北京

卢湘鸿，北京语言大学信息科学学院计算机科学与技术系教授、教育部普通高等学校本科教学工作水平评估专家组成员、教育部高等学校文科计算机基础教学指导委员会秘书长、全国高等院校计算机基础教育研究会文科专业委员会主任

以多媒体技术和网络技术为主的信息技术对社会的政治、经济、军事、科技和文化等领域产生越来越深刻的影响，也正在改变着人们的工作、生活、学习和交流方式，使人类真正进入了信息时代。当今高等学校的各类学生，包括文科专业的学生，在学习、工作和生活中都离不开计算机和网络。因此，针对文科类大学生开设具有专业特色的计算机课程是培养能够满足信息时代对文科人才要求的重要举措，也是培养跨时代接班人的重要保证。

为了更好地指导文科计算机教学工作，教育部高等教育司先后于 2003 年和 2006 年发布了《高等学校文科类专业大学计算机教学基本要求》（以下简称《基本要求》），该要求将文科计算机教学按专业分成了多个部分，按教学层次则分为计算机大公共课程（也称计算机公共基础课）、计算机小公共课程和计算机背景专业课程三个层次。其中，计算机公共基础课包含计算机基础知识、微机操作系统及其使用、多媒体知识和应用基础、办公软件应用、计算机网络基础、信息检索与利用基础、网页设计基础等 15 个模块。这一层次的内容是文科计算机教学的基础，是进一步学习其他层次计算机知识的首要条件。

我们在 2004 年即根据《基本要求（2003 版）》编写了本教材，覆盖了第一层次中的主要模块，也受到了广大师生的欢迎。2007 年以来，我们根据《基本要求（2006 版）》，并且广泛听取了使用过本教材的教师和同学的意见，针对第一版进行了改写，删除了部分不太常用的章节，增加了 Access 和信息检索两章，更新了大部分软件的版本，并且重新改写了计算机网络基础知识等章节，力求更好地满足广大同学学习的需求。

本版本主体是由 Windows XP 操作系统及可在该环境下运行的一些常用软件组成，包括计算机基础知识、中文操作系统 Windows XP、文字处理软件 Word 2003、演示文稿软件 PowerPoint 2003、电子表格软件 Excel 2003、数据库管理软件 Access 2003、多媒体基础知识、Flash 动画制作、计算机网络基础知识、网络应用、信息检索和网页制作等，并配有相关的习题和附录。

具体包括如下几方面的内容：

（1）计算机基础知识：了解计算机的发展史、典型应用领域以及计算机文化对信息化社会各方面的巨大作用和影响；正确理解信息技术领域基本的名词术语；从应用角度掌握计算机基础知识，如微机软/硬件的基本组成。

（2）微机操作系统及其应用：了解操作系统的基本功能及有关操作的含义，熟练掌握 Windows XP 操作系统的使用方法等。

（3）办公软件应用：如文字处理（掌握中英文键盘输入技术；熟练掌握一般的文字编辑、页面设置和排版打印处理；掌握带有演示、声音、动画功能的多媒体文档的处理）、多媒体演示文稿、电子表格数据处理（掌握这些软件在日常办公中的基本应用）、数据库使用等。

（4）多媒体知识和应用基础：会使用如 Flash 动画制作软件及演示文稿软件制作简单的动画；理解多媒体技术的基础知识。

（5）计算机网络基础和 Internet 基本使用：具备在 Internet 上浏览、检索信息，下载、发送文件，收发 E-mail 等技能，会使用网上共享的软、硬件资源，会利用 FrontPage 等软件制作简单的网页。

本书适合高等学校文科各类专业（包括哲学、经济学、法学、教育学、文学、历史学和管理学的一些专业）计算机公共基础课教学使用，还可作为全国计算机等级考试的培训教材以及不同层次的办公人员的自学教材。

我们在编写过程中，尽量将自己多年的教学经验融入进去，力求让学生学习起来更容易。具体来说，本套教材具有如下特点：

（1）从作者组成上说，本套教材主要由北京大学多年从事信息技术教育的优秀教师集体编写，这些教师在信息技术教育方面已经积累了大量的经验，并有部分编委曾前往海外进行学术交流，对世界各地的信息技术教育有较深的研究。

（2）从内容编排上说，考虑到文科学生的学习特点，精心选择了学习内容，并仔细斟酌先讲什么、后讲什么，讲什么、不讲什么。例如，对于 Office 办公软件部分，由于它们彼此之间都有一定的联系，所以特别仔细地安排了不同章节的内容，并且非常强调规范地学习，力争使学生能够举一反三。

（3）从教学目的上说，不仅要教会学生计算机知识，还非常注重培养学生学习计算机的方法和能力。

（4）从教学方法上说，尽管整套教材由不同的部分组成，但是我们根据以前的教学经验，尽量使整套教材成为一个有机的系统，而不是单纯灌输知识。

（5）从教材形式上说，在每一章后面都精心设计了丰富的习题，主要是针对该章重点、难点进行训练，对于掌握该章内容有非常重要的作用。此外，本书还会利用中国铁道出版社网站（edu.tqbooks.net）和本书教学支持网站（www.jjshang.com）提供大量的学习资源。

本书由蔡翠平教授主编，先后参加第一版和第二版编写的主要有尚俊杰、赵海霞、姬虹、张益贞等人，在第二版编写过程中，缪蓉、曹培杰、李福攀等人也参加了部分内容的编写工作。此外，在编写过程中，还得到了北京外交学院宗薇教授等许多专家、学者的关心和帮助，在此一并表示感谢。对于书中出现的错误和不足之处，敬请同行和读者批评指正。如有任何问题，可联系编者（jjshang@gse.pku.edu.cn）或者访问 www.jjshang.com 反馈信息。

编　者

2008 年 6 月

本书是根据教育部高等教育司组织制订的《高等学校文科类专业大学计算机教学基本要求（2003 年版）》的基本精神编写而成的。高等学校各类学生，特别是文科专业的学生，在毕业后的工作中都离不开计算机和网络，利用它对文字、表格、图形、图像、声音、动画等数据的处理，也就是微机在日常办公事务中的文字表格应用、各类常规数据信息的检索管理、多媒体基础知识以及计算机网络的基本使用。在进入 PC 时代的今天讲计算机的应用，应以对计算机网络的使用为基础。计算机也只有在上网之后才能充分体现出它的意义。因此，一个人只有当他既会进行单机操作，又能使自己的微机上网，在全球的范围内与他人交流信息、搜索查取他所需的资料，自由地共享网上丰富的软/硬件资源之时，才能满足当前信息化时代对他的要求。具体地说，对于文科专业学生计算机公共基础课程教学的基本要求应包括如下几方面：

（1）计算机基础知识：了解计算机的发展史、典型应用领域以及计算机文化对信息化社会各方面的巨大作用和影响；正确理解信息技术领域基本的名词术语；从使用角度掌握计算机基础知识，如微型机软/硬件的基本组成。

（2）微机操作系统及其应用：操作系统的基本功能及有关操作的含义，熟练掌握一种操作系统的使用方法等。

（3）办公软件应用：如文字处理（掌握中英文键盘输入技术；熟练掌握一般的文字编辑、页面设置和排版打印处理；掌握带有演示、声音、动画功能的多媒体文档的处理）；多媒体演示文稿、电子表格数据处理（掌握这些软件在日常办公中的基本应用）。

（4）多媒体技术和应用基础知识：如 Flash 动画及演示文稿软件；理解多媒体技术的基础知识；会利用 Flash 软件制作简单的 Flash 动画。

（5）计算机网络基础和 Internet 的基本使用：熟练掌握在 Internet 上浏览、检索信息，下载、发送文件，收发 E-mail 等技能，会共享网上的软/硬件资源，会利用 FrontPage 等软件制作简单的网页。

（6）常见工具软件的使用：会使用常见的看图、压缩、防病毒、网络下载、FTP 等常见工具软件。

（7）结合学科特点有选择地掌握与本专业有关的软件包：初步学会使用与本专业相关的软件包，以解决实际问题。

从这些要求出发，本书主体是由 Windows XP 操作系统及一切可在该环境下运行的一些常用软件组成，包括计算机基础知识、中文操作系统 Windows XP、文字处理软件 Word 2003、演示文稿软件 PowerPoint 2003、电子表格软件 Excel 2003、数据库软件 Access 2003、多媒体基础、动画制作软件 Flash、网络基础知识、Internet 基本应用、网络检索、网页制作等，并配有相关的习题和附录，适合文科专业教学的需要。

本书由蔡翠平教授任主编。参加编写的主要有尚俊杰、赵海霞、姬虹、张益贞等。

编 者

2004 年 5 月于北京

目录

第 1 章 计算机基础知识

在学习和应用信息技术之前，首先要了解计算机的基础知识。本章主要介绍信息及信息技术的概念、信息在计算机中的表示方式、计算机系统的构成、微型计算机的硬件组成以及计算机的信息安全基础。

1.1 信息与信息技术

当今社会被称为"信息社会"，每一个人的生活都与"信息"二字息息相关，从而使得信息与信息技术遍布生活的每一个角落。在大学生活中，了解一些关于信息和信息技术的基础知识，既有助于我们更好地进行工作、学习和交流，又有助于我们进一步学习其他关于信息技术的高级教程。

1.1.1 信息与载体

信息（information）这个词语，每个人都不陌生，因为它与人类的生活密不可分。从远古的时候开始，人类的祖先就以手势、喊叫、烽火等方式来传递信息。当语言和文字产生之后，人类又有了新的信息存储和传输方式，无数的信息就通过神话传说、古老的书稿一代代流传下去。

随着计算机的发明和电子技术、通信技术的不断发展和普及，信息技术作为一种崭新的信息存储和传输方式出现在人类的生活之中，并且不断对人类的生活产生深远的影响。可以说，人类正处于一个信息的时代，而且这一时代还将继续延伸下去。

简单地说，信息就是对人类有一定意义的一系列符号的集合，它是一种资源，能给人类提供有用的消息，它能以多种形式传播并为人类所感知。而载体则是一种媒介，信息依赖于载体进行传播，如语言、文字、报纸、电视、电话、广播、网络等都是信息的载体。

1.1.2 什么是信息技术

信息技术即人们通常所讲的 IT（Information Technology），从广义来看，信息技术是指完成信息的获取、传递、加工、再生和使用等功能的技术。

从"技术功能论"的角度来看，可以说信息技术就是能够用来扩展人的信息器官功能的技术。人的信息器官的功能包括：感觉器官承担的信息获取功能，神经网络承担的信息传递功能，思维器官承担的信息认知功能和信息再生功能，效应器官承担的信息执行功能。与这 4 种信息器官功能相对应，信息技术也主要有 4 种：感测与识别技术（信息获取）、通信与存取技术（信息传递）、计算与智能技术（信息认知与再生）、控制与显示技术（信息执行）。

随着时间的推移和计算机的发展，在以上 4 种信息技术中，计算与智能技术变得越来越重要，并不断渗透到其他几种信息技术之中。近年来，随着计算机技术的不断发展壮大，各种通信技术、微电子技术和传感技术都得到了进一步的蓬勃发展，计算机技术在金融、教育、商业、医药、航天、娱乐等领域中的应用也越来越广泛。

1.1.3 为什么要学习信息技术

随着社会的发展，信息技术已经以越来越快的速度渗透到人们生活的每一个角落，人们的衣食住行，小到一张薄薄的银行卡，大到飞上太空的"神州六号"，种种事物都与计算机、网络、通信等技术有着千丝万缕的联系。

身为新一代的大学生，无论是在日常学习中，还是在将来的就业和进一步深造的过程中，计算机基本技能几乎已经成为社会对新人的基本要求，如果对计算机和信息技术没有基本的认识与了解，将很有可能成为一种特殊的"文盲"。

在以美国为代表的发达国家，从 20 世纪 70 年代开始，许多院校就已经为非计算机专业开设了信息、计算机等信息技术的相关课程。美国大学协会在 1970 年就建议现有专科生和中学生，无论将来从事何种工作，都要了解信息处理的历史、计算机应用的社会意义、计算机的应用范围，掌握计算机软/硬件基础知识。今天，计算机课已成为很多国家高等学校文科学生的必修课，把计算机历史、计算机原理、计算机终端操作等作为教学的基本内容。

可以说，信息技术已经不单纯是一门科学技术，它已成为跨越国界推动全球经济与社会发展的重要手段。信息技术的发展势不可当，大学生学习和掌握以计算机技术为主的信息技术，具有极其重要和深远的意义。

1.2 计算机概述

现代的计算机主要指电子计算机，又称电脑（computer），本书中将简称其为计算机。它通常是指一种能够存储程序和数据、自动执行程序，从而快速高效地完成各种数字化信息处理的电子设备，是一种能够协助人们获取、处理、存储和传递信息的信息处理机。

1.2.1 计算机的定义、特点和发展简史

1. 计算机的基本特点

- 运算速度快。世界上第一台电子计算机的运算速度是 5 000 次/秒，目前一般的中小型计算机运算速度可以达到几百万次/秒，巨型计算机则可达到几十亿甚至几百亿次/秒。例如，对圆周率的计算，数学家们经过长期艰苦的努力只算到小数点后 500 位，而使用计算机很快就算到小数点后 200 万位。
- 运算精度高。计算机内部采用二进制进行运算，计算的精确度取决于字长和算法，通过不断改进字长和算法，从理论上说，计算机的运算精度是不受限制的。
- 具有逻辑判断能力。由于二进制的采用，使得计算机可以进行逻辑运算并做出判断和选择，这是计算机的一项突出特点，使其在某种程度上更接近于"人脑"。
- 具有超强的记忆能力。计算机的存储器中可以存储海量的数据，是单纯的人脑所不能及的。

- 具有自动控制能力。正由于计算机具有逻辑判断能力和记忆能力，使得程序的存储和执行有了可能，从而使得计算机可以在无需人为干预的情况下自动按照程序设定完成既定任务，将人类从重复性的劳动中解放出来。

2．计算机的发展简史

如果从广义的角度来探讨计算机的发展历程，那么它的历史至少可以追溯到 1 200 年前，中国独有的"算盘"似乎也可以算作是计算机的一种"雏形"。从狭义的角度来看，从世界上第一台具有程序概念的机械式计算机直至今天，计算机问世已经有 100 多年，大致可以分为近代计算机阶段、现代计算机阶段、微机和网络阶段这 3 个发展阶段。

（1）近代计算机阶段

近代计算机主要指具有程序概念的机械式计算机或机电式计算机。1822 年，英国数学家巴贝奇（Charles Babbage）开始设计及制造差分机（difference engine）。这部差分机采用蒸气激活，体积十分庞大，它有一段存储程序，可以进行计算并把结果自动地打印出来。1834 年，他又试图设计制造分析机，但由于技术条件的限制未能实现。

1936 年，美国数学家艾肯提出用机电设备实现差分机的设想。1944 年，IBM 公司根据艾肯的设计制造了 MARK I 计算机，并在哈佛大学投入运行，从而使得艾肯的梦想成真。

（2）现代计算机阶段

现代计算机主要指传统的大型电子计算机，它采用先进的电子技术来代替机械或继电器技术。

1946 年，美国宾夕法尼亚州州立大学继 MARK I 计算机之后创出名为 ENIAC（Electronic Numerical Integrator and Calculator）的电子数值积分计算机，这标志着世界上第一台电子计算机的诞生。ENIAC 计算机由电子零件构成，速度比 MARK I 加快很多。ENIAC 占地 170m^2，30t 重，功率为 140kW，由 18 000 个电子管、6 000 个开关、7 000 个电阻、10 000 个电容和 50 万条线路构成，运算速度为每秒 5 000 次加法。

对现代计算机贡献颇多的主要有两个人物：其一是英国的艾兰·图灵（Alan Mathison Turing），他建立了"图灵机（Turing Machine）"的理论模型，并提出了检测机器智能的"图灵测试"。"图灵测试"是指人在不知情的条件下，通过特殊的方式和机器进行问答，如果在相当长时间内，分辨不出与他交流的对象是人还是机器，那么机器就可以认为是能思维的。鉴于图灵在计算机方面的杰出成就，从 1966 年起，美国计算机协会（ACM）开始颁发"图灵奖"，这是计算机学术方面的最高奖项。

另一个对计算机有杰出贡献的人物是冯·诺依曼。他首先提出了在计算机内"存储程序"的概念，使用单一的部件来完成计算、存储和通信工作，从而使得"存储程序"成为现代计算机的重要标志。冯·诺依曼的这一思想沿袭至今，他所提出的"存储程序"的计算机结构被称为冯·诺依曼结构，按照这一结构搭建的计算机称为冯·诺依曼式计算机，现代计算机都是在这一理论的基础上发展起来的，都可以称为冯·诺依曼式计算机。

按照所采用的逻辑元件来划分，现代计算机的发展可以分为 4 个阶段。

第一代：采用电子管的计算机。从 1952 年起，计算机进入实用化时代。这时的计算机主要使用电子管也就是真空管，因此也称为真空管时代。这时的内存使用汞延迟线，外存主要使用穿孔卡和纸带。

第二代：采用晶体管的计算机。第二代计算机是第一代计算机的改良版，性能方面有更高的发展，逻辑元件也从电子管转换为晶体管。晶体管与电子管相比，寿命更长，稳定性更高，因而该时代被称为晶体管时代。这时的内存使用磁心存储器，外存采用磁带，体现出存储技术的一大飞跃。

第三代：采用集成电路的计算机。这时的计算机中开始采用集成电路（Integrated Circuit，IC）作为逻辑元件，同时还开始采用半导体存储器作为内部存储器，所有这些都使得计算机的体积进一步缩小，从而促进了计算机的高性能化、高信赖化、动作的高速化，并使之得到更广泛的应用。

第四代：超大规模集成电路计算机。从 1971 年至今的计算机都属于第四代计算机，它们普遍使用大规模集成电路（Very Large Scale Integration，VLSI）和超大规模集成电路（Ultra Large Scale Integration，ULSI）来制作开关逻辑部件，处理速度与当初的第一台电子计算机已不可同日而语。1971 年，Intel 公司制造的第一批微处理器 4004 上集成了由 2 250 个晶体管组成的电路，其功能相当于庞大的 ENIAC。自此之后，处理器的型号突飞猛进地向前发展，从 8088、8086、80286、80386、80486、80586、Pentium、Pentium Pro、Pentium II、Pentium III、Pentium 4，直至今天的"迅驰"技术。微处理器的发展，也带动了个人计算机（Personal Computer，PC）的迅猛发展。今天，PC 已经走进千家万户，走进每一个人的生活之中。

（3）微机和网络阶段

微型电子计算机和计算机网络的大范围出现和普及始于 20 世纪 80 年代。

从 1971 年起，随着第一台微机的问世和微处理器的不断升级，微机开始逐渐取代部分大型机的地位。1981 年，第一部 IBM PC 问世之后，微机的性能不断提升，体积大幅度缩小，价格也变得逐渐低廉，从而使得其应用范围不断扩大，从奢侈品逐渐成为平民百姓家中的常见设备。

至于计算机网络，最初的网络是美国国防部于 1969 年建立的 ARPAnet，当时完全出于军事需要，结果却成为当今风靡一时的因特网的雏形。

时至今日，因特网已经连接了全球 160 多个国家和地区，已有数以万计的子网络和超过一亿台的计算机连入因特网，并且因特网的用户尚在不断增加之中。因特网的未来将会给人们的生活带来翻天覆地的变化。

1.2.2　计算机的分类

1. 按照用途来划分

按照计算机的不同用途可以将计算机分为专用计算机和通用计算机两类。

- 专用计算机是专门针对某种特定职能而设计的，在软/硬件的选择上都针对该种职能进行最有效、经济、适宜的匹配，但适应性差。例如，Apple 公司的图形工作站、专为钢铁企业设计的计算机系统等都是专用计算机。
- 通用计算机则是根据普遍的需要来设计的，可以满足一般用户的大部分要求，适应性强，但不适合完成某些专业性强、对计算机性能要求高的任务。

2. 按照规模来划分

从规模来看，计算机一般可以分为巨型机、大型机、小型机、工作站和微型机。

- 巨型机（supercomputer）。巨型机一般采用大规模并行处理结构，有极强的运算处理能力，2000 年 6 月已经达到每秒 12.3 万亿次。大多使用在军事、科研、气象、石油勘探等领域。
- 大型机（mainframe）。大型机速度快、容量大、处理能力强，通信功能完善。内存可达几个 GB 以上，运算速度可达 30 亿次/秒，主要用于大银行、大公司、规模较大的高校和研究所等，作为企业级服务器。

- 小型机（minicomputer）。小型机结构与巨型机相同，但体积小、成本低，当然性能要比大型机差一些，比较适合中小用户使用。
- 工作站（workstation）。这是介于个人微机与小型机之间的微机，有较强的运算处理能力和联网功能，主要用于图形处理、工程设计等特殊领域。例如，SUN 的图形工作站。
- 微型机（personal computer）。也称个人电脑（PC）或微机，性能随着处理器的更新而不断提升，软件丰富，多媒体和网络功能齐全，价格便宜，适合家庭和办公使用。

1.2.3　计算机的主要应用领域

- 科学和数值计算。发明计算机的初衷就是为了进行各种科学计算，因此这一领域在计算机的应用中占据着核心位置。无论是在军事、航天、勘探中，还是在核物理、量子化学和天文学等领域中，计算机的计算功能都是其他工具所无法匹敌的。
- 信息处理。前面已经讲过，计算机是信息处理的非常重要的工具，利用计算机，人们才可以轻松地处理人口、金融、档案等名目繁多的海量数据。例如，办公系统（OA）、管理信息系统（MIS）等。
- 过程控制。在冶金、提炼、加工等生产过程中，单纯靠人力来完成，存在很多的限制，首先是精确度难以保证。其次，很多环境由于过热或存在粉尘、毒气等物质，会危害到人们的身体健康，因此在这些场合采用计算机来自动控制整个生产流程是必不可少的。
- 计算机辅助设计与制造。由于计算机具有强大的数值计算、数据处理和模拟的能力，因而在很多工业产品的设计和制造过程中，都可以利用计算机来进行，从而使得计算机辅助设计（Computer Aided Design，CAD）和计算机辅助制造（Computer Aided Manufacturing，CAM）应运而生。
- 计算机辅助教育。利用计算机的人机对话和网络功能，可以利用计算机来实现计算机辅助教学（Computer Aided Instruction，CAI）。例如，目前蓬勃发展的远程教育，学生坐在家里利用计算机网络就可以学习课件并和老师同学进行方便的交流。

此外，计算机在人工智能、虚拟现实、多媒体、娱乐（网络游戏）等方面都有重要的应用。

1.3　计算机的信息表示、存储及其他

1.3.1　信息与数据

根据国际标准化组织（ISO）的定义："数据（Data）是事实、概念或指令的特殊表达形式，这种特殊的表达形式可以用人工的方式或经由自动化装置进行通信、翻译转换或进行加工处理"。而"信息（Information）"则是对人类有一定意义的一系列符号的集合，它可以具体表现为各种数据。

信息作为一种观念性的东西，并不随着信息载体物理性质的改变而改变，而数据将随着信息载体的不同而改变其表达形式。

用计算机对信息进行处理，通常也就是用计算机对数据进行处理，从这个意义上来说，信息和数据在某种程度上是等同的。

1.3.2 数制和数据的存储单位

1. 关于数制的几个基本术语

- 数制。用一组固定的数字（数码符号）和一套统一的规则来表示数值的方法叫做数制，如十进制、二进制、十六进制等。数字在某个数中所处的位置称为"数位"。
- 权。也称为位权，指数位上的数字乘以一个固定的数值。例如，十进制为逢十进一，则将一个十进制数按权展开时要将个位上的数乘以位权 10^0，十位上的数乘以位权 10^1。
- 基数。具体使用多少个数字来表示一个数值的大小，称为该数值的基数（base），通常用 R 表示，如十进制中的基数为十，二进制中的基数为二。这里需要注意的一点是，某一基数中的最大数是"基数 – 1"，而不是基数本身，如十进制中的最大数是 9，而不是 10。

任意一个 R 进制数的值都可表示为：各位数码本身的值与其权的乘积之和。这种过程叫做数值的按权展开。

$$(N)_R = a_{n-1} \times R^{n-1} + a_{n-2} \times R^{n-2} + \cdots + a_2 \times R^2 + a_1 \times R^1 + a_0 \times R^0 + a_{-1} \times R^1 + a_{-m} \times R^{-m}$$

$$= \sum_{i=-m}^{n-1} a_i \times R^i$$

其中，a_i 为 R 进制的数码。

例如，十进制数 1078 按权展开为：$1078 = 1 \times 10^3 + 0 \times 10^2 + 7 \times 10^1 + 8 \times 10^0$

注意： 为了区分不同数制的数，书中约定对于任意一个 R 进制的数 N，记作 $(N)_R$。不用括号及下标的数，默认为十进制数，如 256。人们也习惯在一个数的后面加上字母 D（十进制）、B（二进制）、O（八进制）、H（十六进制）来表示其前面的数用的是什么进制，如 110B。

2. 二进制

在计算机内部，通常采用二进制来计算和处理数据。二进制数的基数为 2，由 0、1 两个数字组成，逢二进一。两个数字在二进制数中所处的数位不同其位权值也不同。例如，11010 按位权值展开即为：

$1 \times 2^4 + 1 \times 2^3 + 0 \times 2^2 + 1 \times 2^1 + 0 \times 2^0$

（1）将二进制数转换成十进制数

将二进制数转化为十进制数可以采用"按位展开求和法"。

例如，将二进制数 100101 转换成十进制数。

$$(100101)_2 = 1 \times 2^5 + 0 \times 2^4 + 0 \times 2^3 + 1 \times 2^2 + 0 \times 2^1 + 1 \times 2^0$$

$$= 32 + 4 + 1$$

$$= (37)_{10}$$

其实，将二进制数转换为十进制数有一个较为简便的方法，即列出二进制数的位权值表，先把一个二进制数按相应数位对齐，然后求出 1 所对应的位权值的和，即为这个二进制数所对应的十进制数。

例如，将二进制数 1100001 转换成十进制数。

列出二进制数的位权值表： 128　64　32　16　8　4　2　1

把 1100001 填入表内：　　　　 0　 1　 1　 0　0　0　0　1

求和 64+32+1=97

即 $(1100001)_2 = (97)_{10}$

（2）将十进制数转换成二进制数

将十进制整数转换成二进制数，可以采用"除以 2 求余法"。

例如，将十进制数$(69)_{10}$转化为二进制数。

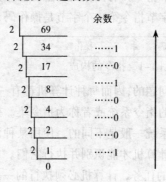

$(69)_{10}=(1000101)_2$

第一次除以 2 所得的余数是二进制数的最低位，即 2^0 的系数；最后一次除以 2 所得的商就是二进制数的最高位，即 2^{n-1} 的系数。简单地说，就是从下往上写出所有的余数。

3．数据的存储单位

计算机中的数据长度单位有位、字节、字和字长等。

（1）位

位也称比特，记为"bit（Binary Digit）"或小写字母 b。bit 是二进制的一位，是最小的信息单位。

（2）字节

字节记为"Byte"或大写 B。字节是计算机中的最小存储单元，一个字节由 8 个二进制位构成。每个字节可以有 256 个值，从 00000000～11111111，可以表示 256 种状态。习惯上，将 2^{10} 即 1 024B，记为 1KB，读作千字节；2^{20} 次方即 1 024^{2}B，记作 1MB，读作兆字节；2^{30} 次方即 1 024^{3}B，记作 1GB，读作吉字节或千兆字节。显然有如下关系：

1GB=1 024MB   1MB=1 024KB   1KB=1 024B

一个字节可以存放一个半角英文字符编码（ASCII 码），两个字节可以存放一个汉字编码。一张光盘的存储容量大概为 700MB，那么如果全部用来存放汉字文件，大概可以存放多达 3 758 亿个汉字。

（3）字

字记为 Word，是计算机信息交换、加工、存储的基本单元。一个字由一个字节或若干字节构成，可以表示数据代码、字符代码、操作码地址和它们的组合。计算机用"字"来表示数据或信息的长度。

（4）字长

计算机的中央处理器（CPU）中每个字所包含的二进制数的位数或包含的字符的数目称为字长。常见的字长有 8 位、16 位、32 位、64 位。字长直接关系到计算机的运行速度、计算精度以及其他功能，通常字长越长，计算机的性能和精度就越高。目前，微机的字长由 32 位发展为 64 位。

1.3.3 指令、指令系统、程序和源程序

指挥计算机执行某种基本操作的命令称为指令。计算机的每条指令明确地规定了计算机运行时必须完成的一次基本操作。指令是一系列的二进制代码，是对机器进行程序控制的最小单位，

也称为机器语言的语句。计算机中的指令由操作码和操作数两部分组成，如图 1-1 所示，操作码指示计算机所要执行的操作，操作数指出参加操作的数本身或操作数所在的地址。操作码和操作数都是由一些二进制位来表示的。单字节指令只有操作码，隐含操作数；双字节指令，第一个字节是操作码，第二个字节是操作数；三字节指令第一个字节是操作码，后两个字节是操作数。

操作码	操作数

图 1-1　指令的构成

计算机是通过执行指令序列来解决问题的，因而每种计算机都有一组指令集提供给用户使用。计算机提供的全部指令就是这种计算机的指令系统或者称为指令集。指令系统是连接计算机软件与硬件的窗口，不同型号的计算机指令系统一般是不同的，使用某种计算机时，必须向计算机提供根据指令系统编写的相应指令，这样计算机才能识别并执行它们。

程序（program）是为完成一个完整的任务，计算机必须执行的一系列指令的集合。用户为了解决自己的问题，必须事先编写好程序，把写好的程序交给计算机去执行。这些用户自己编制的程序，就称为源程序（source program）。

1.3.4　速度

运算速度是衡量计算机性能的主要指标之一，它取决于指令的运行时间。计算机的运算速度和微处理器的时钟频率、字长、高速缓存的大小和结构，内存的大小和访问速度等很多方面都有关。运算速度的计算方法有很多种，通常用单位时间内执行多少指令来表示，可以根据一系列人为规定的典型题目中各种指令执行的频度以及每种指令执行的时间来计算出计算机的运算速度。通常，用 MIPS 即每秒钟百万条指令来描述计算机的速度。

此外，还可以用主频来描述计算机的速度。主频是计算机微处理器时钟周期的倒数，用兆赫兹（MHz）表示。例如，目前 Intel 酷睿 2 系列的主频一般在 2GB 左右。主频越高，计算机的运算速度一般也越高。但是需要注意主频并不能绝对地代表计算机的性能高低。不同类型的计算机，由于结构不同，在主频相同的条件下，运算速度也会有差别。

1.3.5　主存储器容量和外存储器容量

微机的存储器分为两大类：一类是设在主机中的内部存储器，也叫主存储器，用于存放当前运行的程序和程序所用的数据，属于临时存储器；另一类是计算机外部设备的存储器，也叫辅助存储器，用于存放暂时不用的数据和程序。

存储器的容量是指存储器可以容纳的二进制信息量。度量存储器容量的单位是字节（Byte）。此外，常用的存储器容量单位还有 KB（千字节）、MB（兆字节）、GB（千兆字节）。

主存储器容量也叫内存容量，反映计算机存储信息的能力，是计算机处理信息能力强弱的一项重要指标。计算机的内存容量越大，处理信息的能力越强。一般的 32 位机可以访问的内存容量最大可以达到 4GB，而主存储器容量一般根据用户的需要配置，例如 Pentium 4 计算机的内存容量配置通常为 128MB、256MB、512MB 或 1GB 等。

外存储器容量也叫外存容量或辅助容量。微机的外存一般是指软盘、硬盘和光盘驱动器中的磁盘或光盘所容纳的信息量。外存容量反映计算机外存可以容纳的信息，也是计算机处理信息能力的一项指标。

1.3.6 性能指标

通常，可以用下面几项指标衡量微机的基本性能。

- 字长。字长是指参与运算的数据的基本位数，它反映了微机的计算精度，直接影响微机的规模和造价。通常，微机的字长为 8 位、16 位、32 位等，目前高性能微机已达到 64 位。
- 内存容量。计算机的内存容量越大，CPU 能一次读取的信息就越多，处理能力就越强。内存容量直接影响着整个计算机系统的性能和价格。
- 运算速度。计算机的运算速度越高，运行程序的速度就越快。
- 主频率。一般来说，主频较高的计算机运算速度也较快，所以主频是衡量一台计算机速度的重要参数。
- 平均无故障运行时间。平均无故障运行时间是衡量计算机可靠性的技术指标之一。它是指在相当长的运行时间内，用机器的工作时间除以运行时间内的故障次数所得的结果。平均无故障运行时间越长，说明机器的可靠性越高。
- 性能价格比。性能价格比是衡量计算机产品性能优劣的综合性指标。显然，性能价格比越高越好。

此外，计算机的性能指标还包括计算机的兼容性、可维护性、多媒体处理能力和访问网络的能力等方面。

1.3.7 ASCII 码和汉字码

计算机需要处理的信息，不仅有各种数值数据，也有很多非数值数据，如各种键盘字符、汉字、特殊字符等，而这些非数值数据都需要通过某种对应关系转变成相应的二进制编码才能由计算机来进行处理。用来表示这些字符的二进制编码就被称为字符编码。

目前，常使用的字符编码有 ASCII 码和汉字码两大类。

1. ASCII 码

ASCII 码是美国标准信息交换码，有 7 位码和 8 位码两种版本。国际通用的 7 位 ASCII 码使用 7 位二进制数表示一个字符的编码，其编码范围从 0000000B～1111111B，共有 $2^7 = 128$ 个不同的编码值，相应的可以表示 128 个不同字符的编码。字母 "A" 的码值为 65，数字 "0" 的码值为 48。大写字母的码值低于小写字母的码值。

8 位 ASCII 码称为扩充 ASCII 码，它的范围是 00000000B～11111111B，可以表示 256 种字符。其中，前 128 个字符与 7 位 ASCII 码相同，后 128 个字符为扩充部分，实际中多数国家都将 ASCII 码扩充部分规定为自己国家语言的字符编码，如中国把扩充 ASCII 码作为汉字的机内码。

2. 汉字码

汉字编码主要包括汉字信息交换码（国标码）、汉字内码、汉字字形码、汉字输入码、汉字地址码等。各种汉字代码之间的关系如图 1-2 所示。

（1）汉字信息交换码

汉字信息交换码是用于汉字信息处理系统之间或者与通信系统之间进行信息交换的汉字代码，简称交换码，也称国标码。这是因为它是由 1980 年制定的国家标准 GB 2312—1980《信息交换用汉字编码字符集·基本集》规定的。一个国标码由两个字节来表示。

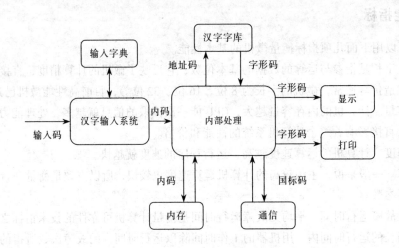

图 1-2 各种汉字代码之间的关系

（2）汉字内码

汉字内码是在计算机内部对汉字进行存储、处理的汉字代码。对应于国标码，一个汉字的内码常用两个字节存储，并把每个字节的最高位设置为"1"作为汉字内码的标识，以免与单字节的 ASCII 码产生歧义。

（3）汉字输入码

为将汉字输入计算机而编制的代码称为汉字输入码，也称外码。目前，汉字主要是用标准键盘输入计算机的，所以汉字输入码都是由键盘上的字符或数字组合而成的。汉字输入码是根据汉字的发音或字形结构等属性和汉语有关规则编制的。例如，全拼输入法、双拼输入法、自然码输入法、五笔字型输入法等。

（4）汉字字形码

汉字字形码是指确定一个汉字字形点阵的代码，也叫字模或汉字输出码。计算机中，8 位二进制位组成一个字节，因此一个 16×16 点阵的字形需要 16×16/8 = 32 字节的存储空间。

（5）汉字地址码

汉字地址码是汉字字库中存储汉字字形信息的逻辑地址码，一般是连续存储的。汉字地址码与汉字内码间存在简单的对应关系，以简化汉字内码到汉字地址码的转换。

1.4 计算机系统构成概述

一个完整的计算机系统是由硬件系统和软件系统两大部分组成的，硬件（hard ware）也称硬设备，是指计算机中各种看得见、摸得着，实实在在的装置，是计算机系统的物质基础。软件（software）是指程序系统，是发挥计算机硬件功能的关键。硬件是软件建立和依托的基础，软件是计算机系统的灵魂。

1.4.1 计算机系统构成

计算机系统的基本构成，如图 1-3 所示。

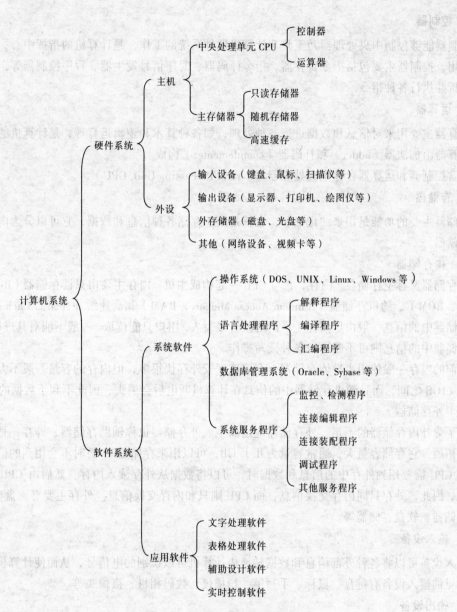

图 1-3 计算机系统的基本构成

1.4.2 计算机的硬件系统

计算机的硬件系统基本上一直沿袭冯·诺伊曼提出的传统框架，由运算器、控制器、存储器、输入设备、输出设备五大基本部件构成，如图 1-4 所示。计算机的基本功能是接受计算机程序的控制来实现数据的输入、计算、数据输出等一系列根本性的操作。

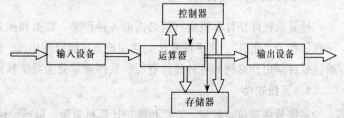

图 1-4 计算机硬件系统组织结构图

1．控制器

控制器能够控制中央处理器乃至整个计算机硬件系统的工作，是计算机的指挥中心，起到灵魂的作用。控制器主要包括指令寄存器、指令译码器、时序信号发生器、程序控制器等，可以识别、分析并执行各种指令。

2．运算器

运算器主要用来对信息和数据进行各种处理，如各种算术和逻辑运算等，是计算机的核心部件。运算器由加法器（adder）和补码器（complementer）构成。

通常控制器和运算器合称中央处理器（Central Processing Unit，CPU）。

3．存储器

存储器主要的功能是用来"记忆"，也就是用于存储各种信息和数据，它可以分为内存储器和外存储器。

（1）内存储器

内存储器又称主存储器、内存，它与 CPU 一起构成主机。内存主要由只读存储器（Read Only Memory，ROM）、随机存储器（Random Access Memory，RAM）和高速缓冲存储器 Cache 构成。只读存储器中的信息一般由厂商在生产的时候直接写入，用户只能读取，一般不能对其进行更改。随机存储器中的信息则可不断进行各种读写操作。

目前的内存一般使用半导体存储器，存取速度较外存快很多，但内存的容量一般不大，多在 128MB ~ 1GB 之间，而且随机存储器中的信息在计算机断电后会消失，因此不利于数据的保存。

（2）外存储器

为了弥补内存储器的不足，外存储器应运而生。外存储器也称辅助存储器、外存，是内存的延伸和拓展，它存储容量大，通常容量为几十 GB，可以用来存储 CPU 暂时不会用到的信息和数据。当 CPU 需要用到外存中的信息和数据时，可以将数据从外存读入内存，然后由 CPU 从内存中调用。因此，外存只同内存交换信息，而 CPU 则只和内存交换信息。外存主要有磁盘存储器、光盘存储器、软盘存储器等。

4．输入设备

输入设备可以将各种外部信息和数据转换成计算机可以识别的电信号，从而使计算机能够接收。常见的输入设备有键盘、鼠标、手写笔、扫描仪、数码相机、摄像头等。

5．输出设备

输出设备可以将计算机内部处理后得出的电信号形式的信息传递出来，让人能够接收，如用显示器显示、用打印机打印等，常见的输出设备有打印机、显示器、绘图仪等。

1.4.3　计算机的软件系统

计算机软件指计算机运行所必需的各种程序、数据和相关文档的集合。没有安装任何软件的计算机称为"裸机"，几乎没有什么使用价值。同硬件相比，软件是计算机的无形部分，用户可以通过软件调用计算机的各种硬件资源。软件通常分为系统软件和应用软件两类。

1．系统软件

系统软件是负责管理、监控和维护计算机资源（包括硬件和软件）的软件。它通常紧靠硬件，直接控制和协调计算机及其外部设备，为用户提供一个良好的界面，并充分发挥计算机各种设备的作用。它主要包括计算机操作系统、计算机的各种管理程序、监控程序、各种语言的编译或解释程序、数据库管理系统以及系统服务程序等。

（1）操作系统

操作系统是计算机系统中的一个系统软件，是一些程序模块的集合——这些程序模块可以有效合理地组织和管理计算机的软硬件资源，合理地组织计算机的工作流程，控制程序的执行并向用户提供各种服务功能，使得用户能够灵活、方便、有效地使用计算机，使整个计算机系统能高效地运行。

操作系统主要包含作业管理、进程管理、存储管理、文件管理、设备管理等功能模块。

根据任务处理方式，操作系统可以分为单任务操作系统、多任务操作系统、单用户操作系统、多用户操作系统、分时操作系统、实时操作系统、批处理操作系统等。

根据计算机的形态，操作系统可以分为个人计算机操作系统、工作站操作系统、网络操作系统、主机操作系统等（关于操作系统的详细介绍，可以参见第 2 章中的内容）。

（2）程序设计语言

人们用以同计算机交流的语言叫程序设计语言，通常分为机器语言、汇编语言和高级语言 3 类。随着计算机技术的不断进步，新一代的程序设计语言也正在发展中。

第一代：机器语言

机器语言就是一组由二进制编码编写的指令代码，一条指令就是机器语言的一个语句，机器指令的格式就是语言的语法规则。这是计算机唯一能够识别并直接执行的语言，执行效率高，但在不同类型的计算机之间不能通用，而且编程费时费力，十分不便。

第二代：汇编语言

汇编语言是符号化了的机器语言，它用一些常见的英文缩写和数字符号来代替机器指令，使得每条指令都有了较为明显的特征，便于人们记忆和使用。但用汇编语言编写的程序（汇编语言源程序）计算机并不能直接识别，必须将该程序"翻译"为对应的机器指令（目标程序）才能得到执行。这个翻译过程由事先存放在计算机里的"汇编程序"完成，叫做汇编过程。

汇编语言比机器语言容易记忆和使用，同时执行速度也比高级语言快，但它仍不是一种真正意义上的"高级语言"，它是面向机器的一种语言，因此很难在不同类型的计算机间移植。此外，要记住汇编语言的各种指令含义，并用该语言进行程序编写和维护，对程序员来说都是比较困难的。

第三代：高级语言

高级语言是一种用来表达各种意义的"词"和"数学公式"按照一定的"语法规则"编写程序的语言，也称高级程序设计语言或算法语言。高级语言是面向用户的语言，它的构成和语法规则与人类的自然语言十分接近（主要是英语），便于记忆和使用，从而大大提高了编程的效率。高级语言独立于计算机之外，从而使得不同类型计算机之间的程序移植成为可能。目前流行的高级语言主要有 C、C++、Java、FORTRAN、BASIC、Pascal 等。

用高级语言编写的程序称为高级语言源程序，计算机无法直接识别，必须把它翻译成机器语言后，计算机才能执行。把高级语言源程序翻译成机器语言程序的方法有"解释"和"编译"两种。"解释"是指在运行程序时对程序语句逐条解释，逐条执行，不保留解释后的可执行机器代码，下次运行时，重新解释；"编译"是指将高级语言源程序全部翻译为机器语言程序，然后经过"连接装配"程序，形成可执行程序，并加以执行。目前，流行的高级语言一般都采用编译的方法。

2．应用软件

应用软件是人们为了解决某些领域的实际问题而开发编制的计算机程序，它们往往需要相关领域的知识积累，并依赖于系统软件而运行。通常除了系统软件以外的所有软件都称为应用软件。随着计算机应用在不同领域的深入发展，应用软件的类型也不断增多，如各种计算机软件包、文字处理软件、电子表格软件、图像处理软件、网络通信软件、CAD 软件、CAI 软件、CAM 软件等。

1.4.4　用户与计算机软件系统和硬件系统的层次关系

图 1-5 简单描述了软件和硬件之间的关系。硬件系统是计算机系统的物理基础，没有硬件，软件就无从谈起。软件系统是在硬件系统的基础上，为了更有效地使用计算机而配置的。倘若没有了系统软件，计算机就几乎没有任何用处，系统无法正常有效地运行；倘若没有了应用软件，很多从前几个命令就能完成的工作将由于软件的缺少而变得非常复杂，同时人们处理问题的速度将由于专业性的缺失而大大降低。

图 1-5　软件与硬件之间的关系

但软件与硬件的关系并不是绝对的，计算机中的任何一个操作，既可以由软件来实现，又可以由硬件来实现，任何一条指令的执行也是如此。计算机系统的软件与硬件可以互相转化，互为补充。随着技术的不断发展，将来软件和硬件之间的界线将会变得越来越模糊。

1.5　微型计算机硬件构成

上一节讲解了计算机的硬件系统和软件系统，本节将特别讲解目前使用最为广泛的微机（个人计算机）的硬件构成。

1.5.1　微型计算机硬件基本配置

微型计算机是人们日常生活和工作中最常见的一类计算机。微机系统的硬件是指计算机系统中可以看得见、摸得着的物理装置，由输入设备、主机和输出设备组成。外部信息经输入设备输入主机，由主机分析、加工、处理，再经输出设备输出。一般微型计算机的基本配置包括主机箱、显示器、键盘、鼠标等设备。微机硬件的基本配置，如图 1-6 所示。

微型计算机一般采用总线结构。所谓总线是一组共享的通信链路，它使用一组线路将多个子系统连接起来。根据总线所处的位置，总线可分为内部总线和外部总线两类。内部总线是指 CPU 内各部件的连线，而外部总线是指系统总线，即 CPU 与存储器、I/O 系统之间的连线。微型计算机中主要有 PCI 总线、AGP 总线、ISA 总线、USB 总线等，其中最重要的是 PCI（Peripheral Component Interconnection）总线。

微机硬件系统的总线结构如图 1-7 所示，可以看出，在机器内部，各部件通过总线连接；对于外部设备，通过总线连接相应的接口电路，然后再与该设备相连。目前微机的基本输入设备就是键盘、鼠标、光笔和扫描仪，输出设备是显示器和打印机。通过通信接口，微机可以与外部通信线路进行信息的传输。

图 1-6　微型计算机硬件基本配置

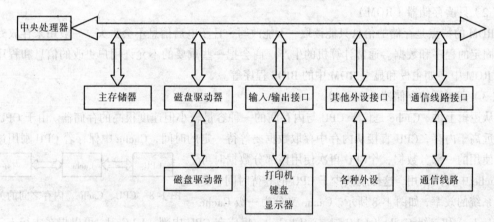

图 1-7　微机硬件系统总线结构

1.5.2　微型计算机的主机

微型计算机的主机包括中央处理器、主板、主存储器、外存储器、电路接口部件、网络设备和多媒体设备等部件，是计算机系统的核心。其中外存储器属于微机的外设，将在下一节中讲述。

1．中央处理器

中央处理器又称微处理器，主要用来执行各种指令，完成各种计算和控制功能，主要包括运算器、控制器和 Cache 三大部分。运算器可以完成各种数值和逻辑运算；控制器用来控制整个计算机的运行，规定指令执行的顺序和优先级别；Cache 又称为高速缓存，用于暂时存储 CPU 内部的指令和数据。

2．主板

主板是安装在主机机箱内的一块矩形电路板，上面安装有计算机的主要电路系统。主板的类型和档次决定着整个微机系统的类型和档次，主板的性能影响着整个微机系统的性能，是计算机中最重要的部件之一。

主板是一块印刷线路板，上面集成了控制芯片组、各种 I/O 控制芯片、晶振、扩展槽（与各种适配卡如显卡、声卡、网卡、Modem 等的接口）、除适配卡外的其他配件与主板的接口（如 CPU 插座、内存插座等）。芯片组是整块主板的心脏，起着决定主板性能的关键作用。

3．主存储器（内存）

内存由半导体器件构成，主要用于存放当前待处理的信息和常用信息。由于 CPU 只与内存交换数据，因此内存一般容量不大，但存取迅速。内存一般分为随机存储器（RAM）、只读存储器（ROM）和高速缓冲存储器（Cache）。

（1）随机存储器（RAM）

RAM 的特点是可以读取，也可以改写，是计算机对信息进行操作的工作区域，可以在计算机工作时用来存放各种程序、用户的各种信息、临时调用的程序和数据等，但关机或断电后数据便会丢失，且不可恢复。

RAM 分为双级型（TTL）和单级型（MOS），目前广泛使用的是 MOS 半导体存储器。根据存储信息原理的不同，MOS 又分为静态 MOS 存储器（SRAM）和动态 MOS 存储器（DRAM）。DRAM 的容量可以扩展；SRAM 的速度更快，但价格贵、容量小，通常只用在 Cache 中。

（2）只读存储器（ROM）

ROM 的特点是存储的信息只能读取，不能改写，且断电后信息不会丢失，一般用来存放专用的或固定的程序和数据。通常计算机的生产厂商会把一些重要的不允许用户更改的信息和程序存放在 ROM 中，如主板和显卡 ROM 中的 BIOS 程序等。

（3）高速缓冲存储器（Cache）

从逻辑上讲，Cache 是位于 CPU 与内存间的一种容量较小但速度很高的存储器。由于 CPU 的速度远高于内存，CPU 直接从内存中存取数据要等待一定的时间，Cache 中保存着 CPU 刚用过或循环使用的一部分数据，当 CPU 再次使用该部分数据时可从 Cache 中直接调用，这样就减少了 CPU 的等待时间，提高了系统的效率，如图 1-8 所示。Cache 又分为一级 Cache

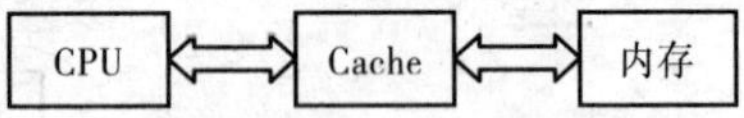

图 1-8　CPU、Cache、内存之间的关系

（L1 Cache）和二级 Cache（L2 Cache），L1 Cache 集成在 CPU 内部，L2 Cache 可以焊在主板上，也可以集成在 CPU 内部，目前的计算机大都集成在 CPU 中。

4．输入/输出接口

输入/输出接口简称 I/O 接口，是连接主板与输入/输出设备的接口。主机后侧的串口、并口、键盘接口、PS/2 接口、USB 接口以及主机内部的硬盘、软驱接口等都是输入/输出接口。

（1）串行通信接口（RS-232-C）

简称串行口，是计算机与其他设备传送信息的一种标准接口。现在的电脑至少有两个串行口 COM1 和 COM2。

（2）并行通信接口

简称并行口，是计算机与其他设备传送信息的一种标准接口，这种接口将 8 位数据位同时并行传送。并行口数据传送速度较串行口快，但传送距离较短。并行口使用 25 孔 D 形连接器，常用于连接打印机。

（3）EIDE 接口

也称为扩展 IDE 接口，是主板上连接 EIDE 设备的接口。常见的 IDE 设备有硬盘和光驱。目前的接口标准还有 Ultra DMA/66、Ultra DMA/100 等。

（4）PS/2 接口

可以用来连接鼠标和键盘。PS/2 接口与传统的键盘接口除了在接口外形、引脚上存在不同外，在数据传送格式上是相同的。

（5）USB 接口

是一种新型的通用串行接口，它传输速度快（USB 1.1 为 1.5Mbit/s~12Mbit/s），本身可以提供电源，可以在一个 USB 接口上接多个设备，实现了真正的即插即用，有着广泛的应用前景。常用来连接移动硬盘、数码相机等。

1.5.3 微型计算机的外部配置

1. 外存储器（辅助存储器）

外存储器是内存的补充和拓展，用来存储当前不需要立即使用的数据和信息，它只能与内存之间交换信息，而不能被 CPU 直接访问。

通常的外存储器包括磁盘存储器、光盘存储器和 USB 闪存存储器等。磁盘可以分为硬盘存储器和软盘存储器。光盘又可分为只读型光盘（CD-ROM）、一次写入型光盘（CD-R）和可重写型光盘（CD-RW）等。

（1）硬盘存储器

硬盘存储器通常简称硬盘（Hard Disk），其盘片是用镁铝合金制成的 1~2mm 厚的圆形盘片，盘片表面覆盖一层磁性材料作为记录介质，并由外至内分为一系列互相分离的同心圆形磁道。盘片通常以 5 400r/min、7 200r/min 或更高的速度旋转，通过悬浮在盘片上的磁头进行读写操作。

目前广泛使用的一种硬盘为温彻斯特（Winchester）磁盘，简称温盘。它将所有的组件都组装在一个密封金属体内，具有防尘性好、可靠性高、对环境要求低等优点，因而得到广泛使用。

从硬盘盘片的直径来看，有 5.25in（英寸）、3.5in、2.5in、1.8in 及 1.3in 等规格，3.5in 的最为常见。目前硬盘的容量一般为 80GB ~ 500GB，使用寿命一般为 20 ~ 50 万小时。

（2）软盘存储器

软盘存储器简称软盘，其盘片是在柔软的圆形聚酯薄膜基片上覆以磁胶作为记录介质，主要由软盘、软盘驱动器（简称软驱）、软盘驱动适配器三大部分组成。软盘是存储介质，只有在插入软盘驱动器后并在软盘驱动适配器的控制下才能正常工作。

相对于硬盘来说，软盘价格低廉、携带方便，但它容量小（目前通常为 1.44MB）、转速低，所以目前逐渐让位于优盘和移动硬盘。

（3）光盘存储器

相对于磁性存储器来说，光盘存储器是一个质的飞跃，它存储容量大（一般为 650MB，DVD 光盘可达 5GB 甚至更高）、记录密度高、读取速度快（52X 甚至更高）、可靠性高，而且携带方便、价格低廉，目前已经成为存储数据的重要手段。

通常光盘存储器可以分为只读型、一次写入型和可重写型 3 种。

- 只读型光盘。利用模压记录方式使光盘发生永久性物理变化，记录的信息只能读取，不能被修改，如 VCD、DVD、CD-ROM 等。

- 一次型光盘。在出厂时是空白盘，用户可以利用刻录光驱在这种光盘上记录信息，但记录信息会使介质的物理特性发生永久性变化，因此只能写一次。写后的信息不能再改变，只能读，如 CD-R 等。

- 重写型光盘。利用光和热引起存储介质的可逆性变化来进行光盘的读写和擦除操作，又称可逆型光盘，如 MO（Magneto-Optic Disk，磁光盘）、PC（相变盘）等。

光盘在使用时必须注意，勿受重物挤压，以免破损或变形；不能用金属等硬物刻划；使用时防止盘片被污染；防高温日晒，防强磁场，防浸水受潮。

（4）USB 接口存储器——优盘和移动硬盘

与普通的软驱和光驱所使用的 IDE 接口不同，还有一些外设是使用 USB 接口的。USB 技术诞生于 1994 年，"USB" 的英文全称为 "Universal Serial Bus"，中文名通常称之为 "通用串行总线" 接口。它是一种串行总线系统，带有 5V 电压，支持即插即用功能，支持热插拔功能，最多能同时连入 127 个 USB 设备，由各个设备均分带宽。

由于 USB 接口具有速度快、成本低、应用广、方便使用等重要特性，目前很多外设及存储设备都开始使用 USB 接口，优盘和移动硬盘是目前最为流行的 USB 接口存储设备。

优盘又称 "闪存盘"，通常作为软盘的替代品，容量大小从 16MB、32MB、256MB 直至 4GB 等。同一般的软盘相比，它的传输速率高且稳定，因此很受人们的欢迎。

移动硬盘实质上就是将可移动的笔记本硬盘加上移动硬盘盒构成，容量通常为 40GB、60GB、80GB 直至 120GB 等，利用它，可以将大量数据随身携带。

2．输入设备

计算机进行数据处理时，需要将程序和数据传送给计算机，这些将原始信息转换成计算机能识别和接受的电信号的装置就是输入设备。随着计算机技术的发展，输入设备的种类也在不断增多，如卡片阅读机、纸带阅读机、扫描仪、语音输入设备、手写输入装置、条形码输入装置、触摸屏、数码相机等。微型计算机最常用的输入设备是键盘和鼠标，如图 1-9 所示。键盘和鼠标通常都通过连线插入主板上的对应接口与主机相连。

键盘　　　　　　　　　　　　　　　　鼠标

图 1-9　键盘和鼠标

（1）键盘

键盘是输入设备的一种，主要用于输入各种字符和数字。传统的键盘为 101/102 键，为了适应网络发展的需要，目前已经出现很多增强型键盘，在 101 个基本键的基础上，增加一些特殊功能（如 "一键上网"）的功能键，从而更加符合人们的需求。

（2）鼠标

鼠标主要用来定位光标在显示屏上的位置，并用来进行各种菜单和命令选择。鼠标上的按键有 1~3 个不等，但最常见的为两键式鼠标。目前比较流行的鼠标是在两键基础上添加一个滚轮，便于上网时浏览网页。

鼠标通常可以分为机械式鼠标、光学鼠标和光学机械鼠标 3 类。

机械式鼠标采用机械传动部件来进行定位，它分辨率高、价格低廉，但容易磨损；光学鼠标利用光学感应技术来进行定位，它维护方便、不易磨损，但分辨率的提高受到限制；光学机械鼠标又称光电鼠标，它分辨率高、不易磨损，但价格稍高。

3. 输出设备

输出设备是计算机系统中负责将数据、计算结果等信息转换为字符、图像、声音等人们能够接受的信息形式的设备，最常见的输出设备是显示器和打印机。

（1）显示器

显示器由监视器（monitor）和显示控制适配器（adapter，又称显卡）组成，是微机必不可少的外设之一，通常人们所说的显示器指的是监视器。按照原理来划分，显示器可以划分为阴极射线管（Cathode Ray Tube，CRT）显示器和液晶（Liquid Crystal Display，LCD）显示器两大类。

过去的微机上一般采用以阴极射线管为核心的显示器，具体又可分为单色显示器和彩色显示器两种。单色显示器一般为黑白两色，分辨率高；彩色显示器可以显示各种彩色字符和图形，但显示精度比单色显示器低，适合家用和普通用途。

液晶显示器一般用于笔记本电脑或高档微机上，这种显示器辐射小、能耗低，但价格偏贵，而且色彩表现力不如 CRT 显示器。随着液晶显示器价格的下降和技术的不断完善，液晶显示器正在逐渐普及。

显示器的一个比较重要的性能指标是分辨率，即显示屏上像素点的大小，一般用整个屏幕光栅的列数与行数的乘积来表示（如 800×600），乘积越大，表明像素点越小、分辨率越高。目前比较流行的是 17 英寸彩色纯平显示器，可以达到 $1\,280 \times 1\,024$ 的分辨率。

显示器必须配置正确的适配器（显卡），才能构成完整的显示系统。常见的显卡类型有：

- VGA（Video Graphics Array），视频图形阵列显卡，显示图形分辨率为 640×480，文本方式下分辨率为 720×400，可支持 16 色。
- SVGA（Super VGA）超级 VGA 卡，分辨率提高到 800×600、$1\,024 \times 768$，支持 16 777 216 种颜色（也就是 2 的 24 次方），称为"真彩色"。
- AGP（Accelerate Graphics Porter）显卡，在保持了 SVGA 显示特性的基础上，采用了全新设计的速度更快的 AGP 显示接口，显示性能更加优良，是目前最常用的显卡。

（2）打印机

打印机是重要的输出设备之一，通常可以按成字方式的不同分为击打式（impact printer）和非击打式（non-impact printer）两种。针式打印机是最常见的击打式打印机，非击打式打印机主要有激光打印机和喷墨打印机。

针式打印机利用机械传动带动一组细针阵列击打色带，从而在色带背后的介质（各种打印纸）上留下打印轨迹，目前通常使用的为 24 针打印机。这种打印机性价比高，但分辨率不高、噪声大，而且不能输出精美的彩色文件。

激光打印机是激光扫描技术与电子成像技术的结合，它利用光栅图形处理器产生页面位图，并传到感光鼓上，当纸张经过感光鼓时，就会有不同剂量的着色剂被涂在纸张上，再经过加热器时，着色剂熔化成色，从而将字符永久印在纸上。激光打印机打印速度快、单位打印成本低，但价格偏高，适合需要打印大量文件的用户。

　　喷墨打印机是利用精细喷头将墨水喷到纸上，从而在纸张上打印出不同的文件。这种打印机打印质量较好、噪声小，但对打印纸张的要求较高，较适合家庭用户。

1.6　计算机的安全使用知识

　　安全使用计算机不仅包括正确操作计算机以及硬件的维护，同时还包括计算机的信息安全防护。

1.6.1　计算机的环境要求

　　计算机的组成结构中，大部分是复杂、精密的电子器件，因而计算机对于使用环境的温度、湿度、干扰等都有一定的要求。正确地安装、操作和维护计算机系统，是保障系统正常运转，提高工作效率的关键。计算机系统对于外部环境的要求主要有以下几类：

- 电源。微型计算机一般使用 220V，50Hz 的交流电源，但在 180V～260V 之间也可正常工作。为计算机系统供电的电源，一是要求电压稳定，二是要有良好的接地，三是在微机工作时供电不能中断。供电电压不稳，会影响主机对于磁盘驱动器的访问，造成读写数据错误，同时对显示器和打印机等外设也有不好的影响，但计算机一般无需外加稳压电源，以免产生的高频干扰影响电脑正常工作。计算机应良好地接地，以防止雷击等事故。此外，为防止突然停电造成数据丢失，最好配备不间断电源 UPS，以便在停电时能够保存数据并进行必要的处理。
- 温度。计算机工作的环境温度最好保持在 10℃~30℃ 之间，过热、过冷都会对计算机正常工作有影响。
- 湿度。计算机工作的湿度最好保持在 20%~80% 之间。湿度过高，容易使元件受潮发生短路、漏电；湿度过低，则容易因干燥产生静电，引发计算机错误。
- 电磁干扰。由于计算机内都是电子器件，工作时应尽量远离强电设备、通信设备等电磁干扰源，以免引发错误。
- 防尘。计算机的工作环境应经常打扫，同时经常用中性清洗剂擦拭机器表面，以免灰尘和污垢使计算机发生故障。

1.6.2　计算机的使用注意事项

1．开机和关机

　　微机正确的开关机顺序是：先开外部设备电源，再开主机电源；关机的顺序则相反，先关闭应用软件和系统软件，当系统软件正常结束后，先关主机电源，再关闭外设电源，不要在未关闭系统软件的情况下突然关机。另外，不要频繁开关机，为防止电源装置产生大电流而损坏器件，计算机关机后再次开机应间隔至少 10s 以上。

2．开机后的注意事项

　　计算机开机后，不要随意搬动，在确定可以热插拔之前，也不要带电插拔各种接口卡。当软盘驱动器处于读写状态时，会有相应的指示灯闪烁，这时不要立刻抽出盘片，防止数据丢失甚至损坏磁盘和驱动器磁头。使用 USB 接口的存储设备时，应确定在系统中已经关闭该设备，再将该设备从计算机上断开。

3．数据备份

使用计算机，应养成定期备份数据的习惯，防止因意外情况造成数据丢失。另外，硬盘长时间使用后，可能存在大量的磁盘碎片，用户应该定期整理磁盘碎片（参考第 2 章）。

4．维修

计算机出现故障，用户在没有维修能力的情况下，不要自己打开机箱插拔器件，应及时请专业维修人员处理。

1.6.3 计算机病毒及其防治

1．计算机病毒的定义

"计算机病毒"其实是一种形象的说法，它其实是一段计算机程序或一组计算机指令，该程序或指令能够通过非授权入侵并隐藏在可执行文件或数据文件中，具有自我复制能力，极易传播，并能够破坏计算机功能或损坏数据，甚至使整个计算机系统陷入瘫痪。

计算机病毒一般具有如下两个重要特征：

- 是人为制造的程序。病毒程序不以独立文件的形式存在，而是以非授权入侵的方式依附于其他程序或文件之上，当该程序或文件被调用时，病毒将首先运行，并对计算机系统造成破坏。
- 具有自我复制能力。病毒程序能将自身复制到其他程序或文件中去，从而造成病毒的大范围传播。

此外，计算机病毒还具有破坏性、传染性、隐蔽性、潜伏性、可激活性、不可预见性等特点。

2．计算机病毒的症状

一般说来，计算机有病毒时，常常出现一些异常现象，如数据无故丢失；显示器上出现一些莫名其妙的信息或者异常显示；死机现象增多；内存量异常减小；速度变慢；引导不正常；磁盘卷标名、文件长度发生变化或显示一些杂乱无章的内容等。有经验的用户可以利用技术分析法判断计算机病毒的发生。

3．计算机病毒传播途径和防治

计算机病毒的传播途径主要有 3 种：一是使用已感染病毒的软盘等磁介质；二是使用感染病毒的机器，如硬盘染有病毒；三是通过计算机网络传播，如 E-mail 附件、浏览 Internet 页面等，尤其是可执行代码（*.exe 文件）的交换极易传播病毒。防范计算机病毒，就要针对病毒的这 3 种传播途径，利用人工手段与软硬件结合来阻断病毒与计算机之间的联系。

目前，预防计算机病毒的主要方法有：

- 软件预防。在计算机中安装防病毒软件，定期利用工具软件查杀病毒。
- 硬件预防。改变计算机的体系结构，或者利用微机防病毒卡防毒。
- 加强计算机管理，如制定防治病毒的法律手段，建立专门机构负责检查发行软件和流入软件有无病毒，不使用来历不明的程序等。

一旦确定计算机已经染毒，应该立即进行杀毒工作，通常使用各种杀毒软件来清除病毒。杀毒软件具有对某些特定种类的病毒进行检测的功能，可以查出并清除几百至上千种病毒，而且使用安全方便，一般不会破坏计算机中的正常数据。常用的杀毒软件有金山毒霸、Norton、KV3000、瑞星、卡巴斯基等，这些软件一般都可以在线更新，以便不断获得最新的病毒库信息，更好地清除病毒，保护计算机系统。

1.6.4 计算机黑客与计算机犯罪

1. 计算机黑客

"黑客"是"Hacker"的中文翻译，通常指利用互联网未经许可地进入他人计算机，利用或破坏他人计算机资源的人，简而言之，即计算机系统的非法入侵者。黑客一般对于计算机操作系统的奥秘有强烈兴趣，他们大都是程序员，具有操作系统和编程语言的高级知识，知道系统中的漏洞及其原因所在。

黑客其实可以分为两类，一类是偏向正义的一方，被称为"白帽子"黑客，这类黑客单纯是为了证明自身的网络技术，不从事恶意攻击，并且会主动提供解决安全漏洞的方案，他们的存在，事实上使得网络更加安全；另一类黑客更偏向于邪恶的一面，即人们通常概念上的"黑客"，也被称为"骇客"（Hacker），他们利用计算机进行各种犯罪活动，为了满足自身的各种欲望，不惜破坏国家、他人的计算机系统，造成资源的巨大损失，是法律制裁的对象。

2. 计算机犯罪

计算机犯罪是指行为人以计算机作为工具或以计算机资产作为攻击对象实施的严重危害社会的行为，包括利用计算机实施的犯罪行为和把计算机资产作为攻击对象的犯罪行为，特点复杂、手段多样。目前的计算机犯罪主要有以下几种类型：

- 窃取和盗用信息。如非法转移资金，盗窃银行中他人的存款等。
- 利用信息进行欺诈和勒索。如伪造信用卡、制作假票据等。
- 对信息进行攻击和破坏。如破坏他人计算机内的数据或程序、向他人计算机系统传播计算机病毒等；
- 污染和滥用信息。如剽窃网络上的新闻作品、发布虚假信息等。

近年来计算机犯罪已成为一个严重的社会问题，如何预防和降低计算机犯罪已迫在眉睫。

习 题 1

一、思考题

1. 什么是信息？现代信息技术有什么特点？
2. 为什么计算机采用二进制表示数据？
3. 通常对计算机是怎样分代的？各代计算机的主要特点是什么？
4. 请叙述计算机的分类和主要应用领域？
5. 一个完整的计算机系统由哪几部分构成？各部分关系如何？
6. 简述计算机软件系统的组成和分类。
7. 微机的硬件系统主要包括哪些部分？
8. 存储器为什么要分为内存储器和外存储器？两者各有什么特点？
9. 什么是计算机病毒？预防计算机病毒的措施有哪些？

二、选择题

1. 微机中 1KB 表示的二进制位数是（   ）。

    A. 1000   B. 8×1000   C. 1024   D. 8×1024

2. 计算机中数据的常用表示形式是（　　）。

    A. 八进制　　　　　　B. 十进制　　　　　C. 二进制　　　　　D. 十六进制

3. 以下不能作为存储容量单位的是（　　）。

    A. MIPS　　　　　　B. Byte　　　　　　C. KB　　　　　　D. MB

4. 存储容量 1GB 等于（　　）。

    A. 1 024B　　　　　B. 1 024KB　　　　C. 1 024MB　　　D. 128MB

5. 计算机系统由（　　）。

    A. 主机和系统软件组成　　　　　　B. 硬件系统和应用软件组成

    C. 硬件系统和软件系统组成　　　　D. 微处理器和软件系统组成

6. 计算机系统软件中的核心软件是（　　）。

    A. 操作系统　　　　B. 通信软件　　　　C. 文字处理软件　　　D. 数据库软件

7. 微型计算机硬件系统中最核心的部件是（　　）。

    A. 主板　　　　　　B. CPU　　　　　　C. 内存储器　　　　D. I/O 设备

8. 运算器的主要功能是（　　）。

    A. 实现算术运算和逻辑运算　　　　B. 保存各种指令信息供系统其他部件使用

    C. 分析指令并进行译码　　　　　　D. 按主频指标规定发出时钟脉冲

9. 微型计算机中，控制器的基本功能是（　　）。

    A. 进行算术运算和逻辑运算　　　　B. 存储各种控制信息

    C. 保持各种控制状态　　　　　　　D. 控制计算机各个部件协调一致地工作

10. 一条计算机指令中规定其执行功能的部分称为（　　）。

    A. 源地址码　　　　B. 操作码　　　　　C. 目标地址码　　　D. 数据码

11. 计算机中对数据进行加工与处理的部件，通常称为（　　）。

    A. 运算器　　　　　B. 控制器　　　　　C. 显示器　　　　　D. 存储器

12. 微型计算机存储器系统中的 Cache 是（　　）。

    A. 只读存储器　　　　　　　　　　B. 高速缓冲存储器

    C. 可编程只读存储器　　　　　　　D. 可擦除可再编程只读存储器

13. 微型计算机中内存储器比外存储器（　　）。

    A. 读写速度快　　　B. 存储容量大　　　C. 运算速度慢　　　D. 以上 3 种都可以

14. 微型计算机中的内存储器，通常采用（　　）。

    A. 光存储器　　　　B. 磁表面存储器　　C. 半导体存储器　　D. 磁芯存储器

15. 微型计算机存储系统中，ROM 是（　　）。

    A. 可读写存储器　　　　　　　　　B. 动态随机存取存储器

    C. 只读存储器　　　　　　　　　　D. 可编程只读存储器

16. 静态 RAM 的特点是（　　）。

    A. 在不断电的条件下，其中的信息保持不变，因而不必定期刷新

    B. 在不断电的条件下，其中的信息不能长时间保持，因而必须定期刷新才不致丢失信息

    C. 其中的信息只能读不能写

    D. 其中的信息断电后也不会丢失

17. 为解决某一特定问题而设计的指令序列称为（　　）。

    A. 文档　　　　　　B. 语言　　　　　　C. 程序　　　　　　D. 系统

18. 计算机能直接识别和执行的语言是（　　）。

    A. 机器语言　　　　B. 高级语言　　　　C. 汇编语言　　　　D. 数据库语言

19. 下面是关于解释程序和编译程序的论述，其中正确的一条是（　　）。

    A. 编译程序和解释程序均能产生目标程序

    B. 编译程序和解释程序均不能产生目标程序

    C. 编译程序能产生目标程序而解释程序则不能

    D. 编译程序不能产生目标程序而解释程序能

20. 用户使用计算机高级语言编写的程序，通常称为（　　）。

    A. 源程序　　　　　B. 汇编程序　　　　C. 二进制代码程序　　　　D. 目标程序

21. 能把汇编语言源程序翻译成目标程序的程序，称为（　　）。

    A. 编译程序　　　　B. 解释程序　　　　C. 编辑程序　　　　D. 汇编程序

22. 将高级语言编写的程序翻译成机器语言程序，采用的两种翻译方式是（　　）。

    A. 编译和解释　　　B. 编译和汇编　　　C. 编译和连接　　　D. 解释和汇编

23. 计算机病毒是一种（　　）。

    A. 特殊的计算机部件　　　　　　　B. 游戏软件

    C. 人为编制的特殊程序　　　　　　D. 能传染的生物病毒

24. 下列关于计算机病毒的 4 条叙述中，有错误的一条是（　　）。

    A. 计算机病毒是一个标记或一个命令

    B. 计算机病毒是人为制造的一种程序

    C. 计算机病毒是一种通过网络等媒介传播、扩散，并能传染其他程序的程序

    D. 计算机病毒是能够实现自身复制，并借助一定的媒体存在的具有潜伏性、传染性和破坏性的程序

三、填空题

1. 世界上公认的第一台电子计算机于_____年在_____诞生，它的名字是_____。

2. 到目前为止，电子计算机经历了多个发展阶段，但基本上都是基于一个思想，这个思想是由_____提出的，其要点是_____。

3. 4 个二进制位可表示_____种状态。

4. CPU 中，执行一条指令所需的时间称_____周期。

5. 微型计算机的内存是由 RAM（随机存储器）和_____组成的。

6. 微型计算机的总线一般由_____总线、_____总线、_____总线组成。

7. 计算机的主要技术指标有_____、_____、_____。

四、上机练习题

1. 观察一台微型计算机的组成，如显示器、主板、CPU、内存、声卡、显卡、网卡、键盘、鼠标、音箱等。

2. （选做题）如果你要用 5 000 元钱购置一台微型计算机，请亲自到电子市场调查或利用网络查询，给出一份购买清单，包括每一个硬件的品牌、型号和价格。

第 2 章 中文操作系统 Windows XP

操作系统相当于计算机软硬件资源的总调度管理员，它协调计算机系统的工作，目前主流的微机操作系统是美国 Microsoft 公司推出的 Windows 系列，其中 Windows XP 由于优化了网络功能，在现今的网络时代备受瞩目。本章即以 Windows XP 操作系统为例介绍操作系统的功能和使用方法。

2.1　操作系统基本知识

第 1 章已经讲过，计算机系统由硬件系统和软件系统组成，软件系统包括系统软件与应用软件，操作系统即是一个系统软件。

2.1.1　操作系统概述

操作系统是计算机系统中的一个系统软件，是在硬件基础上的第一层软件，是其他软件与硬件之间的接口。它是一些程序模块的集合——这些程序模块可以有效合理地组织和管理计算机的软硬件资源，合理地组织计算机的工作流程，控制程序的执行并向用户提供各种服务功能，使得用户能够灵活、方便、有效地使用计算机，使整个计算机系统能高效的运行。

操作系统主要包含如下功能模块：

- 作业管理：提供友好的界面，方便系统管理员管理用户提交的作业，决定处于活动状态的作业，使其可以获得 CPU 资源。
- 进程管理：解决 CPU 资源的分配。
- 存储管理：进行内存分配、虚拟内存分配。
- 文件管理：进行文件的存储、检索和修改等操作。解决文件的共享、加密和保护问题。
- 设备管理：管理输入、输出设备。支持中断技术、通道技术、虚拟设备技术和缓冲技术等。

根据任务处理方式，操作系统可以分为单任务操作系统、多任务操作系统、单用户操作系统、多用户操作系统、分时操作系统、实时操作系统、批处理操作系统等。

根据计算机的形态，操作系统可以分为个人计算机操作系统、工作站操作系统、网络操作系统、主机操作系统等。

2.1.2　个人计算机操作系统与网络操作系统

个人计算机操作系统是在某一时间内为单用户服务的操作系统，又称微机操作系统，其追求的目标是界面友好，使用方便，如 DOS、Windows 98、Windows 2000、Windows XP、UNIX 等。

网络操作系统是基于计算机网络的操作系统，是在各种计算机操作系统上，按网络体系结构协议标准开发的软件，包括网络管理、通信、安全、资源共享和各种网络应用。其目标是相互通信及资源共享。主要的网络操作系统有 Windows NT、NetWare、UNIX 等。

有些操作系统在使用中既可以作为个人计算机操作系统，也可以作为网络操作系统使用，如 Windows 2000、Windows NT、UNIX 等。

2.1.3 微机操作系统环境的演变与发展

操作系统是随着计算机硬件技术的发展而发展的。早期的计算机是没有操作系统的，工作效率非常低，每一用户都要自行编写涉及硬件的源代码。工作量大，难度高，易出错，需要耗费大量的人力和物力。

1. DOS 操作系统

1981 年，IBM 公司在全球范围内推出了 IBM-PC 个人电脑。当时专为个人电脑开发的操作系统有很多种，MS-DOS 是其中之一，但它很快就占据了主导地位，成为微型计算机操作系统的标准。MS-DOS 的功能不断完善，版本不断升级，从最早的 1.0 版一直升级到 6.22 版。MS-DOS 为微型计算机的发展作出了卓越的贡献，也为微软公司的发展壮大立下了汗马功劳。

2. Machintosh 窗口系统

由 APPLE 公司开发的 Machintosh 窗口系统是对字符界面的巨大改进，该系统的图形界面具有划时代的意义，然而由于该系统没有与主要的个人计算机生产厂商进行有效的合作，导致该系统没有产生很大的市场影响。

3. Windows 系统

Windows 系统以其划时代的图形界面而著称，从最初的 Windows 1.0，到后来的 Windows 3.x，一直发展到 Windows 9x，乃至后来的 Windows 2000、Windows XP。目前，Windows 操作系统已经成为最为流行的微机操作系统。

Windows 操作系统具有友好的图形界面，支持多用户、多任务，支持各种多媒体，对网络和硬件的支持性能良好，还存在着众多基于 Windows 的应用程序可供选用。

Windows 操作系统的缺点是：程序代码冗长，体积过于庞大，系统安全漏洞过多，系统本身也过于脆弱，常常需要重新启动等。但这些缺点并没有妨碍 Windows 系统成为目前最流行的操作系统。

4. Linux 操作系统

Linux 系统采用与 UNIX 十分类似的内核技术，可以说是 UNIX 的微机版本。Linux 系统是免费的，其源代码全部公开，这是与其他操作系统最大的不同之处。Linux 发展到今天的程度，很大程度上是民主与合作的产物，它的开发过程没有任何权威的组织者，完全是靠广大程序员自发地进行开发，并将源程序无偿公布在互联网上。

Linux 的优点有很多：它完全免费；同时具有字符界面和友好的图形界面，能够适应用户的多种需要；它是多用户、多任务的系统；可靠、安全并且稳定；它具有丰富的网络功能并支持多种平台。

Linux 的不足之处在于，基于 Linux 的软件产品不够丰富，同时 Linux 与 Windows 在格式上也无法兼容，由于当前 Windows 操作系统是市场的主流，因此这一兼容问题限制了 Linux 的发展。

2.2　Windows XP 概述

2.2.1　Windows XP Professional 简介

Windows XP 分为 Windows XP Home 和 Windows XP Professional 两个版本。

Windows XP Home 版本主要针对普通家用消费者，它具有丰富的娱乐功能，用户可以对计算机中的图片、音乐等媒体文件方便地进行管理，同时还可以通过 Windows XP 内置的播放器方便地欣赏各种视频。它的网络和共享功能十分强大，用户还可以利用各种集成通讯工具方便地进行通讯。此外它还具有强大的修复和帮助功能。

Windows XP Professional 除了拥有 Home 版本的功能之外，还增加了适合商业用户的其他功能。它具有更好的安全性，可以对目录和文件加密以保护数据；它支持远程登录和离线工作；支持多处理器；它可以与 Windows 服务器和管理解决方案协同工作；可以使用户与远在世界各地的同事保持通信联系。

2.2.2　Windows XP 的运行环境和安装

安装 Windows XP 需要满足以下最低硬件需求：① CPU 主频为 300MHz 或以上；最小需求为233MHz；推荐采用 Intel Pentium\Celeron 系列、AMDK6\Athlon\Duron 系列或其他兼容处理器。② 推荐采用 128MB 或更高内存（最小支持 64MB 内存，但会影响系统的性能，并限制某些功能的使用）。1.5GB 或以上的可用磁盘空间。④ SVGA（800×600）或更高分辨率的视频适配器和监视器。⑤ 键盘。⑥ Microsoft 鼠标或其他兼容的定位设备（可选）。

如果使用 CD-ROM 安装，还需要如下设备：CD-ROM 驱动器（推荐使用 12 倍速或者更高倍速）。

如果需要通过网络安装，则还需如下设备：① 与 Windows XP 兼容的网络适配器（网卡）和连接电缆。② 具有对安装程序文件（处于网络共享文件夹）的访问权限。

通常一般选择从光驱安装 Windows XP 操作系统。确定系统满足安装所需的硬件配置后，并将需要保存的文件备份后，即可将 Windows XP Professional 光盘插入光驱，该光盘会自动运行，出现如图 2-1 所示界面。

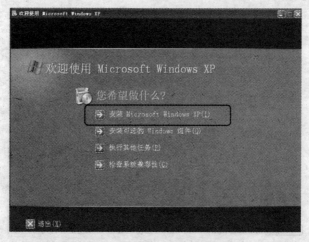

图 2-1　Windows XP 安装界面

在如图 2-1 所示界面中选择"安装 Microsoft Windows XP"，并在后续界面中选择是升级当前的操作系统还是全新安装。升级当前的操作系统可以保存现有的数据和参数设置，但有时会在升级后仍存有原操作系统的冗余；全新安装则可以将系统安装到一个新文件夹中，安装完成后必须重新设置各种参数并安装各种应用程序。这里选择全新安装，以确保系统中不存在冗余和垃圾文件。

选择"新的安装"之后将显示"选择高级选项"屏幕，可以在该屏幕上完成辅助工具和语言的设置。选择"高级选项"，可以对安装程序的安装方式进行设置，但一般可以采用默认值。之后则可以按照屏幕的提示进行必要的设置，计算机会重新启动若干次，并最终完成安装。

在安装过程中，需要进行设置的主要有如下几个方面：① 升级到 Windows XP 文件系统（NTFS）。Windows XP 可以将硬盘格式转换为 NTFS 格式，这是 Windows XP 推荐使用的格式。用户也可以保留当前的硬盘格式（一般为 FAT32）。② 选择特殊选项。对 Windows XP 的安装、语言、辅助工具进行设置。支持多语言和多区域设置。③ 区域设置。针对不同的地区和语言更改系统和用户的区域设置。④ 计算机名和管理员口令。为计算机指定一个有别于网络上其他计算机名、工作组名、域的名称的唯一的计算机名，这将成为该计算机在网络中的标识。安装程序会自动建议一个名称，可以对其进行更改。安装过程中会自动为计算机创建一个管理员账号，该账号拥有对该计算机完全的控制和管理权，为其指定口令有利于计算机的安全。⑤ 日期和时间设置。确定用户所在地区的时间和日期，确定用户的时区，选择是否对时间应用夏时制。⑥ 网络设置。通常可以选择"典型"设置选项来配置网络。高级用户可以选择"自定义"设置选项。⑦ 工作组或计算机域。计算机必须加入一个工作组或是一个域。

2.2.3　Windows XP 的启动与关闭

首先开启外设电源，然后开启主机电源，即可启动计算机。如果计算机中安装了两个操作系统，那么在启动过程中会出现启动列表，利用键盘的上下箭头在列表中选择要进入的操作系统（这里为 Windows XP）并按【Enter】键即可启动该操作系统。如果计算机中只存在一个 Windows XP 操作系统，则计算机将直接启动该系统。

系统启动完毕后即可进行登录。在出现的欢迎屏幕中单击用户名，在出现的密码文本框中输入密码，单击【进入】按钮，即可进入该操作系统，如图 2-2 所示。

图 2-2　启动 Windows XP 后进入的界面

如果希望退出 Windows XP 操作系统，依次选择"开始"→"关闭计算机"菜单命令，会出现如图 2-3 所示的对话框，在对话框中单击【关闭】按钮，即可退出该操作系统，然后再关闭外设电源，即可彻底关闭计算机。

图 2-3　关闭计算机

在如图 2-3 所示的对话框中单击"待机"按钮，则计算机将自动关闭显示器和硬盘，进入低耗节能状态。之后在键盘和鼠标上进行任一操作，计算机都将退出待机状态；在如图 2-3 的对话框中单击"重新启动"按钮，则计算机将重新启动；单击【取消】按钮，则会取消关机操作。

2.2.4　鼠标的基本操作

1. 鼠标的基本操作

使用鼠标时，把食指和中指分别放在鼠标的左键和右键上，右手的拇指放在鼠标的左侧，无名指和小指放在鼠标的右侧握住鼠标。

鼠标的基本操作有如下 5 种，可用来协助我们完成不同的工作。

（1）指向：移动鼠标，将鼠标指针放到某一项目上，不按键。

（2）单击：指向一个目标，按下并释放鼠标的左键。一般用来选中一个对象。

（3）右击：指向一个目标，按下并释放鼠标的右键。一般会弹出一个快捷菜单，该菜单会根据你选中的位置提供最常用的菜单命令，非常方便和实用。

（4）双击：指向一个目标，然后快速连击两下鼠标左键。一般用于启动某个应用程序或打开某个对象。

（5）拖动：指向一个项目，然后在按住鼠标器左键的同时移动鼠标。可以使用"拖动"操作来选择数据，移动并复制正文或对象等。

例如，可以利用鼠标操作来把屏幕上凌乱的图标排列整齐。把鼠标指针移到屏幕上没有图标的空白处，右击，屏幕上将弹出如图 2-4 所示的快捷菜单。

将指针移到"排列图标"命令上，将出现下一级菜单，即子菜单。单击子菜单中的任一选项，系统将会按鼠标选定的命令重新排列图标的位置和顺序。

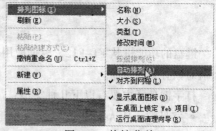

图 2-4　快捷菜单

技巧：右击非常重要，请大家一定要认真体会。

2. 鼠标的指针

细心的你会注意到，当鼠标在垫板或桌面上移动时，鼠标的光标（也称为鼠标指针）就会随着鼠标的移动而在移动，并且鼠标指针在不同的位置会有不同的形状。下面就将鼠标指针形状及其对应的功能归纳起来，如表 2-1 所示。

表 2-1　鼠标指针形状及其对应的功能

鼠标形状	功　能　说　明
↖	系统处于"就绪"状态，准备接受下一个操作
↖?	对话框选项求助。用该鼠标指针单击对话框选项，可显示关于该选项的说明

续上表

鼠标形状	功 能 说 明
![]	等待当前操作完成后，才能往下进行
⧗	指示当前操作正在后台运行
↔	鼠标在窗口左、右两侧边界位置，可左、右拖动改变窗口大小
↕	鼠标在窗口左、右两边界位置，可上、下拖动改变窗口大小
↖ ↗	鼠标在窗口四角位置，拖动可双向改变窗口大小
✛	拖动窗口或对话框中的选择区
🖐	表示是超链接，在上网的时候经常使用

2.2.5　键盘的基本操作

尽管利用鼠标可以完成很多操作，对于输入英文、汉字等数据来说，键盘还是必不可少的一种工具。如图 2-5 所示是一个 105 键标准键盘。键盘分为 4 个区域：功能键区，打字键盘区，数字键盘区，屏幕编辑和光标移动键区。

图 2-5　键盘示意图

键盘的功能键从 F1~F12，根据使用软件的不同可以有不同的定义，通常按 F1 键可以获取与当前对象有关的帮助。

打字键盘区主要有以下几种类型：

- 字母键：从 A~Z 共 26 个英文字母。
- 阿拉伯数字键：从 0~9 共 10 个数字键。
- 运算符号键：+　-　*　/　（　）　<　>　= 等。
- 特殊符号键：~　!　@　#　$　%　^　&　|　/ 等。
- 特定功能键：Tab 键、上档键、回车键、空格键等。

下面着重介绍一些打字键盘区特殊功能键的用法，如表 2-2 所示。

表 2-2　特殊功能键的用法

名　称	键帽符号	功　能
回车键	Enter	按此键后结束逻辑行，使一条命令开始执行
上档键	Shift	按住该键，然后按双符键可以输入上部符号，按字母键可以输入大写字母
制表键	Tab	按一次该键光标向右移动一个默认制表位，一般为 8 个字符的位置

续上表

名　　　称	键帽符号	功　　　　能
大写字母锁定键	CapsLock	切换字母大小写；按该键指示灯亮，表示此时输入字母皆为大写；再按该键指示灯灭，表示输入字母为小写
控制键	Ctrl	按住该键，再按其他功能键，可以组合出许多复合键
交替换档键	Alt	按住该键，再按其他功能键，也可以组合出许多复合键
强行退出键	Esc	按该键可以从当前程序或对象中退出
退格键	BackSpace	光标向左删除一个字符，光标退回一个字符

　　键盘右侧为数字键盘区，其中的 Numlock 键用于切换数字键和方向键的功能。按下 Num lock 键，Numlock 指示灯亮，表示此时该键盘输入的是数字，否则该键盘区的功能为键帽下部所显示的方向功能。

　　在方向移动键区，按 4 个箭头键可以使光标沿 4 个方向移动。

　　屏幕编辑键区的基本用法如表 2-3 所示。

表 2-3　屏幕编辑键区的基本用法

键帽符号	功　　　　能
PrintScreen	按下此键会将整个屏幕所显示的内容复制到剪贴板上；按【Alt + Print Screen】键可以只复制当前活动窗口的内容
Delete	向后删除一个字符，光标右移一个字符
Home	光标移至屏幕顶端左上角起点
End	光标移至屏幕底端右下角终点
PageUp	光标不动，屏幕向上滚动一屏
PageDown	光标不动，屏幕向下滚动一屏

2.2.6　汉字输入法

　　汉字输入法分为键盘输入法、手写输入法、语音输入法和光电扫描输入法 4 大类。

1. 键盘输入法

　　键盘输入法是目前汉字输入方法中技术最成熟、使用最广泛的方法。键盘输入的特点是必须对输入的汉字进行编码，通常要按 1～4 键输入一个汉字。

　　键盘输入法按编码划分为以下几类。

- 音码。音码是以汉语拼音为基础，利用汉字的读音特性进行编码。例如，全拼和双拼输入法为音码。音码使用比较容易，只要会说汉语拼音，就可以进行汉字输入，不需要专门学习。它的缺点是单字编码重码率高（同音字多），汉字录入速度慢。还有对不认识的汉字或发音不准的汉字无法直接输入。
- 形码。形码就是利用汉字的字形特征进行编码。例如，五笔字型、表形码和郑码为形码。形码克服了音码重码率高、输入速度慢的缺点，比较适合专业录入人员使用。但形码的使用需要专门的学习和记忆。
- 音形码。音形码利用汉字的语音特征和汉字的字形特征进行编码。例如，智能 ABC 输入法、自然码、钱码等为音形码。音形码利用了音码和形码各自的优点，兼顾了汉字的音和形。

以音为主，以形为辅，减少了编码中要记忆的部分，提高输入效率，容易学习和记忆。

- 序号码。序号码是利用汉字的国标码作为输入码，用 4 个数字输入一个汉字或符号。例如，区位输入法就是序号码。序号码一般很少使用，因为它的编码不直观很难记忆。它的优点是无重码。

目前，键盘输入法是计算机中最常使用的输入法，一般常用的汉字键盘输入法有智能 ABC、微软拼音输入法、五笔输入法、紫光拼音输入法等。

2. 手写输入法

联机手写输入系统一般包括硬件和软件两部分，硬件部分主要包括手写笔和手写板，软件部分是汉字识别系统。使用者只需用跟主机相连的手写笔在手写板上书写汉字，手写板内置的电子信号采集系统，会将汉字笔迹信息转换为数字信息，然后传送给识别系统进行汉字识别。汉字识别系统根据传送来的笔迹信息，进行分析，在相应字库中找到该字，并将它显示在编辑区中。

联机手写输入法的特点是使用比较容易，只要会写汉字就会输入，不需要记忆汉字编码。但由于受识别技术的限制，输入速度一般。另外，在书写时还要求字迹比较工整，否则影响系统的识别率。在 Windows XP 中内置了手写输入法，用户无需再进行安装。

3. 语音输入法

语音输入就是利用与主机相连的话筒读出汉字的语音，通过语音识别系统转换为汉字信息。语音识别的原理是将人的语音转换成声音信号。经过特殊处理，与计算机中已存储的声音信号进行比较，然后反馈出识别的结果。

语音输入法的优点是不用手工输入，只要会读出汉字的读音，就可以完成汉字输入。但这种方法的缺点是识别率还不是很高。

4. 光电扫描输入法

光电扫描输入是利用光电扫描仪，将文稿上的印刷体文字扫描成图像，再通过专门的光学字符识别（OCR）系统软件进行文字识别，将汉字的图像转换成文本形式。

光电扫描输入法只能用于印刷体文字的输入，并要求文字清晰，这样识别率才比较高。这种方法的特点是快速、容易操作。

下面就以智能 ABC 输入法为例来详细讲解怎样用键盘输入汉字，其他输入法可参考相关资料学习。

智能 ABC 输入法是一种以拼音为基础的音码输入法，用户只需根据键盘上的 26 个字母输入汉字的拼音，即可输入相应的汉字或词组。此外，该输入法还具有一定的智能化功能，如自动组词、人工造词、记忆功能等。它对于非专业录入人员来说是一种比较适用的输入方法。

1. 智能 ABC 的安装、启动和操作

（1）安装

通常在 Windows 中默认安装有智能 ABC 汉字输入法，如果需要手动安装，请参考第 2.8.3 节。

（2）启动

在语言栏中单击【输入法】按钮，在弹出的菜单中选择"智能 ABC 输入法"，即可切换到该输入法，如图 2-6 所示。

启动智能 ABC 输入法后，会出现如图 2-7 所示的输入法状态栏，状态栏上从左至右依次为【中

/英文切换】按钮、【输入方式切换】按钮、【全角/半角切换】按钮、【中/英标点符号切换】按钮和
【软键盘】按钮。

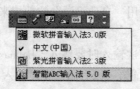

图 2-6　利用语言栏切换输入法　　　　图 2-7　输入法状态栏

（3）常用操作

在语言栏中单击【输入法】按钮，在弹出的菜单中选择其他的输入法，即可切换到其他的输入法。快捷键【Ctrl+空格】可以在中文和英文之间快速切换，快捷键【Ctrl+Shift】可以在所有的输入法之间逐次切换。

2．智能 ABC 单字、词语的输入

（1）输入单字

通常在输入拼音时，拼音的输入框会紧随在光标后面，输入完毕后按空格键，会出现同音单字的备选框。

例如，输入"我"字，则需输入"wo"，然后按空格
键，即可出现如图 2-8 所示的同音单字的备选框。此时
按数字 1 或再次按空格键就可以输入"我"字，如果按
数字 3 就可以输入"窝"字。

如果在备选框中找不到需要的字，可以按加号键
"+"向后翻页，按减号键"-"向前翻页查找。也可以
用鼠标单击备选框中的三角箭头翻页。

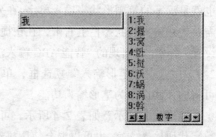

图 2-8　智能 ABC 输入框

如输入的拼音有错误，在图 2-8 中按退格键可以回
到拼音的输入状态下，此后按一下【退格键】即可删除一个拼音字母，也可以重新输入正确字母。
或者直接按【Esc】键，使输入的拼音全部作废，然后重新输入正确拼音。

注意：在输入拼音时通常用字母"v"来代替汉字拼音中的"ü"，如"女"的拼音 nü=nv。

（2）输入词语

输入词语同单字的输入类似。按照顺序连续输入组成词语的多个单字的汉语拼音后，备选框
中会显示出一组同音词。例如，输入汉语拼音"shiji"并按空格键后，备选框中会出现"实际、
世纪、时机"等同音词，输入所需词语前面的数字，即可输入该词语。利用词语进行输入，同音
词的数目较少，输入速度更快。

在输入单字时还可以采取"以词定字"的方式，可以加快输入的速度。所谓的"以词定字"，
就是输入包含要输入单字的一个词语，然后利用"["和"]"两个键，词语拼音 + "["取词语第
一个字，词语拼音 + "]"取词语最后一个字。如要得到"电脑"的"电"字，可以输入"diannao["，
即可得到"电"字。

注意：若连续输入的两个韵母相连时，需要在中间加隔音符号"'"隔开。例如，xian 为
"先"，而 xi'an 为"西安"。

（3）自动组词

尽管智能 ABC 词库中内置的词语很多，但毕竟不能包括用户所使用的全部词语，因此，当用户需要经常输入某些输入法中没有的词语时，可以利用"自动组词"的功能来将该词语填加到词库中去。以后就可以像普通词语一样录入这个词语了。

假如打字员要录入"白马啸西风"这个词，第一次输入时要输入"baimaxiaoxifeng"，然后按【Enter】键——找到这 5 个字，然后按空格键输入该词语。以后用户直接输入"baimaxiaoxifeng"的拼音即可输入这个词语。

（4）简拼输入

在输入拼音时，用户可以输入汉字的完整拼音，也可以输入简拼（输入词组中每个汉字汉语拼音的第一个字母）或混拼（词组中有的汉字使用全拼，有的汉字使用简拼）。

例如，对于"电脑"这个词语来说，用户可以输入"dn"、"diann"或"dnao"。

事实上，三音节以上的词语都可以用简拼输入；双音节词中最常用的大约有 500 多个词可以采用简拼输入，其余的可采取混拼、全拼或简拼＋笔形的方式输入。实际上输入多音节词语比输入单字的速度其实是更快的。

（5）笔形输入

此外，在不知道单字的读音时，用户还可以利用笔形，也就是汉字的笔画形状来输入单字。在采用笔形输入之前，需要先在输入法状态栏上右击，在快捷菜单中选择"属性设置"命令，在出现的"智能 ABC 输入法设置"对话框（图2-9）中选中"笔形输入"复选框，单击【确定】按钮即可将输入法设置为笔形输入功能。

笔形代码的示意如表 2-4 所示，可以单纯利用笔形的数字代码输入文字，也可以混合使用拼音和笔形输入汉字。

图 2-9 "智能 ABC 输入法设置"对话框

表 2-4 笔形代码示意

笔形代码	笔 形	笔形名称	起笔实例	说 明
1	一（ノ）	横（提）	二、要、厂、政	"提"也算横
2	丨	竖	同、师、少、党	
3	ノ	撇	但、箱、斤、月	
4	、（乀）	点（捺）	写、忙、定、间	"捺"也算点
5	㇆（丨）	折（竖左弯钩）	对、队、刀、弹	顺时针方向弯曲，多折笔画以尾折为准，如"了"
6	乚	弯（右弯钩）	匕、她、绿、以	逆时针方向弯曲，多折笔画以尾折为准，如"乙"
7	十（乂）	叉	草、希、档、地	交叉笔画只限于正叉
8	囗	方口	国、跃、足、吃	四边整齐的方框

取码时按照笔顺，即写字的习惯，最多取 6 笔。含有笔形"十（7）"和"口（8）"的结构，按笔形代码 7 或 8 取码，而不将它们分割成简单笔形代码 1～6 。例如，如果想用笔形方式输入"中国"两个字，则可输入"82"和"8174"。

技巧：如果要在中文输入状态下输入英文，可以在要输入的英文前面先输入一个字母 v。如要输入"sunshine"，即可输入"vsunshine"，按空格键即可输入英文"sunshine"。

3．智能 ABC 中文标点符号的输入

（1）中文标点符号的输入

在"标准"输入状态下，若标点与其他信息一同输入，则该标点将自动转换成相应的中文标点。在"标准"输入状态下，只要位于中文标点输入状态下，也可以利用键盘单独输入中文标点。键盘上英文标点与中文标点的对照表如表 2-5 所示。

表 2-5　键盘英文标点与中文标点对照表（加【Shift】键才能输入上行符号）

英文键符	~		@	$	^		&		-		<	>
	`		2	4	6		7		-		,	.
中文符号	~		·	￥	…		—		—		《	》
	`		2	4	6		7					

注意：在智能 ABC 输入法下，顿号"、"是通过单击"\"键得到的。

（2）全角与半角

在英文状态下，英文字母和符号只占用一个字节。在中文状态下，标点符号占用两个字节，和汉字的位置一样大。这种占用一个字节的标点符号为半角符号，称占用两个字节的符号为全角符号。

不仅标点符号，在全角设定下，英文字母和数字也可以占用两个字节，和中文字写得一样大，但这时的英文字母已经和半角时不一样了，它不能作为命令中的字母，它实际上已经变成了一种符号。

在智能 ABC 输入法中，单击输入法状态栏上的【全角/半角切换】按钮，即可切换到全角状态或半角状态。

（3）软键盘

在实际应用中，可以利用智能 ABC 的"软键盘"输入更多的符号。在输入法状态栏上单击【软键盘】按钮，可以打开如图 2-10 所示的软键盘。用鼠标单击"软键盘"上的按键，即可向计算机中输入该键所代表的字符，同实际键盘的用法一样。

在【软键盘】按钮上右击，可以打开如图 2-11 所示的快捷菜单，可以在菜单中选择其他软键盘。

图 2-10　软键盘

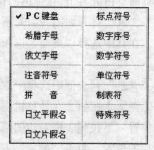

图 2-11　软键盘快捷菜单

2.3 桌面和桌面的基本操作

2.3.1 桌面的基本组成

启动 Windows XP 后，系统将自动进入 Windows 系统的桌面中，如图 2-12 所示。桌面上通常包括桌面图标和任务栏，其中任务栏又可以分为【开始】菜单按钮（也有人称为开始按钮，或开始菜单）、快速启动工具栏、活动任务区、语言栏、通知区域。

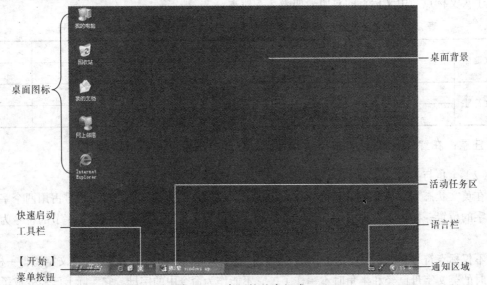

图 2-12　桌面的基本组成

所谓的"桌面"，和通常的课桌桌面的概念十分类似。当大家上课时，需要用到哪一门课的笔记和教材，就可以把它们放到桌面上来；同样，当使用电脑时，需要使用哪些应用程序，就可以在桌面上打开这些应用程序。在 Windows 系统中，用户可以在桌面上同时打开多个应用程序窗口，并在各个窗口中运行不同的程序或显示不同的文档。

2.3.2 设置桌面背景

进入 Windows 系统之后，可以将自己喜欢的图片设置成桌面。方法如下：

在桌面空白处右击，在弹出的快捷菜单中选择"属性"命令，就会打开如图 2-13 所示的"显示属性"对话框。在其中选择"桌面"选项卡，即可对桌面进行设置。

在"背景"列表框中选择一款合适的图片，也可以单击【浏览】按钮，在计算机中选择更多的图片；单击"位置"下拉列表框右边的箭头，可以选择桌面背景图片的位置；单击"颜色"下拉列表框右边的箭头，可以选择桌面的背景颜色。

图 2-13　设置桌面背景

设置完成后，单击【确定】按钮即可完成桌面背景的设置，并关闭该对话框；单击【应用】按钮可以将该设置应用到桌面上来观看效果，但不关闭该对话框；单击【取消】按钮即可取消本次操作。

2.3.3　桌面上的图标

桌面上通常会放置一些重要的系统文件夹和一些应用程序的快捷方式图标，一些常用的文件和文件夹也可以放到桌面上。桌面上较重要的图标有"我的电脑"、"回收站"、"网上邻居"、"我的文档"等。

1. 图标的功能

双击图标就可以打开相应的文件夹或启动相应的应用程序。例如：双击"我的电脑"图标可以打开"我的电脑"窗口，在该窗口中，大家可以浏览当前计算机系统中的详细内容。

2. 排列桌面图标

桌面上的图标可以进行"自动排列"和"非自动排列"。自动排列又可分为按名称、类型、大小和日期的不同排列方式。在桌面上的空白处右击，在弹出的快捷菜单中选择"排列图标"命令，即可选择各种排列方式；如果不选择"自动排列"，就可以拖动图标到自己喜欢的位置。

3. 添加、删除桌面图标

对准图标右击，在快捷菜单中选择"删除"命令，即可将该图标删除；至于添加图标，请参考后面 2.6.7 节中的复制操作。

2.3.4　任务栏的基本操作

1. 任务栏的构成

通常情况下，任务栏位于桌面的最下方，很多操作都要借助任务栏来完成。任务栏通常分为5 个区，如图 2-14 所示，从左至右依次为【开始】菜单按钮、快速启动工具栏、活动任务区、语言栏和通知区域。

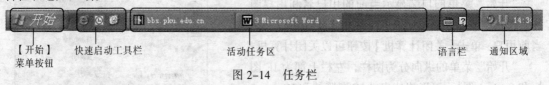

【开始】　　　快速启动工具栏　　　　　　　活动任务区　　　　　　　语言栏　　通知区域
菜单按钮

图 2-14　任务栏

单击【开始】菜单按钮可以打开"开始"菜单。

快速启动工具栏中放置了很多程序的快捷方式图标，单击其中的图标即可快速启动相应的程序。用户还可以将自己常用的程序或文件夹放置到其中，方法很简单，只需将桌面上的图标拖到此区域即可。

活动任务区放置的是用户正在打开的文件夹的标题按钮和运行着的应用程序的按钮。如图2-14 所示，任务栏中有 3 个 Word 窗口和一个 cterm 窗口，用户可以通过单击这些标题按钮方便地在不同程序窗口之间切换。

语言栏主要用来设置当前所使用的语言和输入法，具体内容会在 2.8.3 节中详细介绍。

通知区域是在开机状态下常驻内存的一些应用程序，主要有"音量控制"、"时钟显示"等，双击图标会打开相应的程序，在图 2-14 中双击通知区域的"时间"图标，即可对系统的时间进行设置。

2. 任务栏的设置

如果希望调整任务栏的大小和位置，可以将鼠标指针移到任务栏的上部边缘或工具栏与任务

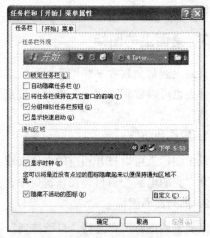

栏之间的虚线处，当鼠标指针变为双向箭头时，
拖动鼠标，即可改变任务栏的大小，或是改变各
工具栏的宽度。将鼠标指针放至任务栏的空白处，
直接拖动鼠标，可以将任务栏移动到桌面的其他
位置。

如果希望对任务栏进行更多设置，可以在任
务栏空白处右击，在快捷菜单中选择"属性"命
令，会出现如图 2-15 所示的"任务栏和「开始」
菜单属性"对话框，可以在对话框中对任务栏的
外观和通知区域进行设置。例如，选中"自动隐
藏任务栏"复选框，任务栏将会自动隐藏，只有
鼠标移到任务栏上后才会显示。

图 2-15　"任务栏和「开始」菜单属性"对话框

2.3.5　"开始"菜单的基本操作

"开始"菜单几乎是进行任何操作的起点，大家可以由"开始"菜单启动各种应用程序，并从
中找到 Windows XP 的所有设置项。

单击任务栏左侧的【开始】菜单按钮，会打开如
图 2-16 所示的"开始"菜单。通常单击"开始"菜
单中的命令可以打开对应的应用程序或窗口。右侧有
三角箭头的命令表示该命令存在下级子菜单，单击该
命令或将鼠标指针在该命令上停留若干秒即可打开子
菜单。

"开始"菜单的顶端显示当前的用户名和用户图
片。单击"开始"菜单底部的【注销】按钮可以注销
当前用户，单击【关闭计算机】按钮可以关闭计算机。

"开始"菜单的纵向分为两栏，左栏上部为 IE 图
标和 Outlook 图标，可以快速启动 IE 浏览器和 Microsoft
Outlook。左栏中部为最近打开的 6 个应用程序图标，
它们会随着用户的活动不断进行调整。左栏底部为"所
有程序"命令，单击该命令或将鼠标指针停留在该命

图 2-16　"开始"菜单

令上若干秒钟后，在按钮的右侧会出现该命令的下级菜单，其中将包含该计算机上的所有程序。

"开始"菜单的右面一栏为一些常用图标。上部与桌面上的图标类似，单击图标可以打开相应
的窗口，在"我最近的文档"命令下显示最近打开过的 15 个文件的快捷图标，单击图标可以打开
对应的文件。

单击右栏中的"控制面板"命令可以打开"控制面板"窗口，可以在该窗口中对计算机的各
种硬件、软件进行设置。"打印机和传真"也是控制面板窗口中的一项，单击"开始"菜单中的"打

印机和传真"命令即可打开对应的"打印机和传真"窗口。

　　单击"帮助和支持"命令可以进入"帮助和支持中心",可以从中得到有关 Windows XP 系统的帮助和技术支持。单击【搜索】命令会出现"搜索结果"窗口,可以在窗口中搜索计算机的全部资源。单击【运行】命令会打开"运行"对话框,在对话框中输入程序、文件、文件夹或网络资源的地址和名称,即可打开或运行该对象。

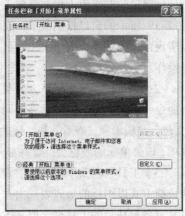

　　技巧:在"开始"菜单中,最为重要的是所有程序、控制面板、搜索、运行命令。

　　其实,Windows XP 为用户准备了两种风格的"开始"菜单,一种是如图 2-16 所示的 XP 风格的"开始"菜单,另一种是传统风格的"开始"菜单。要改变"开始"菜单的风格,可以在任务栏的空白处右击,在弹出的快捷菜单中选择"属性"命令,会出现如图 2-17 所示的"任务栏和「开始」菜单属性"对话框。在对话框中选择"开始」菜单"选项卡,即可改变"开始"菜单的风格。在其中单击【自定义】按钮还可以进行更复杂的设置。

图 2-17　"「开始」菜单"选项卡

2.4　窗口和对话框的基本操作

2.4.1　窗口的基本知识

　　窗口是桌面上用于查看应用程序或文档信息的一块矩形区域,主要分为应用程序窗口和文档窗口两类。例如,在桌面双击"我的电脑"图标,就会打开一个窗口。

　　桌面上可以同时打开多个窗口,但活动窗口(前台窗口)只有一个,即用户正在进行操作的窗口,该窗口的标题栏显示为高亮的深蓝色,其他窗口则都为非活动窗口(后台窗口),标题栏以淡蓝色显示。

　　如图 2-18 所示,通常的窗口都是由这些基本元素所组成的。

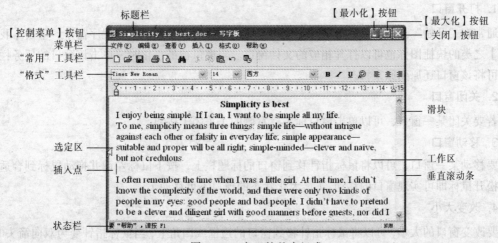

图 2-18　窗口的基本组成

（1）标题栏。窗口的最顶端为标题栏，通常显示当前文档的名称和应用程序的名称。标题栏的右端为【最小化】按钮、【最大化】按钮和【关闭】按钮，单击相应按钮可以使窗口最小化、最大化或关闭。当窗口最大化时，【最大化】按钮会自动变为【还原】按钮，单击该按钮可以使窗口恢复原大小。

标题栏的左端为【控制菜单】按钮，单击该按钮会出现如图 2-19 所示的窗口控制菜单。在控制菜单中选择相应命令可以实现窗口的移动、改变大小、最小化、最大化、还原和关闭等操作。

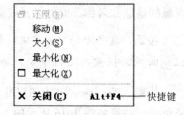

图 2-19　窗口控制菜单

（2）菜单栏。标题栏下方为菜单栏，里面包含该窗口的所有命令，不同类型的窗口具有不同的菜单命令，但通常都具有"文件"、"编辑"、"查看"和"帮助"等菜单项。单击某一个菜单项，该菜单项的颜色会反显并显示出对应的下拉菜单，用户可以在下拉菜单中选择需要的命令。

（3）工具栏。菜单栏下为"常用"工具栏和"格式"工具栏。工具栏其实是将一些常用命令的快捷方式以图标的形式表现出来，只要单击工具栏中相应图标按钮即可执行该命令。不同的窗口具有各自独特的工具栏，但基本的使用方法都是一样的。

（4）状态栏。窗口的底端为状态栏，栏中显示一些与用户当前操作有关的信息。

（5）滚动条。当窗口的内容不能全部显示时，在窗口的右侧或底部会出现如图 2-18 所示的滚动条，表明当前可见内容在整个内容中所占位置。单击滚动条上的上下箭头，可以使窗口内容滚动，从而多显示上一行或下一行的内容。单击滚动滑块上面的滚动条，窗口会向下滚动一屏，显示上一屏的内容；单击滚动滑块下面的滚动条，窗口会向上滚动一屏，显示下一屏的内容。用鼠标拖动滚动滑块到滚动条的其他位置，可以浏览文档中处于该位置的内容。

（6）工作区。窗口的中间是工作区，当打开记事本、写字板等文档窗口时，该位置主要用来编辑文档，称为文本区。文本区中的竖线称为插入点，指示各种编辑操作生效的位置。文本区的左侧称为选定区，选定区鼠标指针向右倾斜，可以利用选定区来选定文档中的文本。

2.4.2　窗口的基本操作

1. 打开窗口

通常在"开始"菜单中，单击某一个应用程序的图标可以打开该应用程序窗口，单击【我的文档】之类的快捷图标也可以打开相应的文档窗口。当窗口被最小化时，单击该窗口的任务栏按钮即可将该窗口还原到原来状态。

2. 关闭窗口

若要关闭某一窗口，可以单击窗口标题栏右侧的【关闭】按钮。

3. 移动窗口

要移动某一窗口，可以将鼠标指针移到窗口的标题栏上，按下鼠标左键并拖动鼠标到合适位置，松开鼠标即可实现窗口的移动。（最大化状态的窗口不可移动）

4. 改变大小

要改变窗口的大小，可以将鼠标指针移到窗口的边框或四角上，当鼠标指针变为双向箭头时，按下鼠标左键并拖动鼠标到合适位置，松开鼠标，即可改变窗口的大小（最大化状态的窗口不可以改变大小）。

单击标题栏右侧的【最小化】按钮和【最大化】按钮可以使窗口最小化和最大化。最小化的窗口将缩小到仅为任务栏上的一个标题栏按钮。最大化的窗口将占据整个屏幕。

当窗口最大化时，【最大化】按钮会变为【还原】按钮，单击该按钮可以使窗口还原到原来尺寸。

5. 在窗口之间切换

有时候，桌面上可能会同时打开很多个窗口，如图 2-20 所示，其中标题栏呈较深的蓝色的为当前活动窗口（前台窗口），而其他标题栏呈暗淡的淡蓝色的窗口为非活动窗口（后台窗口）。切换方法如下：

（1）可以单击任务栏上相应的标题栏按钮。

（2）也可以单击非活动窗口的标题栏或其他部分。

（3）还可以利用快捷键【Alt + Tab】来实现窗口之间的切换。按住【Alt】键不放，然后按下【Tab】键，这时屏幕上会出现如图 2-21 所示的切换窗口。不断按下【Tab】键，方框会在当前打开的全部窗口的图标间切换，当切换到需要打开的窗口时，松开【Alt】键，即可使该窗口成为活动窗口。

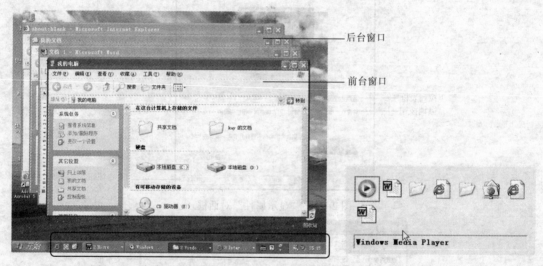

图 2-20　在窗口之间切换　　　　　　　图 2-21　切换窗口

6. 层叠或平铺窗口

当打开的窗口过多时，有时可能需要在桌面上层叠或平铺窗口，这时可以在任务栏的空白处右击，在快捷菜单中选择"层叠窗口"→"横向平铺窗口"或"纵向平铺窗口"命令，从而将窗口层叠或平铺。层叠窗口可以看到多个窗口的标题栏（层叠效果见图 2-20），平铺窗口则有利于浏览多个窗口的内容。

2.4.3　对话框的基本知识

对话框是一种特殊形式的窗口，用来提供某些信息或是要求用户输入信息，如图 2-22～图 2-24 所示的都是对话框。对话框标题栏右侧一般为【帮助】按钮和【关闭】按钮。单击【帮助】按钮，鼠标指针会变为问号形指针，将指针移到需要帮助的对话框项目上，单击该对象会出现有关该项目的帮助框。单击【关闭】按钮可以关闭该对话框。

对话框通常的组成元素包括列表框、文本框、单选按钮、复选框、微调按钮、命令按钮等。

列表框中通常会列出可供选择的内容，当框中无法容纳所有内容时，会自动出现滚动条。此外，还有一种下拉列表框，如图 2-22 所示。这种列表框平时只显示一个选项，单击列表框右边的向下箭头，会出现下拉列表显示其余的全部选项。

微调按钮如图 2-22 所示，单击向上箭头可以增加数字框中的数值，单击向下箭头可以减小该数值，或者也可以用键盘直接在数字框中输入需要的数字。

文本框是用户用来输入文字和数字信息的地方，如图 2-23 所示。文本框中可能是空白，也可能是系统预设的缺省值。

单选按钮呈圆形，如图 2-24 所示，用来进行单项选择。被选中的单选按钮中间出现"•"符号，未被选中的单选按钮呈中空状态。

复选框呈方形，如图 2-24 所示，用来进行多项选项。被选中的复选框中间出现"√"符号，未被选中的复选框呈中空状态。

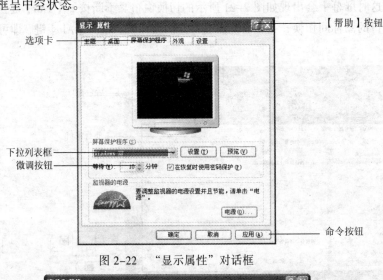

图 2-22　"显示属性"对话框

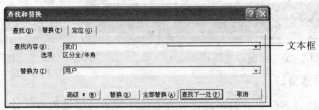

图 2-23　"查找和替换"对话框

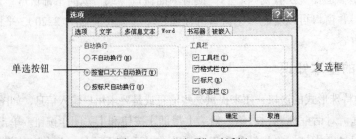

图 2-24　"选项"对话框

命令按钮上一般都有相应的文字说明，单击该按钮即可执行相应的命令。

2.4.4　对话框的基本操作

1. 移动对话框

用鼠标拖动对话框的标题栏，即可将对话框移动到其他位置。

2. 在对话框的各栏之间移动

用鼠标单击或者按【Tab】键。

3. 在列表框中选择

在列表框中直接单击要选择的项，或打开下拉列表，在下拉列表中单击某一个选项，即可在列表框中选定该项。

4. 在文本框中输入

单击要进行编辑的文本框，可将插入点移至该文本框中。如果希望保留系统预设的缺省值，可以不进行改动，否则可以按【BackSpace】键将文本框的缺省值删除，然后由键盘输入新的文字。

5. 选定单选按钮

在圆形单选按钮或其对应文字上单击鼠标即可选中该按钮，单击其他单选按钮可取消该按钮的选中状态。

6. 选定复选按钮

在方向复选框或其对应文字上单击鼠标可以选中该复选框，再次单击可以取消选中。

7. 命令按钮

单击某一个命令按钮，即可执行按钮所代表的命令。当某个按钮周围出现虚框时，表明该按钮处于选定状态，按【Enter】键即可执行该命令。命令名后带省略号（…）的命令表明单击该按钮会打开另一个对话框，如图 2-22 中的【电源…】按钮。

8. 取消操作

在对话框中单击【取消】按钮或标题栏中的【关闭】按钮即可取消在对话框中所进行的设置。按【Esc】键也可以取消对话框操作。

2.5　菜单的分类和基本操作

2.5.1　菜单的分类

Windows 中的菜单通常分为"开始"菜单、控制菜单、快捷菜单、文档窗口菜单、应用程序菜单等。

"开始"菜单是用户进行任何其他操作的起点，利用"开始"菜单可以调用 Windows 中的全部程序并对计算机的全部资源进行设置。

控制菜单通常可以控制一个窗口的移动、大小、还原、最大化、最小化和关闭。

快捷菜单是在某个对象上右击时所出现的菜单，随对象不同而改变，很多常用的命令都包含在该菜单中。

文档窗口菜单和应用程序菜单十分类似，通常都以菜单栏的形式出现，每个菜单项下都有对应的下拉菜单，涵盖了该窗口的所有命令。

2.5.2　菜单的说明

下面主要针对文档窗口菜单和应用程序菜单进行说明，如图 2-25 所示的是文档窗口菜单，应用程序的菜单同文档窗口菜单基本类似。

窗口中的菜单通常体现为菜单栏的形式，菜单栏上排列有不同的菜单项，单击某一个菜单项会打开对应的下拉菜单。下拉菜单通常会按照命令的相似性分成若干组，中间以虚线相隔。

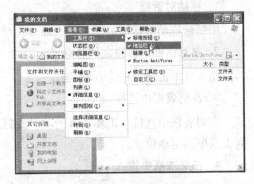

图 2-25　菜单命令

（1）下拉菜单中命令名后的圆括号中有带下画线的字母时，输入该字母相当于选择了该命令。

（2）命令名后带省略号的，表明选择该命令会弹出相应对话框。

（3）命令名后有"▶"符号，表明该命令有下级子菜单，选择该命令时会弹出子菜单，如图 2-25 所示。

（4）命令名前有"•"符号，表明该组命令为单选命令，且该命令正在起作用。这种单选命令组中只能有且必须有一个命令被选中。选择该组其他命令，"•"符号将会转而出现在其他命令名前。

（5）命令名前有"√"符号，表明该组命令为复选命令，且该命令正在起作用。再次选择该命令，"√"符号会消失，表明该命令不再起作用。

（6）命令名显示暗淡的，表明当前不能选择该命令。

（7）命令名的最右边如果有其他键符号或组合键符号，则表示的是该命令的快捷键。利用快捷键可以快速应用某一命令，有利于用户的编辑。

当下拉菜单过长时，Windows XP 会自动将某些不常用的下拉菜单项隐藏起来，只显示常用的命令，这时可以单击下拉菜单下部的向下箭头按钮，即可显示全部的下拉菜单。

2.5.3　菜单的基本操作

用鼠标单击某一菜单项，可以打开该菜单对应的下拉菜单，在下拉菜单中单击相应选项即可执行该命令。

如果要退出菜单，只需在菜单外单击鼠标即可。

也可以利用键盘来执行菜单命令。一般按【Alt】键，就可以激活菜单栏，随后利用光标移动键就可以打开相应的下拉菜单并选择相应的菜单命令，然后按【Enter】键即可执行该命令。如果要取消菜单栏，可以再按【Alt】键。

2.6　Windows XP 的文件与文件夹管理

计算机里所有的资源，即应用程序、信息、数据等都是以文件的形式存放在硬盘上的，所以文件的管理对用户来说是非常重要的内容。在 Windows XP 环境下，"资源管理器"和"我的电脑"为大家提供了使用灵活且功能强大的文件管理功能，通过它可以实现对各类系统资源的管理。

2.6.1　文件与文件夹的概念

1. 文件和文档的概念

在 Windows 中，文件指被赋予名字并存储于计算机磁盘上的信息的集合，它可以是文档或应用程序。文档则指用户利用 Windows 的应用程序自行创建的任何信息，如图片、音乐、文章、报表等，本质上文档也是一种文件。

一个应用程序可以创建无数个文档，每个文档文件与创建它的应用程序始终保持联系。双击某一个文档文件的图标，Windows 将自动调用相关的应用程序打开该文档。

在 Windows XP 中，文件由图标和文件名来共同表示，每个文件都对应着一个图标，删除了图标等同于删除该文件。作为文件的一种，不同的应用程序由不同的图标所表示。由同一应用程序创建的文档也由同一个图标所表示，并且该图标与应用程序的图标十分类似。

除了图标之外，文件名也是区分不同文件的一个重要标志。完整的文件名由 4 部分组成：磁盘盘符名、路径、文件名和扩展名，如 "C:\My Documents\电脑基础知识.txt" 就是一个完整的文件名，表示该文件位于 C 盘 My Documents 文件夹下，而 "电脑基础知识" 为通常意义上所说的文件名，扩展名为.txt。

在 Windows XP 中，可以使用长达 255 个字符的长文件名，在文件名中可以使用 26 个英文字母、0~9 的数字以及一些特殊符号等，但不能使用\|/ * ? < > :"等特殊字符。

扩展名又称为后缀名，表示文件的类型，由 1~3 个与文件名要求一样的字符组成，也可以省略。文件名与扩展名之间由圆点 "." 分隔。

2. 文件夹

打开你的写字台抽屉，会看到什么呢？是一个个摆放整齐的文件夹。这些文件夹里有的装着考试的试卷，有的装着你的随想杂文，还有的装着你的照片。虽然每个文件夹中装的内容不同，但每个文件夹装有同一类型的文件，所以查找起来非常方便。

计算机里存放着数不尽的文件，如何有效地管理呢？Windows 采用文件夹（过去也称为目录）的管理方式，把所有的文件分类存放于对应的文件夹中。

文件夹中可以存放文件，也可以存放其他的文件夹，即子文件夹，子文件夹里还可以再存放文件和文件夹，这样，整个系统构成了一个树状结构的文件管理系统，如图 2-26 所示。

在 Windows XP 中，"我的电脑"、"我的文档"，包括打印机等设备都是当作文件夹来管理的。

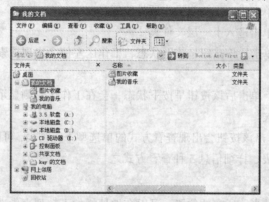

图 2-26　文件夹的树形结构

Windows 中所有操作几乎都是在桌面上进行，"桌面"相当于整个树形目录的根目录，其他文件和文件夹相当于树的分支。根下面即桌面上除了几个系统图标之外，还可以像普通文件夹那样放置文件夹和快捷方式图标等内容。

2.6.2 资源管理器的基础知识

Windows 中的资源管理器可以用来管理计算机中的全部软件和硬件资源，还可以调用各种应用程序，是 Windows 中一个非常重要且有用的工具。

启动资源管理器的通常方法是在"开始"菜单中依次选择"所有程序"→"附件"→"Windows 资源管理器"命令，会出现如图 2-27 所示的资源管理器窗口。该窗口与一般的窗口结构基本相同，此外还具有一些功能丰富的工具栏。

图 2-27　资源管理器窗口

资源管理器中通常有 3 个基本工具栏，分别为标准按钮、地址栏和链接栏。在菜单栏中选择"查看"→"工具栏"命令，会出现一组工具栏复选命令，可以从中选择要显示的工具栏。此外，在菜单栏或工具栏的空白处右击，会出现工具栏快捷菜单，也可以从中选择需要显示的工具栏。

1. 标准按钮栏

从左至右的按钮依次为：

- 【后退】按钮，单击返回到上一步操作所处的位置。
- 【前进】按钮，单击进入下一步操作所处位置。
- 【向上】按钮，单击进入上一层文件夹。
- 【搜索】按钮，单击后该按钮呈按下状态，工作区左侧会出现搜索助理框，可以在计算机中搜索各种资源。
- 【文件夹】按钮，单击后该按钮呈按下状态，会在工作区左侧显示文件夹框，再次单击该按钮文件夹框消失。
- 【查看】按钮，单击该按钮会出现查看方式的单选型下拉列表，可以在列表中选择缩略图、平铺、图标、列表、详细信息 5 种查看方式之一。

2. 地址栏

地址栏主要用来显示当前所在的位置。可以在地址栏的下拉列表中选择要进入的文件夹，或者在地址栏中输入需要进入的文件夹路径，按【Enter】键或地址栏右侧的【转到】按钮，即可直接进入该文件夹。

3. 链接栏

链接栏中提供了一些常用 Internet 站点的链接，单击相应的图标即可直接连往该站点。

资源管理器窗口的工作区分为两栏，左边为"文件夹框"，显示文件夹的树形结构，右侧为"文件夹内容框"，显示当前文件夹的内容。两栏之间由分隔条隔开，当鼠标指针指向分割条时，鼠标指针会变为双向箭头，沿箭头方向拖动鼠标，即可改变左右两栏的宽度。

技巧：对准【开始】按钮右击，在弹出的快捷菜单中选择"资源管理器"命令，也可以打开资源管理器窗口。

2.6.3　查看文件及文件夹

资源管理器的左侧为文件夹框，显示计算机中的所有文件夹的树形结构，用户可以在这里查看所有的文件夹。

框中文件夹的前面有"＋"号的，表示该文件夹含有子文件夹，且处于折叠状态。双击文件夹名或单击"＋"号即可展开该文件夹，此时"＋"号会变为"－"号，同时该文件夹的内容会显示在右侧的内容框中。再次双击文件名或单击"－"号即可折叠文件夹。

资源管理器的右侧为内容框，当打开某个文件夹时，该文件夹包含的所有文件和子文件夹都将显示在内容框中。

此外，在内容框中，资源管理器还为用户提供了查看文件的多种方式。在标准按钮栏中单击【查看】按钮，会出现如图 2-28 所示的下拉菜单，可以从中选择查看文件的方式。

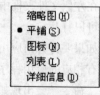

图 2-28　查看文件的方式

缩略图方式便于用户观看文件的大概内容，尤其是图片文件的内容，节省用户的时间。详细信息方式有利于用户获取文件和文件夹的详细信息，如文件大小、修改时间等。

2.6.4　选择文件及文件夹

任何一项操作必须有明确的对象，因此操作之前必须先选定对象。资源管理器中的许多操作都是针对选定的文件夹或文件进行的，因此必须首先选定文件夹或文件。

1. 选择文件夹

首先通过单击"＋"号和"－"号展开和折叠文件夹，使目标文件夹出现在左侧"文件夹框"中，然后单击该文件夹，使之高亮反显，便选定了这个文件夹，同时该文件夹的内容便显示在右边"文件夹内容框"中；

当目标文件夹显示在右侧"文件夹内容框"中，单击该文件夹也可以选定。

2. 选择文件

首先要通过展开和折叠文件夹使目标文件显示在文件夹内容框的可见范围内，然后进行如下选择：选择一个文件非常简单，直接单击该文件即可；如果要选定几个连续排列的文件，可用鼠标在这几个文件周围拖动出一个矩形框，待选定的文件图标均高亮反显时，松开鼠标即可选定。

借助【Shift】键和光标移动键也可以选定几个连续的文件；如果要选定几个不连续排列的文件，按住【Ctrl】键，逐一单击文件即可。

注意：选定多个文件的方法也适用于文件夹。

2.6.5　新建文件及文件夹

在资源管理器中选择好要新建文件或文件夹的位置，然后在右侧文件夹内容框中空白处右击，会出现如图 2-29 所示的快捷菜单。

在快捷菜单中选择"新建"→"文件夹"命令，右侧内容框中会立即生成一个名为"新建文件夹"的文件夹，输入需要的名称后回车即可。如果需要建立一个文件，可以在"新建"子菜单中选择某一类型的文档，如"Microsoft Excel 工作表"，右侧内容框中会立即生成一个名为"新建 Microsoft Excel 工作表"的工作表文件，输入需要的名称后按回车键即可。

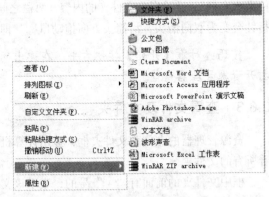

图 2-29　新建文件和文件夹

2.6.6　打开文件及文件夹

在左侧文件夹框中单击某一文件夹可以将其打开，或者在右侧文件夹内容框中双击某一文件夹也可以打开它。

如果要打开由应用程序所创建的文档，可以直接在文件夹内容框中双击该文件。如果某一文件没有相应的应用程序，可以在该文件上右击，在弹出的快捷菜单中选择"打开方式"→"选择程序"命令，会出现如图 2-30 所示的"打开方式"对话框。在对话框中选择一种合适的应用程序，然后单击【确定】按钮即可用该程序打开文件。

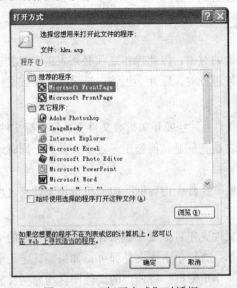

图 2-30　"打开方式"对话框

2.6.7　复制文件及文件夹

复制文件和文件夹类似于用复印机复印纸张。原来的文件和文件夹还存在，并在新的位置存放复制版本。

1．剪贴板

讲到复制，首先要理解剪贴板的概念。剪贴板实际上是 Windows 在内存中开辟的一块临时区域，被剪切或复制的信息都临时存储于剪贴板上，当需要的时候，可以从剪贴板上复制信息。当执行新的剪切或复制操作后，剪贴板上原有的信息将被新的信息所代替。

2．复制方法

第 1 步：选中要复制的文件或文件夹（单个或多个）。

第 2 步：单击鼠标右键，在弹出的快捷菜单中选择"复制"命令，这时文件或文件夹的内容被存放在剪贴板中。

第 3 步：对准目标文件夹，然后右击，在快捷菜单中选择"粘贴"命令，文件或文件夹从剪贴板中复制到了目的文件夹中。

刚才介绍复制文件或文件夹的时候用的是右击显示的快捷菜单方式，其实还有以下几种方法：

- 用工具栏中的【复制】和【粘贴】按钮。
- 利用【编辑】菜单中的【复制】和【粘贴】命令。
- 利用快捷键复制，选中文件或文件夹后，按【Ctrl+C】键，到目的文件夹后，按【Ctrl+V】键。
- 直接拖动，选中文件后，按住【Ctrl】键拖动鼠标到目标文件夹后，释放鼠标键和【Ctrl】键即可，如图 2-31 所示。（如果是不同的磁盘之间，就不必按【Ctrl】键了。）

上面讲的复制有很多种方法，对移动、删除等操作也是类似的。

图 2-31　利用鼠标拖动实现复制

技巧：如何创建快捷方式：首先复制文件或文件夹，然后在目的地，如桌面等处右击，在快捷菜单中选择"粘贴快捷方式"命令即可。

2.6.8　移动文件及文件夹

移动操作与复制操作基本类似，不同之处在于复制操作后，原来的文件或文件夹在原位置依然存在，而移动操作后，原文件或文件夹就已经移动到新的目标位置上去了。

首先选中要移动的文件或文件夹，右击，在快捷菜单中选择"剪切"命令，这时该文件或文件夹会显示暗淡。然后在目标文件夹的空白处右击，在快捷菜单中选择"粘贴"命令即可。

和复制一样，也可以使用鼠标拖动、工具栏按钮、菜单栏、快捷键等方法完成移动，只不过使用"剪切"和"粘贴"命令。

如果使用鼠标拖动移动，若要在同一磁盘内移动文件或文件夹，可以用鼠标在内容框中直接拖动选定的文件或文件夹到文件夹框中的目标位置，释放鼠标即可实现移动；如果要在不同驱动器间移动文件或文件夹，可以按住【Shift】键，然后按照上述方法进行移动。

2.6.9　删除文件及文件夹

删除文件和文件夹常用方法如下：

- 选中文件或文件夹后，右击，在快捷菜单中选择"删除"命令，文件或文件夹将被删除，并存放到"回收站"中。
- 或者按【Delete】键也可以将文件或文件夹删除并放入回收站中。
- 选定文件或文件夹后，同时按【Shift】键和【Delete】键，可以将文件或文件夹直接从计算机中删除，而不再存放到回收站中。

2.6.10　恢复文件及文件夹（回收站的使用）

在 Windows 中的"回收站"（图 2-32），就像一个垃圾箱，可以把用户删除的文件按时收集起来，如果需要使用已经被删除的文件，则可以从"回收站"恢复。因此，一个文件被删除并被送到"回收站"后并没有完全从磁盘中删除，只有从"回收站"中被删除的文件才被永久性地删除，再不能恢复。

在回收站中选定需要恢复的文件或文件夹，在左侧窗格中选择"还原此项目"超链接，即可将该文件或文件夹恢复到原位置；选择文件或文件夹后按【Delete】键即可彻底删除；在左侧窗格中选择"清空回收站"超链接，即可将回收站中的所有文件和文件夹全部删除

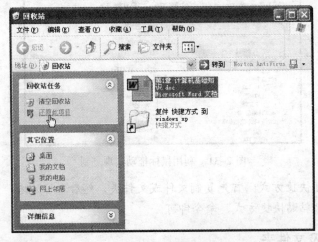

图 2-32　回收站

2.6.11　文件及文件夹的更名

在文件或文件夹图标上右击，在快捷菜单中选择"重命名"命令，文件或文件夹图标下的名字周围将会出现方框，并变为可编辑状态，直接输入新的名字并按【Enter】键即可。

2.6.12　查找文件及文件夹

在资源管理器窗口中的标准按钮栏内单击【搜索】按钮，窗口左侧会出现如图 2-33 所示的"搜索助理"窗格。

在窗格中选择要查找信息的类型，这里选择"所有文件和文件夹"，窗口左侧会出现如图 2-34 所示的搜索选项。

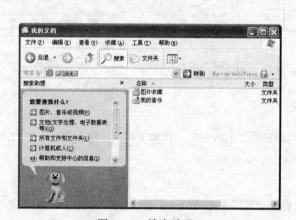

图 2-33　搜索助理

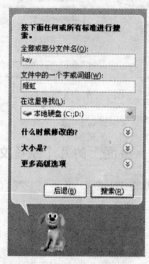

图 2-34　搜索选项

输入要搜索的文件名、搜索位置等信息，单击【搜索】按钮即可在指定位置按照输入的条件进行搜索，搜索结果会显示在窗口右侧内容框中。如果希望进行复杂查找，可以单击"什么时候修改的？"这类问题右侧的向下箭头，在下拉列表中进行更详细的设置。

注意：这里名称可以使用通配符？和*，*代表任意多个任意字符，？代表一个任意字符。例如要查所有后缀为 .mp3 的文件，只要在名称框中输入 *.mp3 即可；如果要查找以 a 开头的文件，可以输入 a*.*。

2.6.13　压缩文件及文件夹

有时，需要将若干个文件或文件夹压缩成一个文件，这样既可以减小体积，又便于存储和传输。方法为先下载并安装一款压缩工具，下面我们以目前流行的压缩工具 WinRAR 为例来讲解压缩和解压文件的过程。

首先要下载并安装该软件，可以到 http://www.winrar.com.cn 网站上下载后，按提示一步步安装即可。安装完后，选定需要进行压缩的文件或文件夹，单击鼠标右键，在快捷菜单中选择"添加到压缩文件"命令，在弹出的对话框中可以修改压缩文件名，如图 2-35 所示，然后单击【确定】按钮，就可以压缩出一个后缀名为".rar"的压缩文件来。

如果希望解开某一个压缩文件，可以双击该 rar 文件，然后单击【解压到】按钮进行文件解压，或在该文件上右击，在快捷菜单中选择"释放文件"命令后，在弹出的对话框中选择保存文件的路径，并单击【确定】按钮也可解开压缩。

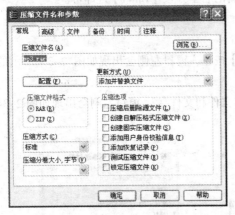

图 2-35　压缩文件　　　　　　　　　　　　　　图 2-36　解压文件

注意：压缩时，在"高级"选项中还可以设定解压密码。

2.6.14　桌面上的几个系统文件夹

通常在 Windows 桌面上主要有"我的电脑"、"回收站"、"我的文档"、"网上邻居"和"Internet Explorer"这 5 个系统文件夹。

1. 我的电脑

"我的电脑"窗口如图 2-37 所示，与资源管理器非常类似，如果单击标准按钮栏中的【文件夹】按钮，该窗口就会变成资源管理器窗口。因此，"我的电脑"窗口其实是资源管理器的一个特例，只不过默认状态下左侧为任务窗格而不是文件夹的树形结构，其他系统文件夹也有与之类似的特性。

图 2-37　"我的电脑"窗口

"我的电脑"窗口左侧为任务窗格，在"系统任务"区域中可以进行一些常见的操作，如"添加/删除程序"等；在"其他位置"区域中可以从"我的电脑"转到其他系统文件夹；单击任务窗格中的向上或向下箭头可以折叠或打开选项。

2．回收站

"回收站"的有关信息可以参见 2.6.10 节的介绍。

3．我的文档

"我的文档"文件夹比较特殊，它一般用来保存用户文档。在通常情况下，当保存文档时，默认文件夹就是"我的文档"。

"我的文档"窗口如图 2-38 所示，在"文件和文件夹任务"区域中可以创建新文件夹、对文件夹进行共享、发布等操作；可以通过"其他位置"区域转到其他系统文件夹；可以单击窗格上的箭头控制区域选项的折叠和打开。

技巧：其实"我的文档"类似于一个快捷方式，对准"我的文档"单击鼠标右键，在快捷菜单中选择"属性"命令，即可查看它的真实位置，当然也可以修改它的真实位置。

4．网上邻居

"网上邻居"窗口如图 2-39 所示，当用户的计算机存在于某一个工作组或域中时，通过该窗口可以查看该工作组或用户所在域中的其他计算机和共享资源。

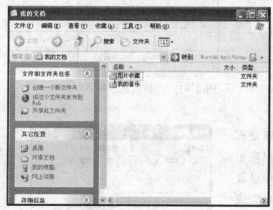

图 2-38 "我的文档"窗口   图 2-39 "网上邻居"窗口

5．Internet Explorer

"Internet Explorer"窗口其实就是 Web 浏览器，通过该窗口可以上网浏览网页。

2.6.15 磁盘管理

1．磁盘属性

如果想要了解磁盘的有关信息，可以在资源管理器或"我的电脑"窗口中用鼠标右键单击某个磁盘驱动器（如 C:、D:等），在快捷菜单中选择"属性"命令，会出现如图 2-40 所示的"本地磁盘属性"对话框。在"常规"选项卡中可以了解磁盘的类型、文件系统、空间状况等信息；单击【磁盘清理】按钮可以启动磁盘清理程序。

在"工具"选项卡中，提供了"查错"、"碎片整理"、"备份" 3 个磁盘维护工具，可以对磁盘进行维护（具体方法请参见 2.7.5 节）。

2. 磁盘格式化

在某个磁盘驱动器上单击鼠标右键，在快捷菜单中选择"格式化"命令，会出现如图 2-41 所示的"格式化"对话框。在对话框中选择容量、文件系统，设置磁盘的卷标，并选择是否进行快速格式化之后，单击【开始】按钮即可开始磁盘的格式化。

注意：一般是对软盘或移动存储器进行格式化，千万不可随便格式化硬盘，以免丢失数据。图 2-41 就是对软盘进行格式化的界面。

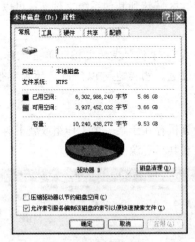

图 2-40　"本地磁盘属性"对话框

图 2-41　"格式化"对话框

3. 磁盘的复制

通常的磁盘复制针对软盘来进行。对准软盘驱动器右击，在快捷菜单中选择"复制磁盘"命令，会出现如图 2-42 所示的"复制磁盘"对话框。在对话框中设置复制的来源和目标位置后，单击【开始】按钮即可完成磁盘的复制。在复制过程中，可以从"复制磁盘"对话框下端的进度指示器中看到复制的进度。

图 2-42　"复制磁盘"对话框

2.7　Windows XP 提供的若干附件

2.7.1　画图程序

在"开始"菜单中选择"所有程序"→"附件"→"画图"命令，会打开如图 2-43 所示的画图程序。

窗口的左侧为"工具箱"，上面有各种绘图工具按钮，单击某一个工具按钮，并在工具选项框中选择适当的类别，即可在窗口中间的绘图区利用该工具绘图。

窗口下部为"颜料盒"，其中有各种预设的颜色，单击某种颜色可以使前景色变为该颜色，用鼠标右键单击可以使背景色变为该颜色。

窗口中部为绘图区，是用户绘制图形的主要区域。绘图区的四边和四个角上共有 8 个控点，将鼠标指针移到右下角、右边界和下边界的控点上，鼠标指针会变为双向箭头，沿箭头方向拖动鼠标，可以改变绘图区的大小，从而改变将来输出图片的尺寸。

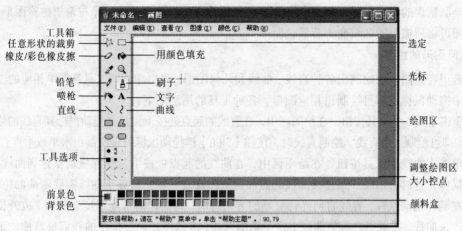

图 2-43 画图程序窗口

下面以制作生日贺卡为例来介绍画图程序的用法，做好的生日贺卡如图 2-44 所示。

图 2-44 利用画图程序制作生日贺卡

1. 设置画布的大小

图 2-43 中的白色区域即为画布，拖动它右边和下边的蓝色小方块（调整绘图区大小控点）即可调整画布大小。选择"图像"→"属性"命令也可以。

2. 加入适当的文字

单击【文字】工具按钮，用鼠标在绘图区中适当位置拖出矩形框，即可在框中输入文字。输入文字后，会自动出现"文字"工具栏，可以单击其中的按钮来调整文字的字体、字号、字形和文字方向。设置完成后，用鼠标单击绘图区其他部位即可退出该文字的编辑。

3. 绘制图形

这里采用的主要工具是"铅笔"、"喷枪"和"刷子"。这些工具的基本用法是相同的，先单击"工具箱"中的按钮，然后在"工具选项"框中单击需要的工具形状选项，最后在"颜料盒"中选取前景色和背景色，即可用鼠标在绘图区中拖动并绘制各种图形。

如果希望为某一封闭区域填充颜色，可以单击【用颜色填充】工具按钮，这时鼠标指针会变为油漆桶形状，将流出的颜料的尖端置于要填充的区域中单击，即可用前景色填充该区域。

对于绘制错误的图形，可以单击【橡皮/彩色橡皮擦】工具按钮，用鼠标在希望擦除图形的地方拖动，即可将所擦除的区域变为背景色。

4．几何图形的绘制

如果希望在绘图区中绘制出各种直线、曲线和几何图形，可以单击"工具箱"中相应的工具，在绘图区中拖动鼠标，即可绘制出相应图形。各种工具的用法如下：

（1）单击【直线】工具按钮，在绘图区中，在直线的起点处按下鼠标并拖动鼠标到直线的终点，放开鼠标，即可绘制一条直线。绘制直线时，按住【Shift】键拖动鼠标可以绘制出水平或垂直直线。

（2）单击【曲线】工具按钮，在绘图区中，在曲线的起点处按下鼠标并拖动鼠标到曲线的终点，放开鼠标，这时会出现一条连接曲线起点和终点的直线。将光标置于曲线需要弯曲的位置，按下鼠标左键并拖动鼠标，直线将向光标移动的方向弯曲，待曲线的弯曲程度合适后，放开鼠标，即可完成一条曲线。如果用户希望曲线上产生新的弯曲，可以将光标定位在曲线需要弯曲的地方，按住鼠标左键向需要的方向拖动，即可形成新的弯曲。如果用户对曲线的形状已经设置完成了，可以将光标定位在曲线终点处单击，即可将曲线定型。

（3）单击【矩形】工具按钮，在绘图区中，将光标移至欲绘制矩形的左上角，按住鼠标左键，拖动鼠标到矩形右下角处，松开鼠标，即可实现矩形的绘制。按住【Shift】键拖动鼠标绘制可以绘制出正方形。矩形的"工具选项"框中有 3 种选项，第一种为只有边框的空心矩形，边框为前景色；第二种为实心矩形，边框为前景色，内部为背景色填充；第三种为无边框矩形，内部为前景色填充。"多边形"、"椭圆"、"圆角矩形"这 3 种工具的工具选项与之类似，用法相同。

（4）单击【多边形】工具按钮，在绘图区中将鼠标移至多边形的某一顶点处，按下鼠标左键，拖动鼠标到第二个顶点处，松开鼠标，这时会有一条直线段连接两点，表示多边形的第一条边；移动鼠标到第三个顶点处，单击鼠标，即可形成第二条边；依此类推，直至最后一个顶点处双击，即可形成一个多边形。

（5）单击【椭圆】工具按钮，可以利用同绘制矩形类似的方法在绘图区中绘制椭圆。这里的椭圆是利用其外切矩形的两个对角顶点来进行定位的。按住【Shift】键进行绘制可以画出正圆。

（6）单击【圆角矩形】工具按钮，可以利用同绘制矩形类似的方法在绘图区中绘制圆角矩形。按住【Shift】键进行绘制可以画出正方形。

5．进行修改

选定绘图区中某个区域，可以利用菜单命令或快捷菜单命令来对其进行修改，主要的命令如下：

（1）选择"编辑"→"复制"或"剪切"命令，然后选择"粘贴"命令，可以实现某个图形区域的复制和移动。

（2）利用"图像"菜单，可以实现某图形区域的翻转/旋转、拉伸/扭曲、反色、清除和不透明处理。

（3）利用"查看"菜单，可以控制各种工具栏的显示与隐藏。

（4）利用"颜色"菜单，可以编辑"颜料箱"中的颜色。

6．保存文件

至此，贺卡已经绘制完毕，下一步要做的将是保存图片。在菜单栏中选择"文件"→"保存"命令，就会出现如图 2-45 所示的"另存为"对话框，为该图片选择适当的位置并命名（默认扩展名为.bmp），然后单击【保存】按钮即可。

图 2-45　保存生日贺卡

将来如果希望再次修改该文件，在菜单栏中选择"文件"→"打开"命令，就可以重新打开该贺卡。修改完毕后直接保存即可，此时不再出现"另存为"对话框，仍然以原来的名称保存在原来的位置。

2.7.2　记事本

记事本是 Windows 自带的一个文本编辑程序，可以创建并编辑文本文件（扩展名为.txt）。由于.txt 格式的文件格式简单，可以被很多程序调用，因此在实际中经常使用。在"开始"菜单中选择"所有程序"→"附件"→"记事本"命令，会打开如图 2-46 所示的记事本窗口。

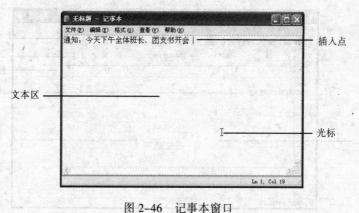

图 2-46　记事本窗口

1．输入内容

窗口中间为文本区，可以直接在插入点处输入文字。

当输入文字到达窗口边界时默认不会自动换行，只有按【Enter】键才会另起一行。如果希望实现自动换行，可以选择"格式"→"自动换行"命令，这样以后输入的文字到达窗口边界时即可自动换行。

此外，利用"编辑"菜单，还可以对文本进行复制、移动等编辑操作。用鼠标在文本区中拖动出矩形框，即可选中矩形框内的文本，在菜单栏中选择"编辑"→"复制"或"剪切"命令，然后将插入点移到适当位置，在菜单栏中选择"编辑"→"粘贴"命令，即可实现文本的复制或移动。在菜单栏中选择"编辑"→"查找"或"替换"命令，会出现相应的对话框，可以对文本进行查找、替换等操作。

2．格式设置

如果希望对记事本显示的所有文本的格式进行设置，可以选择"格式"→"字体"命令，会出现如图2-47所示的"字体"对话框，可以在对话框中调整字体、字形和大小。单击【确定】按钮后，记事本窗口中显示的所有文本都会显示为所设置的格式。

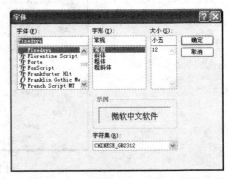

3．保存文件

保存文件和画图程序类似，其默认扩展名为.txt。

2.7.3 写字板

图 2-47 记事本中的"字体"对话框

写字板是 Windows 自带的另一个文本编辑工具，它比记事本功能更强，但略逊于专业的文字处理软件 Microsoft Word。

在写字板中，可以为不同的文本设置不同的字体和段落样式，可以插入图形和其他对象，具备了编辑复杂文档的基本功能。写字板能创建或打开的文件格式有 Word 文档、RTF 文档、文本文件等，此外还能打开早期 Windows 中的书写器文档（.wri 文档）。

在"开始"菜单中选择"所有程序"→"附件"→"写字板"命令，打开如图 2-48 所示的写字板窗口。

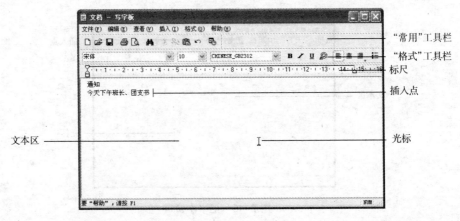

图 2-48 写字板窗口

1．输入内容

在文本区中，可以直接在插入点处开始输入文字，一个段落的结尾按【Enter】键可以另起一段。拖动鼠标选定某些文字后，可以单击"常用"工具栏中的【剪切】、【复制】、【粘贴】、【查找】等按钮或利用"编辑"菜单中的相应命令来实现文本的复制、移动、查找等操作。具体操作和记事本非常类似。

2. 格式设置

选定某块文本后,单击"格式"工具栏中的列表框和相关按钮或选择"格式"菜单中的相关命令,可以设置该块文本的字体、字形、字号、颜色、位置和项目符号等属性。

3. 保存文件

输入完毕后选择"文件"→"保存"命令,或者在工具栏中单击【保存】按钮,即可和画图程序一样保存文件,只不过默认扩展名为.rtf。

2.7.4　计算器

计算器是 Windows 内置的一个办公程序,使用方法和用途与普通计算器类似。在"开始"菜单中选择"所有程序"→"附件"→"计算器"命令,会打开如图 2-49 所示的计算器窗口。

Windows 提供的计算器共有两种,一种为"标准型",可以处理普通的四则运算,如图 2-49 所示;另一种为"科学型",可以协助用户处理较复杂的数学问题并可进行数制转换,在菜单栏中选择"查看"→"科学型"命令,即可转换为"科学型"计算器界面,如图 2-50 所示。

图 2-49　计算器窗口

图 2-50　"科学型"计算器

无论是哪种界面,基本的使用方法都是一致的,单击界面上的按钮即可在数值框中输入相应的内容或执行相应的命令,按键盘上的相应数字键和运算符号键可以在数值框中输入数字和实现运算符功能。

计算器的常用按钮功能如表 2-6 所示。

表 2-6　计算器的常用按钮功能

按　　键	功　　能	按　　键	功　　能
C	清除计算结果	MS	将所显示的数存入内存
CE	清除所显示的数	M+	将数值框中的数值与内存中的数值相加
Backspace	删除最后一次输入的数	sqrt	计算平方根
MC	清除内存中的全部数值	%	计算百分比
MR	显示内存中的数值	1/x	计算倒数

2.7.5　系统维护工具

为了使 Windows 能够安全运行,Windows 中内置了一些系统维护工具,如备份、磁盘清理、磁盘碎片整理等工具,利用这些来维护系统,有利于使系统始终保持在最佳状态。

1. 备份工具

备份工具用来保存计算机中的数据,以防意外丢失。在"开始"菜单中选择"所有程序"→

"附件"→"系统工具"→"备份"命令，会出现如图 2-51 所示的"备份或还原向导"对话框。

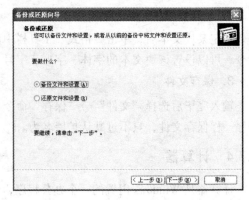

在对话框中选中"备份文件和设置"单选按钮，然后选择需要备份的文件以及备份的目标位置与目标文件名，按照提示就可以将有关内容备份成一个以".bkf"为扩展名的备份文件。

如果希望还原备份文件，可以再次选择"所有程序"→"附件"→"系统工具"→"备份"命令，在如图 2-49 所示的"备份或还原向导"对话框中选中"还原文件和设置"单选按钮，然后按顺序选择备份文件以及还原的目标位置即可还原。

图 2-51　"备份或还原向导"对话框

2．磁盘清理工具

利用磁盘清理工具就可以清除用户计算机上不再需要的文件，如回收站和临时文件等。在开始菜单中选择"所有程序"→"附件"→"系统工具"→"磁盘清理"命令，会出现如图 2-52 所示的"选择驱动器"对话框。

在对话框中选择需要进行清理的驱动器，单击【确定】按钮后，系统会自动检查驱动器中可释放的磁盘空间和不需要的数据，然后会出现如图 2-53 所示的"磁盘清理"对话框，显示可释放的空间和可删除的文件的详细类型。在对话框中选择需要清除的内容，单击【确定】按钮，即可将这些文件清除并释放磁盘空间。

图 2-52　"选择驱动器"对话框　　　图 2-53　"磁盘清理"对话框

3．磁盘碎片整理程序

随着计算机系统的使用，用户不断向磁盘上存入各种文件，而体积较大的文件则常常被分段存放在磁盘的不同位置，这样经过多次存取操作后，许多文件分段分片地存放在磁盘的不同位置，降低了存取的速度，这就是所谓的磁盘"碎片"。

磁盘碎片整理程序可以整理各个磁盘卷的碎片，使磁盘运行的更有效率。在"开始"菜单中选择"所有程序"→"附件"→"系统工具"→"磁盘碎片整理程序"命令，会出现如图 2-54 所示的"磁盘碎片整理程序"窗口。

在窗口中选择要进行磁盘碎片整理的驱动器，单击【碎片整理】按钮即可开始磁盘的碎片整理。

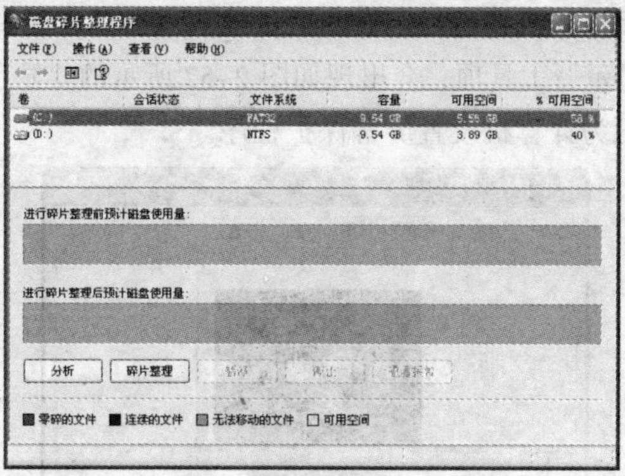

图 2-54 磁盘碎片整理

注意： 出于磁盘寿命考虑，不可经常整理磁盘碎片。

2.7.6 设置快捷方式

为了能够快速打开一些应用程序，常常采用设置快捷键的方式（就是可以用于启动程序的组合键），当某个程序的快捷键设置好后，利用键盘输入对应的组合键后，就可以立刻打开如记事本、画图等这样的程序。

以打开记事本为例，在"开始"菜单中的"程序"→"附件"→"记事本"上右击，选择"属性"命令，会出现如图 2-55 所示的"记事本属性"对话框，选择"快捷方式"选项卡，在"快捷键"文本框中单击，然后按键盘上你想设置的任何组合键了，如按住【Ctrl + 0】键，最后单击【确定】按钮完成设置，下次需要打开记事本时，就只需要按【Ctrl + 0】组合键就可以了。

图 2-55 "记事本属性"对话框

2.8 控制面板与环境设置

控制面板是 Windows 中的一个重要系统文件夹，其中包含许多独立的工具，可以用来控制系统的整个环境参数和各种系统属性。在"开始"菜单中选择"控制面板"命令，即可打开如图 2-56 所示的"控制面板"窗口。在窗口中双击任一个图标对象即可打开相应的对话框或窗口对有关属性进行设置。

2.8.1 设置屏幕保护程序

计算机的屏幕如果长时间显示同样的画面的话，将会加快显像管的老化，减少显示器的寿命，

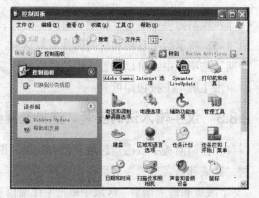

图 2-56 "控制面板"窗口

不利于计算机的保养，因此，当长时间开机而又很少对计算机进行操作时，可以为计算机设置屏幕保护程序，使得用户闲置计算机超过一定时间后，屏幕上自动出现一系列的画面来保护屏幕。

在控制面板中双击"显示"工具项，会出现如图 2-57 所示的"显示属性"对话框，选择"屏幕保护程序"选项卡，即可为计算机设置屏幕保护程序。

图 2-57　"屏幕保护程序"选项卡

在图 2-57 的"屏幕保护程序"下拉列表框中选择合适的程序类型，在"等待"微调框中设置屏幕保护程序的等待时间，单击【预览】按钮即可预览该程序的效果，单击【确定】按钮可以完成屏幕保护程序的设置。

屏幕保护程序启动后，单击鼠标或按键盘上任意键，就会返回到原来的界面。

在图 2-57 中单击【电源】按钮，会出现 "电源选项"对话框，可以对电源的使用方案和休眠状态等进行进一步的设置。

　　技巧：设置屏幕保护程序和设置桌面背景其实使用的是同一个对话框的不同选项卡，大家还可以自行尝试其他选项卡。如在"设置"选项卡中可以修改屏幕分辨率等。

2.8.2　系统日期和时间的设置

在控制面板中双击"日期和时间"图标，可以打开如图 2-58 所示的"日期和时间属性"对话框，在"时间和日期"选项卡中，可以设置正确的时间和日期。设置完毕后单击【确定】按钮即可。

2.8.3　汉字输入法的安装、选择及属性设置

在控制面板中双击"区域和语言选项"图标，在出现的"区域和语言选项"对话框中选择"语言"选项卡，在"文字服务和输入语言"区域中单击【详细信息】按钮，会出现如图 2-59 所示的"文字服务和输入语言"对话框。

图 2-58　"日期和时间属性"对话框

在图 2-59 中单击【添加】按钮，会出现如图 2-60 所示的"添加输入语言"对话框，在对话框中选择要添加的语言以及输入法，单击【确定】按钮即可将该输入法添加到系统中。

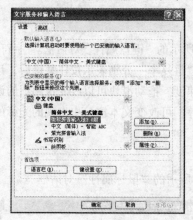

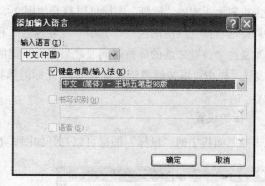

图 2-59 "文字服务和输入语言"对话框   图 2-60 "添加输入语言"对话框

在图 2-59 中选择某一种输入法，单击【删除】按钮可以将其从系统中删除；单击【属性】按钮可以打开该输入法的属性窗口进行设置。

在图 2-59 中单击【语言栏】按钮，可以对语言栏的位置和属性进行设置。

2.8.4 安装和删除程序

在控制面板双击"添加或删除程序"图标，会出现如图 2-61 所示的"添加或删除程序"对话框，列表中显示的为当前已安装的程序。

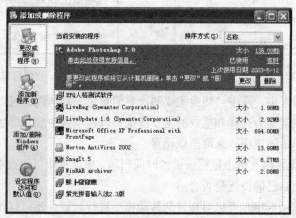

图 2-61 "添加或删除程序"对话框

如果希望删除某个程序，只需在对话框中单击要删除的程序名称，然后单击【删除】按钮即可。如果希望添加新程序，可以在对话框中单击左侧的【添加新程序】按钮，然后根据向导来完成程序的添加。

此外，利用"添加或删除程序"对话框，还可以完成 Windows 组件的添加或删除。如画图程序的删除和添加。

注意：现在大部分的软件都含有名为"setup.exe"或"install.exe"的安装文件，直接双击就可以开始安装。有的软件还带有自卸载程序，可以自动删除自己。

2.8.5　常见硬件设备的属性设置

计算机中的常见硬件有键盘、鼠标和打印机等。

1．键盘的设置

双击控制面板中的"键盘"图标可以打开如图 2-62 所示的"键盘属性"对话框。"字符重复"栏用来调整键盘按键反应的快慢，其中"重复延迟"和"重复率"分别表示按住某键后，计算机第一次重复这个按键之前的等待时间及之后重复该键的速度。拖动滑块可以改变这两项的设置，在"重复率"栏中可以按键测试设置效果。"光标闪烁频率"可改变文本窗口中出现的光标的闪烁速度。

2．鼠标的设置

双击控制面板中的"鼠标"图标可以打开如图 2-63 所示的"鼠标属性"对话框。

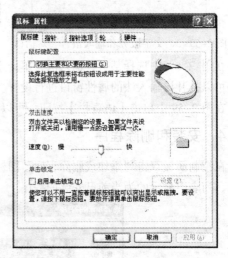

图 2-62　"键盘属性"对话框　　　　图 2-63　"鼠标属性"对话框

在"鼠标键"选项卡中，选中"切换主要和次要的按钮"复选框，可以使鼠标从左手习惯转为右手习惯，使鼠标右键变为选择和拖放的主要按键；该选项选中后立即生效，若要恢复原来设置，可以用鼠标右键单击该选项，来取消该设置。

"双击速度"用来设置两次单击鼠标按键的时间间隔，拖动滑块可以改变速度，用户可以双击右边的测试区域来检验自己的设置是否合适。

在"指针选项"选项卡中，可以对指针的移动速度进行调整，还可以设置指针运动时显示轨迹。

在"指针"选项卡中，可以选择各种不同的指针方案。如将鼠标指针更换为一个小地球。

3．打印机的设置

双击控制面板中的"打印机和传真"图标，可以打开如图 2-64 所示的"打印机和传真"窗口。

在窗口中选定需要进行设置的打印机，可以单击左侧"打印机任务"任务窗格中的超链接，也可以在右键快捷菜单中选择相应命令，对打印机进行共享、暂停打印、删除、设置属性等操作。

单击左侧任务窗格中的"添加打印机"超链接，就可以按照提示安装一个新的打印机。

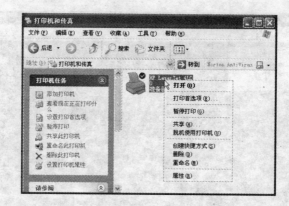

图 2-64 "打印机和传真"窗口

2.8.6 添加新的硬件设备

在控制面板中双击"添加硬件"图标，会出现如图 2-65 所示的"添加硬件向导"对话框。根据向导的提示选择需要添加的硬件并一步步进行下去即可为计算机添加新的硬件。

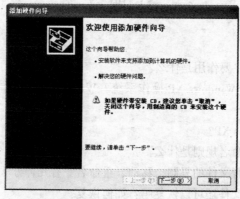

图 2-65 "添加硬件向导"对话框

注意：所谓添加新硬件，主要就是为该硬件安装合适的驱动程序。

2.8.7 个性化环境设置与用户账户管理

Windows XP 支持多用户管理，可以为每一个用户都创建一个用户账户并为每个用户配置独立的用户文件，从而使得每个用户登录计算机时，都可以进行个性化的环境设置，不受其他用户的干扰，拥有自身独立的空间。

在控制面板中双击"用户账户"图标，即可打开如图 2-66 所示的"用户账户"窗口（注意：只有具有管理员权限的账户才能对用户账户进行管理）。

在"用户账户"窗口中单击"创建一个新账户"命令，即可进入有关的向导，根据向导输入新账户的名称、权限等信息，即可创建一个新账户。

选择"更改账户"命令，可以对已经存在的账户进行权限、名称、密码等属性的更改。

选择"更改用户登录或注销的方式"，可以选择是否应用"欢迎屏幕"和"快速切换用户"功能。"欢迎屏幕"界面较通常的登录界面更为友好方便；而"快速切换用户"功能则能方便在不同的用户间快速切换，节省时间。

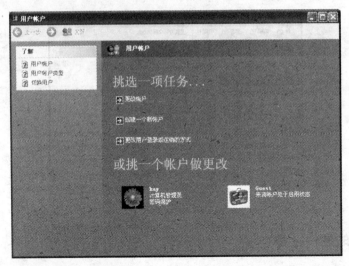

图 2-66　"用户账户"窗口

习 题 2

一、思考题

1. 什么是操作系统？它的主要作用是什么？
2. 如何为一台计算机安装 Windows XP 操作系统？Windows XP 操作系统对计算机软硬件的要求如何？
3. 如何启动和退出 Windows XP？
4. 什么是文件与文件夹？命名规则是什么？
5. 如何在资源管理器中进行文件的复制、移动、重命名？有几种方法？
6. 在资源管理器中删除的文件还可以恢复吗？如何恢复？
7. 如何实现对磁盘的管理，如格式化磁盘、磁盘清理、磁盘碎片整理？
8. Windows XP 的控制面板有何作用？如何利用控制面板添加 Windows 组件？
9. 怎样添加新的语言和输入法？如何设置输入法的属性？
10. 如何为系统添加和删除用户？

二、选择题

1. 在 Windows 中，不能进行打开资源管理器的操作是（　　）。
   A. 用鼠标右键单击【开始】按钮
   B. 用鼠标左键单击"任务栏"空白处
   C. 用鼠标左键单击"开始"菜单中的"所有程序"→"附件"→"Windows 资源管理器"命令
   D. 用鼠标右键单击"我的电脑"图标
2. 在 Windows 的资源管理器中，如果想一次选定多个分散的文件或文件夹，正确的操作是（　　）。
   A. 按住【Ctrl】键，用鼠标右键逐个选取　　　B. 按住【Ctrl】键，用鼠标左键逐个选取
   C. 按住【Shift】键，用鼠标右键逐个选取　　D. 按住【Shift】键，用鼠标左键逐个选取

3. 在 Windows 中，若已选定某文件，不能将该文件复制到同一文件夹下的操作是（　　）。

   A. 用鼠标右键将该文件拖动到同一文件夹下

   B. 先选择 "编辑" → "复制" 命令，再选择 "编辑" → "粘贴" 命令

   C. 用鼠标左键将该文件拖动到同一文件夹下

   D. 按住【Ctrl】键，再用鼠标右键将该文件拖动到同一文件夹下

4. 当选定文件或文件夹后，不将文件或文件夹放到 "回收站" 中，而直接删除的操作是（　　）。

   A. 按【Delete】键

   B. 用鼠标直接将文件或文件夹拖动到 "回收站" 中

   C. 按【Shift + Delete】键

   D. 在 "我的电脑" 窗口或资源管理器中选择 "文件" → "删除" 命令

5. 在 Windows 中，剪贴板是程序和文件间用来传递信息的临时存储区，此存储区是（　　）。

   A. 回收站的一部分　　　　　　　　　　　B. 硬盘的一部分

   C. 内存的一部分　　　　　　　　　　　　D. 软盘的一部分

6. 在 Windows 的资源管理器中，为了将选定的硬盘上的文件或文件夹复制到软盘，应进行的操作是（　　）。

   A. 先将它们删除并放入 "回收站"，再从 "回收站" 中恢复

   B. 用鼠标将它们从硬盘拖动到软盘

   C. 先选择 "编辑" → "剪切" 命令，再选择 "编辑" → "粘贴" 命令

   D. 将文件用鼠标右键从硬盘拖动到软盘，并在弹出的快捷菜单中选择 "移动到当前位置" 命令

7. 在 Windows 中，用户同时打开的多个窗口，可以层叠式或平铺式排列，要想改变窗口的排列方式，应进行的操作是（　　）。

   A. 用鼠标右键单击 "任务栏" 空白处，然后在弹出的快捷菜单中选择要排列的方式

   B. 用鼠标右键单击桌面空白处，然后在弹出的快捷菜单中选择要排列的方式

   C. 先打开 "资源管理器" 窗口，选择 "查看" → "排列图标" 命令

   D. 先打开 "我的电脑" 窗口，选择 "查看" → "排列图标" 命令

8. 在 Windows 资源管理器右部，若已选定了所有文件，如果要取消其中几个文件的选定，应进行的操作是（　　）。

   A. 用鼠标左键依次单击各个要取消选定的文件

   B. 按住【Ctrl】键，再用鼠标左键依次单击各个要取消选定的文件

   C. 按住【Shift】键，再用鼠标左键依次单击各个要取消选定的文件

   D. 用鼠标右键依次单击各个要取消选定的文件

9. 在 Windows 中，可以由用户设置的文件属性为（　　）。

   A. 存档、系统和隐藏　　　　　　　　　　B. 只读、系统和隐藏

   C. 只读、存档和隐藏　　　　　　　　　　D. 系统、只读和存档

10. 在 Windows 的资源管理器右部，若已单击了第一个文件，又按住【Ctrl】键并单击了第五个文件，则（　　）。

   A. 有 0 个文件被选中　　　　　　　　　　B. 有 5 个文件被选中

   C. 有 1 个文件被选中　　　　　　　　　　D. 有 2 个文件被选中

11. 在 Windows 中，若要同时运行两个程序，则（　　）。

    A. 两个程序可以同一时刻占用同一处理器

    B. 只有在一个程序放弃处理器控制权后，另一个程序才能占用该处理器

    C. 一个程序占用处理器运行时，另一个程序可以抢占该处理器运行

    D. 一个程序一直占用处理器并运行完成后，另一个程序才能占用该处理器

12. 若文件名用 a?.* 的形式替代，则可表示下列（　　）文件的名字。

    A. f1.c   B. a2.c   C. a2a.c   D. f2.doc

13. 在 Word 主窗口的右上角，可以同时显示的按钮是（　　）。

    A. 最小化、还原和最大化   B. 还原、最大化和关闭

    C. 最小化、还原和关闭   D. 还原和最大化

14. 当前活动窗口是文档 d1.txt 的窗口，单击该窗口的"最小化"按钮后（　　）。

    A. 不显示 d1.txt 文档内容，但 d1.txt 文档并未关闭

    B. 该窗口和 d1.txt 文档都被关闭

    C. d1.txt 文档未关闭，且继续显示其内容

    D. 关闭了 d1.txt 文档但该窗口并未关闭

15. 把 Windows 的窗口和对话框作一比较，窗口可以移动和改变大小，而对话框（　　）。

    A. 既不能移动，也不能改变大小   B. 仅可以移动，不能改变大小

    C. 仅可以改变大小，不能移动   D. 既能移动，也能改变大小

16. 在 Windows 中打开的不同的应用程序之间切换，可以利用快捷键（　　）。

    A. Alt+Enter   B. Alt+Tab   C. Ctrl+Enter   D. Ctrl+Tab

17. 在某个窗口中已经执行了多次剪切操作，剪贴板的内容为（　　）。

    A. 第一次剪切的内容   B. 最后一次剪切的内容

    C. 所有剪切的内容   D. 空白

三、填空题

1. 在 Windows 中，为了弹出"显示属性"对话框，应用鼠标右键单击桌面空白处，然后在弹出的快捷菜单中选择＿＿＿＿＿命令。

2. 在 Windows 默认环境中，要改变"屏幕保护程序"的设置，应首先双击＿＿＿＿＿窗口中的"显示"图标。

3. 在 Windows 的资源管理器中，为了显示文件或文件夹的详细资料，应使用窗口中菜单栏的＿＿＿＿＿菜单。

4. 在 Windows 的资源管理器中，为了使具有系统和隐藏属性的文件或文件夹不显示出来，首先应进行的操作是选择＿＿＿＿＿菜单中的"文件夹选项"命令。

5. 在 Windows 的"回收站"窗口中，要想恢复选定的文件或文件夹，可以使用"文件"菜单中的＿＿＿＿＿命令。

6. 若使用 Windows 的"写字板"创建一个文档，当用户没有指定该文档的存放位置，则系统将该文档默认存放在＿＿＿＿＿文件夹中。

7. 在 Windows 中，当用鼠标左键在不同驱动器之间拖动对象时，系统默认的操作是＿＿＿＿＿。

8. 在 Windows 中，选定多个不相邻文件的操作是：单击第一个文件，然后按住_____键的同时，单击其他待选定的文件。

9. 在 Windows 中，若要删除选定的文件，可直接按_____键。

10. 用 Windows 的记事本所创建文件的缺省扩展名是_____。

四、上机练习题

1. 个性化设置计算机：为计算机设置桌面背景、屏幕保护程序、调整分辨率、任务栏等属性。

2. 文件和文件夹操作：请在"我的文档"文件夹下以自己的名字建一个文件夹及子文件夹（如图 2-67 所示）。

图 2-67　上机练习题 2

3. 利用画图程序绘制一张贺卡，内容不限，积极向上即可，可以是生日贺卡、母亲节贺卡、新年贺卡等题材。并保存到"图片"文件夹下，名字为"贺卡.bmp"。

4. 利用记事本写一篇日记，谈谈学习计算机的感受。并保存到"个人资料"文件夹中，名字为"我谈计算机.txt"。

5. 请将"我谈计算机.txt"移动到"个人资料"文件夹下，并重命名为"计算机与我.txt"。

6. 请将"贺卡.bmp"复制到"工作资料"文件夹中。

7. （选做题）请从网络上下载一种输入法软件，安装好以后，练习使用该输入法。

第 3 章　文字处理软件 Word 2003

Office 2003 是微软公司于 2003 年推出的集成办公软件，是目前应用最广泛的 Office 版本，主要包括 Word 2003、Excel 2003、Outlook 2003、PowerPoint 2003、Access 2003 等办公软件。其中的 Word 2003 是文字处理软件，本章简称为 Word，主要用于日常的文字处理工作，如书写信函、公文、简报、报告、学术论文、个人简历、商业合同等。

3.1　Word 2003 的简介

利用 Word，用户可以实现多栏彩色图文混排，可以对表格进行制作和处理，可以对中、英文字进行各种艺术效果处理，还可以方便快捷地完成数理化公式的编辑。此外，利用 Word 的 Internet 功能，可以将 Word 编辑好的 doc 文档快速转换为标准 Web 页面，用来发布在 Internet 站点上，并可以直接创建、编辑并发送电子邮件。此外，还有"任务窗格"功能，使得文档编辑更为方便。

3.1.1　Word 2003 的基本操作

Word 2003 作为 Office 2003 的组件之一，它共享 Office 2003 的一些资源，如帮助信息等，其安装程序也集成在 Office 2003 中

1. Office 2003 中文版的运行环境与安装

（1）Office 2003 中文版的运行环境

Office 2003 是在 Windows XP、Windows 2000 或更高版本等环境中运行的办公集成软件。其专业版的默认配置要求有 245 MB 硬盘空间，加上交换文件等所需要的大约 50MB 的空间，Office 2003 中文专业版的运行至少需要 300MB 的硬盘空间。

建议使用的系统配置为：Pentium III 处理器、128MB 的内存、Windows XP 操作系统。

（2）Office 2003 的安装

安装 Office 2003 时，一般是将含有 Office 2003 中文版安装程序的光盘插入计算机的光盘驱动器中，之后会自动出现 Office 2003 的安装屏幕。根据提示一步步安装即可。

2. 利用 Office 2003 的帮助功能

（1）利用【F1】键

在 Office 中，通常直接按键盘上的【F1】键即可获得与当前操作有关的帮助。

（2）利用 Office 助手

在菜单栏中选择"帮助"→"Microsoft Office Word 帮助"命令，即可打开如图 3-1 所示的 Office 助手。它是一个具有一定智能的动画角色，能够根据正在进行的操作，猜测需要什么样的帮助。

在 Office 助手上单击，会出现如图 3-1（a）所示的"请问您要做什么？"的对话框，可以在对话框中输入需要帮助的内容，然后单击"搜索"按钮即可得到相关的帮助。

在 Office 助手上右击，将出现如图 3-1（b）所示的快捷菜单。选择"选择助手"命令可以更换 Office 助手动画角色，选择"动画效果"命令可以观看 Office 助手的动画表演。

（a）提示对话框　　　　　　　　　　　　（b）Office 助手快捷菜单

图 3-1　Office 助手

在图 3-1（a）中单击"选项"按钮可以对 Office 助手的作用进行设置，也可以利用它关闭 Office 助手。

（3）利用菜单栏右侧的"提出问题"文本框（见图 3-2）

在文本框中输入所要询问的问题，并按【Enter】键，便会出现相关主题的下拉列表，在列表中单击相关的主题，即可打开相应的帮助内容。

图 3-2　"提出问题"文本框

（4）利用"帮助"菜单的全方位帮助

在菜单栏中选择"帮助"→"Microsoft Word 帮助"命令，就会出现内容丰富的"Microsoft Word 帮助"窗口，在该窗口中就可以按目录浏览、按索引浏览或查找帮助主题。

注意：所有 Microsoft Office 2003 产品均不能运行于 Windows Me、Windows 98 或 Windows NT 操作系统上。对于运行这些操作系统的客户端计算机，在安装 Microsoft Office 之前，必须先升级操作系统。

3.1.2　Word 2003 的启动和退出

在任务栏中单击【开始】按钮，依次选择"所有程序"→"Microsoft Office Word 2003"命令，即可启动 Word，打开如图 3-3 所示的窗口。单击 Word 窗口右上角的【关闭】按钮即可退出 Word。

注意：在退出 Word 的时候，如果还有未保存的文档，Word 会提示用户保存文档。

3.1.3　Word 2003 的窗口组成

Word 的工作窗口如图 3-3 所示，同一般的 Windows 窗口十分类似，具有标题栏、菜单栏、"常用"工具栏、"格式"工具栏、【最小化】按钮、【最大化】按钮、【关闭】按钮、滚动条和状态栏等元素。Word 窗口中比较特殊的是菜单栏和各种工具栏，利用它们可以完成 Word 中的大部分操作。

（1）菜单栏中包含了 Word 的所有菜单项。单击菜单项可以显示出其对应的下拉菜单，单击其中的某一项即可执行相应的命令。菜单栏的最右边是【关闭窗口】按钮，单击即可关闭相应的文档，但 Word 窗口并不会关闭。

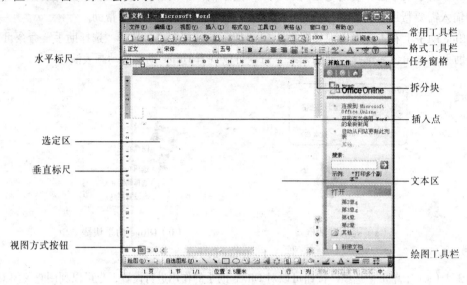

水平标尺 ——

常用工具栏
格式工具栏
任务窗格
拆分块
插入点

选定区 ——

垂直标尺 ——

文本区

视图方式按钮 ——

绘图工具栏

图 3-3　Word 窗口组成

（2）工具栏分为"常用"工具栏、"格式"工具栏、"绘图"工具栏等。每个工具栏都由一系列工具按钮所构成，每个按钮代表一个常用的菜单命令，用鼠标单击某个工具按钮，即可执行此按钮所对应的一条命令。

（3）工作区与文档的文本编辑区。Word 的工作区用于放置一个或多个打开的文档窗口。文本区也称编辑区域，是用户输入和编辑文字和图形、表格的区域。

在文本区中有一个闪烁的垂直线符号，称为插入点。用鼠标单击某处可将插入点移动到该处。插入点指示出文档中将要插入文字或图形的位置以及各种编辑修改命令将生效的位置。

（4）选定区也称为选定栏，是位于文本区左边的一个向上、下延伸的狭长区域，鼠标指针移入此区时，将成为向右倾斜的空心箭头，如图 3-3 中所示。利用它可以方便、快速地完成各种文本块的选定工作（见本章 3.3.2 节）。

（5）任务窗格包括"新建文档"、"剪贴板"、"搜索结果"、"剪贴画"、"样式和格式"、"显示格式"、"邮件合并"等多种任务窗格，每种窗格都是为了完成某种特殊任务而设计，例如图 3-3 的"开始工作"窗格可以用来新建或打开文档。用鼠标单击任务窗格右边的倒三角按钮可以在不同的任务窗格之间转换。

（6）滚动条　在 Word 中，用鼠标单击滚动滑块，会出现当前页码提示，拖动滚动滑块，在文档中快速移动时，滚动滑块旁的页码提示也随着滚动滑块的位置变化即时刷新。Word 滚动条上还有一拆分块，拖动拆分块可以将一个文档窗口一分为二或者合二为一。

3.2　Word 文档的基本操作

3.2.1　创建新文档

通常在启动 Word 的时候，Word 会自动创建一个新文档"文档 1"，可以直接在该文档上进行编辑。

如果需要再创建一个新文档，可以单击"常用"工具栏上的【新建空白文档】按钮囗。

此外，还可以利用菜单命令来新建文档。在菜单栏中选择"文件"→"新建"命令，在 Word 窗口的右侧将会出现"新建文档"任务窗格。在任务窗格中"模板"区域中单击"本机上的模板"超链接，将会出现如图 3-4 所示的"模板"对话框。对话框默认打开"常用"选项卡，并且默认新建的为"空白文档"，单击【确定】按钮即可创建一个新文档。

文档创建完成后，即可选择一种中文输入法，在文本区插入点处输入文字，如图 3-5 所示。

图 3-4　"模板"对话框

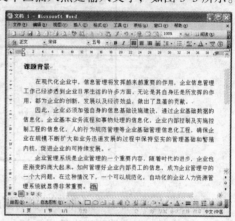

图 3-5　在文本区输入文字

3.2.2　文档的保存

当文字输入完成后，用户应该及时保存文档，这样已经输入的内容才不会丢失。单击"常用"工具栏上的【保存】按钮，或者选择"文件"→"保存"命令，就会出现如图 3-6 所示的"另存为"对话框。

图 3-6　"另存为"对话框

在"另存为"对话框中，在"保存位置"下拉列表框中可以指定文档存放的位置，在"文件名"文本框中为该文档命名，在"保存类型"下拉列表框中保持默认的 Word 文档类型，单击【保存】按钮即可保存该文档。

此后如果再次保存文档，只需单击"常用"工具栏上的【保存】按钮，Word 即可自动将该文档保存到原来的位置。

3.2.3　文档的打开

保存文档并关闭该文档窗口后，如果用户想再对其进行编辑，就需要重新打开该文档。单击"常用"工具栏上的【打开】按钮，或者选择"文件"→"打开"命令，就会出现如图 3-7 所示的"打开"对话框。

图 3-7　"打开"对话框

在"查找范围"下拉列表框中单击右侧的下拉按钮，选择驱动器、文件夹或者包含要打开文档的 Internet 位置，在文档列表中选择要打开的文档，然后单击【打开】按钮，就可以打开这个文档。

注意： 在图 3-7 中，单击【打开】按钮旁边的箭头，可对打开方式进行选择，如可选择"以只读方式打开"或"打开并修复"等。

3.2.4　文档的另存

如果想将保存过的文档保存在新的位置，或者以新的名称、格式保存，可以选择"文件"→"另存为"命令，会弹出如图 3-6 所示的"另存为"对话框，在对话框中选择所要保存的新位置，并输入新的文件名，单击【保存】按钮即可。

3.2.5　文档模板概念

在图 3-4 中新建文档时，一般情况下是新建一个空白文档，但也可以根据模板方便地创建书信、简历等文档。

所谓模板，它是一种特殊的文档。一个模板针对一类文档，它包括该类文档的一些共有特性，如文本、表格、图形、自动图文集、样式、页眉和页脚等。如简历模板，就包含简历的基本信息和框架，用户只要填入相关个人信息即可。

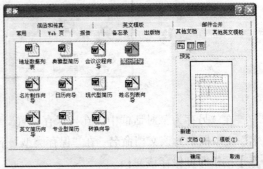

图 3-8　"模板"对话框

例如，要建立一个简历，可以在新建文档时（图 3-4）选择"其他文档"选项卡，就会出现如图 3-8 所示的"模板"对话框。在其中选择"简历向导"，然后根据提示一步步操作就可以快速生成一份美观的个人简历。

3.2.6　文档的视图

Word 中共有 5 种视图，分别为普通视图 ≡、Web 版式视图 ⓥ、页面视图 ▤、大纲视图 ⅲ 和阅读版式 ⓜ。用户可以单击 Word 工作窗口左下角的视图方式按钮来改变视图，也可以选择"视图"→"普通"命令等来改变视图。

"普通视图"也称为常规视图。这种视图下可以显示文本的格式，但版面简化，有利于快速输入和编辑。在这种视图下，屏幕上以一条虚线表示分页的位置。

在"Web 版式视图"中，可以创建能在屏幕上显示的 Web 页面或文档。这一视图将显示文档在 Web 浏览器中的外观。例如，文档将显示为一个不带分页符的长页，并且文本和表格将自动换行以适应窗口的大小。

"页面视图"具有"所见即所得"的显示效果，也就是说，显示的效果与打印的效果完全相同。在这种视图下，可以进行正常的编辑，查看文档的最后外观，还可以对格式以及版面进行最后的修改。图文、表格并茂的文档多采用这种视图进行编辑。这是最常用的视图方式。

"大纲视图"提供了一种查看文档的独特方式。在这种视图下，用户可以只显示文档的标题，而把标题下的文本暂时"折叠"起来，以便审阅和修改文章的大纲结构，重新安排文章的章节次序。当需要调整时，可以将标题直接拖动到新的位置，该标题下的所有子标题和从属正文也将自动随之移动。需要进行内容的细节修改时，可再展开"大纲"。

在"阅读版式"视图中，隐藏大部分工具栏，阅读起来比较贴近于自然习惯，可以使人从疲劳的阅读习惯中解脱出来。

注意：不管采用什么视图，文档的内容是不会改变的，改变的只是显示的形式。对于大部分人而言，页面视图是最常用的视图。

3.3　文档的编辑

3.3.1　输入内容与输入原则

1. 输入内容

一般默认为英文输入法，在键盘上可以直接输入英文。按【Ctrl + 空格】键可以进入汉字输入状态。按【Ctrl + Shift】键可以在所有的输入法之间切换。

在汉字输入状态下，一般的汉字标点符号都可以由键盘直接输入，特殊的标点符号可以由输入法的软键盘输入。或者选择"插入"→"符号"命令，会出现如图 3-9 所示的"符号"对话框，在对话框中选择需要的符号，单击【插入】按钮即可。

图 3-9　"符号"对话框

2．输入原则

单纯录入内容一般遵循以下的 3 条原则：

（1）不要用空格字符来增加字符的间距。字符间距可以在录入完成后，选择"格式"→"字体"命令来设置。

（2）不需要按【Enter】键来换行，当输入内容到达右边界时，Word 可以自动换行。只有需要另起一段时，才按【Enter】键，这时将产生一个新的段落标记。两个段落标记之间的内容被视为一个自然段。当段落标记没有显示时，可以选择"视图"→"显示段落标记"命令，显示出段落标记来。

（3）当输入的内容超过一页时，Word 可以自动换页，如果希望强制换页，可以按【Ctrl+Enter】键。

3.3.2 文本块的选定、复制、移动和删除

在 Word 中，用户进行操作的对象一般都是文本块，文本块可以是一个句子、几个单词，也可以是整行、整段乃至整篇文档。

注意：在 Word 中对文本块的操作和在 Windows 中对文件的操作非常相似，一般可以利用快捷菜单、工具栏按钮、菜单栏、鼠标拖动、快捷键等几种方式，大家要注意比较和总结。

1．文本块的选定

文本块的选定也就是对某些文本进行标记，以后的编辑工作都将针对被选定的这部分内容进行。

（1）利用鼠标选定文本

这是最常用的方法。将光标移到文本块的起点，按下鼠标左键不放，拖动鼠标直至文本块的终点，放开鼠标，这个文本块就被选定，文本块中的文字将反显。如果需要选定篇幅较长的文本块时，可以先单击文本块的起点，然后按住【Shift】键，再单击文本块的终点，即可选定该文本块。双击英文单词或者中文词组，也可以选定它们。在某一个段落中三击鼠标左键，可以选定整个段落。

（2）利用选定区选定文本

3.1.3 节中介绍过选定区，用户还可以利用选定区来选定文本：在选定区指向某一行并单击可以选定该行；指向某一段并双击可以选定该段；在选定区任一位置三击可以选定整篇文档；在选定区单击某一行后，按住鼠标不放向上或向下拖动，可以选定相邻的若干行。

（3）综合利用鼠标和键盘选定文本

按住【Ctrl】键不放，并用鼠标单击某一句子可以选定该句。按住【Alt】键不放，并从矩形文本块的左上角向右下角拖动可以选定该矩形文本块。

技巧：要想选定插入点到文档起点的文本，按【Ctrl + Shift + Home】键。同理，想选定插入点到文档终点的文本，可以按【Ctrl + Shift + End】键。按【Ctrl + A】键可以选定整篇文档。按【Shift】键，同时配合 4 个箭头键，可以在插入点的上下左右 4 个方向选定文本。

（4）取消选定

文本块被选定后，就可以对它进行各种操作。如果想取消该选定，只需在选定的文本块外或文本块内单击即可。

2. 文本块的复制

选定文本块后，在文本块上右击，在快捷菜单中选择"复制"命令，然后将插入点移动到目标位置，右击，在快捷菜单中选择"粘贴"命令，就可以将该文本块复制一份到新的位置。也可以使用拖动鼠标的方式实现，选定文本块后，按住【Ctrl】键不放，用鼠标拖动文本块到目标位置即可。用户也可以利用"常用"工具栏中的【复制】按钮 和【粘贴】按钮 、"编辑"菜单下的相应命令、快捷键【Ctrl + C】（复制）和【Ctrl + V】（粘贴）来实现文本的复制。

3. 文本块的移动

移动和复制非常类似：首先选定要移动的文本块，在文本块上右击，在快捷菜单中选择"剪切"命令，然后将插入点移至目标位置，右击，在快捷菜单中选择"粘贴"命令即可。用户也可以拖动鼠标的方式实现，但是不需要按住【Ctrl】键，直接拖动即可。用户也可以利用常用工具栏中的【剪切】按钮 和【粘贴】按钮 、"编辑"菜单下的相应命令、快捷键【Ctrl + X】（剪切）和【Ctrl + V】（粘贴）来实现文本的复制。

4. 文本块的删除

选定文本块后，按【Delete】键即可删除该文本块；也可以右击，在快捷菜单中选择"剪切"命令；或者利用快捷键【Ctrl + X】。如果想恢复文本块，可以单击"常用"工具栏上的【撤销】按钮 ，或选择"编辑"→"撤销"命令。

3.3.3 段落的划分和合并

在 3.3.1 节输入原则中介绍过按【Enter】键可以另起一段，因此用户如果想把一个段落划分为两段，只需要将插入点移到需要进行划分的位置，直接按【Enter】键即可。如果想要合并两个段落，只需将两个段落之间的段落标记删除即可。可以将插入点移到后一段落的起点，按【BackSpace】键。或者将插入点移到前一段落的终点，按【Delete】键。两种方法都可以删除段落标记，从而合并两个段落。

3.3.4 文本的查找和替换

当一篇文档很长的时候，想要在文本中查找某一个词组并对其进行修改就变得比较烦琐，这时就需要用到 Word 的查找和替换功能。

1. 文本的查找

选择"编辑"→"查找"命令，会出现如图 3-10 所示的"查找和替换"对话框。在"查找内容"文本框中输入"hooker"，单击【查找下一处】按钮，Word 便会自动在文档中查找该单词。当找到第一处符合条件的文本时，该文本将被反显，这时可以对该文本进行编辑修改。继续单击【查找下一处】按钮可继续查找下一个单词。

图 3-10 "查找和替换"对话框

单击"查找和替换"对话框中的【高级】按钮，可以进行高级查找，如图 3-10 所示。在"搜索选项"区域中，可以对查找的内容进行各种设置。在"搜索"框中，可以选择搜索文档的全部还是从插入点开始向上或向下搜索。单击【格式】按钮，可以查找字体、段落等各种格式。单击【特殊字符】按钮，可以查找各种特殊符号，如段落标记等。

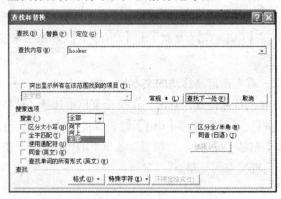

图 3-11　高级查找

2. 文本的替换

如果要将大批文本全部替换为其他文本，一个个进行更改未免过于麻烦，这就需要用到 Word 的替换功能。选择"编辑"→"替换"命令，会出现如图 3-12 所示的"查找和替换"对话框。如果要将文档中的"hooker"替换为"胡克"，便可在"查找内容"文本框中输入"hooker"，在"替换为"文本框中输入"胡克"，单击【替换】按钮，Word 便会自动将第一个符合条件的 hooker 替换为"胡克"，同时自动移动到第二个符合条件的文本处，并将该处文本反显，如果仍然需要替换，直接单击【替换】按钮即可。如果需要替换全部文本，可单击【全部替换】按钮。

单击【高级】按钮，会出现类似图 3-11 所示的对话框，可以进行高级替换。例如，可以将"hooker"替换为红色的"胡克"。

图 3-12　文本的替换

3.4　字符格式设置

现在，用户已经能够输入一篇文档并对文档进行简单的编辑修改，下面要做的将是文档的美化工作。首先，介绍的是对文本格式的设置，如字体、字形、字号、颜色、效果等。

3.4.1　利用"格式"工具栏设置

比较简便的方法是利用"格式"工具栏来设置文本格式，如图 3-13 所示。

图 3-13 "格式"工具栏

在对文本进行格式设置之前，先要选定要设置格式的文本，然后单击"格式"工具栏上相应的按钮，即可将文本设置成该按钮对应的格式。为了能更清楚地说明具体操作方式，这里就以制作个人简历为例，先在新建立的文档中输入简历的各项内容，如图 3-14 所示。

首先，选定第一行文字，在样式框中选择"标题 1"，且单击▆按钮设置为居中；然后选定第二行文字，在样式框中选择"正文"，字体设为宋体，字号设为四号+加粗，单击▲按钮设置底纹，再单击▲按钮添加边框；之后选定第 3～7 行文字，在样式框中选择"正文"，字体设为"宋体"，字号设为"五号"，后面的几行均可按前面 2～7 行的设置方法进行设置，最后选定最后一行文字，单击【字符底纹】按钮▲，为其加上底纹，最终效果如图 3-15 所示。

图 3-14 节选的部分文本

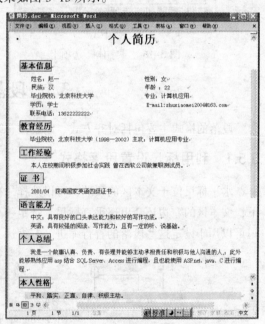

图 3-15 文本格式设置最终效果

3.4.2 利用"字体"对话框设置

选定文本块以后，在文本块上右击，在快捷菜单中选择"字体"命令，这时会出现如图 3-16 所示的"字体"对话框，可以对文本进行复杂的格式设置（也可以依次选择"格式"→"字体"命令）。

在如图 3-16 所示的"字体"选项卡中，可以对文字进行字体、字形、字号、颜色、下画线、效果等的设置，只需在相应选项的下拉列表中单击想要的格式或选中效果前面的复选框即可。这里设置为"华文行楷"、"加粗"、"小二"，颜色为"蓝色"，效果为"阴影"。文字格式设置的效果可以在对话框下部的预览窗口中看到。在"字体"对话框中选择"字符间距"选项卡，可以对字符间距进行设置。这里将字符缩放"150%"，间距加宽 1.3 磅，位置提升 3 磅，字间距 5 磅，效果如图

3-17 中的预览框所示。在"字体"对话框中单击"文字效果"选项卡，可以进行动态文字效果设置，例如可以在文字上出现闪烁的星星。需要注意的是，动态效果只能在 Word 文档中观看，不能打印输出。当所有格式设置完毕后，单击【确定】按钮即可完成该文本块的格式设置。

图 3-16　"字体"选项卡　　　　　图 3-17　"字符间距"选项卡

3.5　段落格式设置

段落的格式主要包括对齐方式、制表位、缩进方式、段落间距等设置。

3.5.1　利用标尺设置段落格式

水平标尺位于文本区的顶端，可以选择"视图"→"标尺"命令将其隐藏。在"页面视图"下，文本区的左边还会出现垂直标尺。选定一个或多个段落后，用鼠标拖动水平标尺上的各种标记可以用于设定这些段落的首行缩进、右缩进、悬挂缩进等，如图 3-18 所示。

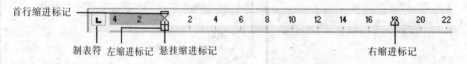

图 3-18　水平标尺的缩进标记

左右缩进是对一个段落整体而言，可以控制整个段落的左右边界；首行缩进是对段落的第一行而言，而悬挂缩进则是对一个段落中除首行以外的其余行而言，具体的缩进效果如图 3-19 所示。

（a）首行缩进　　　　（b）悬挂缩进

图 3-19　首行缩进与悬挂缩进

注意：在水平标尺上，形状为正三角形的"悬挂缩进标记"和形状为矩形的"左缩进标记"粘合在一起，要注意区分。

制表位是水平标尺上的某一位置，它指定了文字缩进的距离或者一栏文字的开始之处。按【Tab】键可以使插入点在不同的制表位之间移动。Word 默认从左页边距起每隔 0.5 英寸有一个制表位。用户可以利用制表符来改变默认的制表位，Word 中共有 5 种制表符，如图 3-20 所示。

图 3-20　Word 中的 5 种制表符

单击标尺左端的【制表符】按钮，该按钮便会在图 3-20 所示的 5 种制表符之间切换，当需要的制表符按钮出现时，用鼠标单击水平标尺上需要插入制表位的位置，即可在该位置插入一个制表符，表示已经插入一个新的制表位了。此后该制表位左边的所有默认制表位将对【Tab】键全部失效，按【Tab】键可以直接移动插入点到该制表位。用鼠标沿水平标尺拖动制表符可以移动制表符的位置。如果想删除某个制表符，只需用鼠标将其拖出水平标尺即可。

顾名思义，制表位的主要作用在于使表格形式的文档排列更加整齐，同时也可以设置段落的缩进。以如图 3-21 所示的文档为例。

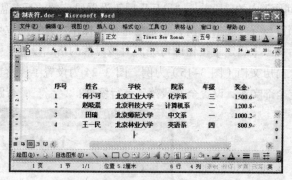

图 3-21　利用制表位对表格进行格式设置

图 3-21 中标尺上利用制表符从左至右依次设置了左对齐、居中、居中、居中、右对齐、小数点对齐 6 个制表位。从而分别实现了文本的左对齐、居中对齐、右对齐和小数点对齐。同时，在下一段文本的起始处，也实现了段落的缩进。

图 3-21 中文档的具体操作步骤如下：首先，按照前面所述的方法在标尺上的恰当位置设置 6 个制表位。其次是文本的输入。在插入点输入"序号"后按【Tab】键，插入点将移动到下一制表位，接着输入"姓名"并继续按【Tab】键，这样重复下去，直至第一行输入完成。之后按【Enter】键另起一段，并仿照第一行进行输入。

3.5.2　利用"格式"工具栏设置

利用如图 3-22 所示的"格式"工具栏可以对段落的格式进行简单的设置。与文本格式的设置类似，选定某个段落后，单击相应的按钮即可实现该按钮所对应的功能。

工具栏上有 4 个【对齐方式】按钮，从左至右依次为【两端对齐】、【居中】、【右对齐】和【分散对齐】按钮，可以设置段落的对齐方式。单击【行距】按钮右边的向下箭头按钮，在下拉列表中选择相应的行距数值，即可改变所选定段落的行距。单击【减少缩进量】按钮可以使插入点所在段落的左边整体减少缩进一个默认的制表位。单击【增加缩进量】按钮可以使插入点所在段落的右边整体增加缩进一个默认的制表位。

图 3-22　"格式"工具栏

3.5.3　利用"段落"对话框设置

利用"段落"对话框可以实现更复杂的段落格式设置功能。选定某一段落后，或者在段落上右击，在快捷菜单中选择"段落"命令，会出现如图 3-23 所示的"段落"对话框（也可以依次选择"格式"→"段落"命令）。

在"对齐方式"下拉列表中可以设置段落的左对齐、居中、右对齐、两端对齐和分散对齐 5 种对齐方式。这和格式工具栏中的对齐方式按钮实际上功能是一样的。"缩进"的"左"和"右"可以设置段落左缩进和右缩进的尺寸。特殊格式可以设置段落的首行缩进或悬挂缩进，度量值用于设置缩进的幅度。"间距"中的"段前"、"段后"用于设置段落的前后各需空出多大的距离。"行距"用于设置段落内部行与行之间的距离，也是最常用的操作。设置的效果可以在下面的预览窗口中看到，设置完成后单击【确定】按钮即可完成对该段落的格式设置。

例如，还是以个人简历文档（图 3-15）为例。图 3-24 为设置了段落格式之后的文档。具体的操作步骤如下：选定全部文本，设置全文段落"首行缩进：2 字符"；行距为"固定值：20 磅"。

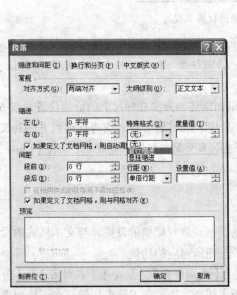

图 3-23　"段落"对话框

图 3-24　设置段落格式之后的文档

3.6　页面格式的编排

3.6.1　输出格式设置

Word 中的文档一个最主要的用途就是用于打印输出，因此，输出格式的设置对于一篇文档非常重要，设置不好的话，将会影响该文档的整体效果。

要对输出格式进行设置，可以选择"文件"→"页面设置"命令，会出现如图 3-25 所示的"页面设置"对话框。

在图 3-25 的"页边距"选项卡下，可以设置文档的每一页在上下左右 4 个方向所留出的空白——即页边距。在"方向"区域中可以设置打印纸张的方向，横向或者纵向。选择"纸张"选项卡，可以对纸张的大小、来源进行设置。在"版式"选项卡中，可以对

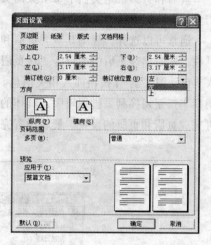

图 3-25　"页面设置"对话框

"页眉和页脚"进行设置（页眉和页脚是文档中每个页面页边距的顶部和底部区域，关于页眉和页脚的详细内容将在 3.6.3 节中介绍）。在"文档网格"选项卡中，用户可以对每行显示多少个字符，字符之间的跨度，每页可以显示多少行，行与行之间的跨度等进行设置。当对"页面设置"对话框中所有选项卡下的内容设置完成之后，单击【确定】按钮即可完成文档输出格式的设置。

3.6.2　插入页码

通常的文件、书籍都是带有页码的，这样便于阅读和整理，因此，在一篇文档打印输出之前，最好为其加上页码。

通常的方法是选择"插入"→"页码"命令，会出现如图 3-26 所示的"页码"对话框。在"位置"下拉列表中选择页码出现的位置，在"对齐方式"下拉列表中选择页码的水平对齐方式，单击【确定】按钮即可在文档中插入页码。

如果希望对页码进行进一步的设置，可以在"页码"对话框中单击【格式】按钮，会出现如图 3-27 所示的"页码格式"对话框。在"数字格式"下拉列表中可以选择页码显示的具体数字格式，选中"包含章节号"复选框，页码将会连同章节号一同显示。在"页码编排"区域可以设置页码的起始数字。设置完成后，单击【确定】按钮即可为文档添加页码。

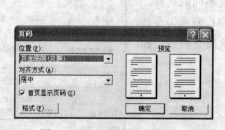

图 3-26　"页码"对话框

图 3-27　"页码格式"对话框

3.6.3　页眉和页脚

页眉和页脚就是文档中每个页面页边距的顶部和底部区域，恰当设置页眉和页脚可以使得文档更加美观大方。

通常可以选择"视图"→"页眉和页脚"命令，会出现如图 3-28 所示的"页眉和页脚"工具栏，同时出现页眉的编辑区。在页眉的编辑区中，用户既可以直接输入文字，也可以单击【插入"自动图文集"】按钮插入相关信息。页眉编辑完成后，可以在工具栏中单击【在页眉和页脚间切换】按钮切换到页脚编辑区，具体的编辑方法与页眉类似。全部完成后，单击【关闭】按钮即可完成页眉和页脚的设置。最后设置完成的页眉和页脚如图 3-29 所示。

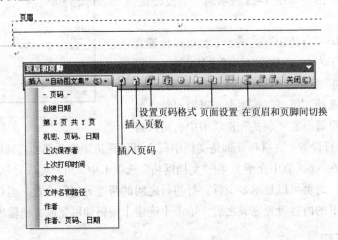

图 3-28　页眉和页脚

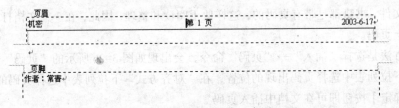

图 3-29　页眉和页脚示意图

按以上方法设置好的页眉/页脚是每页都相同的，如果想对页眉进一步设置，如希望奇偶页不同，可以在工具栏中单击"页面设置"按钮，打开如图 3-30 所示的"页面设置"对话框，选择"版式"选项卡就可以对页眉和页脚进行特殊设置了，如选中"奇偶页不同"为奇偶页设置不同的页眉，奇数页页眉处输入相应的内容即可，如图 3-31 所示为奇数页页眉的设置；同样地在任意偶数页为偶数页设置页眉，如图 3-32 所示为偶数页页眉的设置。

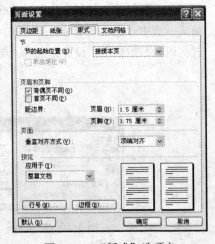

图 3-30　"版式"选项卡

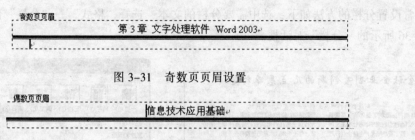

图 3-31 奇数页页眉设置

图 3-32 偶数页页眉设置

3.6.4 页面边框

某些文档由于特殊需要,对于美观方面的要求会多一些,如通知、简报、杂志等等,因此常常需要为页面加上边框。

例如为某篇文档加上页面边框。通常的方法是选择"格式"→"边框和底纹"命令,会出现如图 3-33 所示的"边框和底纹"对话框,选择"页面边框"选项卡。在"设置"区域中可以选择边框的类型,并在"线型"列表框中选择线条的类型。在"颜色"下拉列表中可以选择边框的颜色,"宽度"可以由用户自由调节。在"艺术型"下拉列表中可以选择边框的各种图案。单击【确定】按钮即可为该页加上页面边框。如果希望对页面边框进行进一步的设置,可以单击【选项】按钮,在出现的对话框中进行更为细微的设置。在图 3-33 中单击【横线】按钮,还可以在文档中插入一些漂亮的水平线。最终设置好页面边框和插入横线的文档如图 3-34 所示。

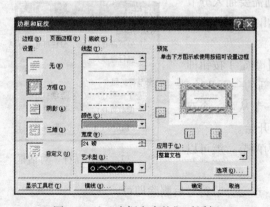

图 3-33 "边框和底纹"对话框

图 3-34 设置好页面边框和插入横线的文档

3.6.5 分栏

在报纸、杂志上常常会见到如图 3-35 所示的排版方式,即文字分成两列或者更多列,既美观又便于阅读,称为"分栏"。

通常设置分栏的方法如下：选中需要分栏的文本，选择"格式"→"分栏"命令，就会出现如图 3-36 所示的"分栏"对话框。

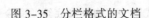

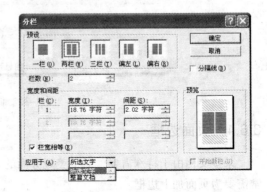

图 3-35　分栏格式的文档　　　　　　　图 3-36　　"分栏"对话框

可以在"预设"区域的 5 种设置中选择一种分栏方式，也可以在"栏数"数值框中自行填入需要的栏数；并在"宽度和间距"区域中可以设置每一栏的参数；选中"分隔线"复选框后栏与栏之间将会出现竖线分隔，最后选中应用于的范围，设置好之后单击【确定】按钮即可完成对文章的分栏。

3.6.6　"分节符"概念

在 Word 中，版式的更改和分栏等操作的对象都是针对特定的一节，节与节之间的版式、分栏、格式各不影响，一篇文档可以由若干个节构成。因此，如果想使文档的第一页是横向，而第二页是纵向的话，就需要将这篇文档分为两节。Word 中默认生成的是一节的文档，并且只有一栏。

节与节之间以分节符作为标识，表示节的结尾，同段落结束标记类似。

在 3.6.5 节中利用"分栏"对话框对某一段直接分栏后，该段文字的段前和段后将自动插入一个分节符，从而使该文档从 1 节变为 3 节。

用户也可以手动插入分节符。将插入点定位到需要插入分节符的位置，选择"插入"→"分隔符"命令，会出现如图 3-37 所示的"分隔符"对话框。

在"分节符类型"中选定需要的类型，单击【确定】按钮即可在文档中插入分节符。"下一页"表示另一节从新的一页开始，"连续"表示节与节之间相连，"偶数页"表示另一节从下一个双号页开始，"奇数页"表示另一节从下一个单号页开始。

在一篇文档中插入一个分节符后，文档就分为两节，就可以使第一页横向排列，第二页纵向排列。

图 3-37　　"分隔符"对话框

删除分节符的方法同删除普通文本是一样的，选定分节符号后删除即可。

3.7　插入图片

在文档中恰当地插入一些图片既可活跃整篇文档的气氛，又便于读者更好地理解该文档，因此，本节来介绍如何在一篇文档中插入图片。

3.7.1　插入剪贴画

1. 剪贴画的插入

在 Word 中自带了一个"Office 剪辑库"，其中存储了很多精美的剪贴画，并且分门别类地储存在"剪辑管理器"中，在文档中插入一些这样的剪贴画无疑会为文章增色不少。

插入剪贴画的一般方法是，将插入点定位到需要插入剪贴画的位置，选择"插入"→"图片"→"剪贴画"命令，窗口右侧会出现如图 3-38（a）所示的"剪贴画"任务窗格。

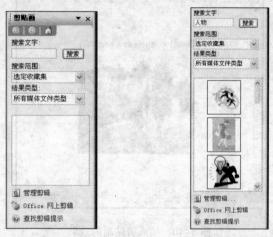

（a）"剪贴画"任务窗格　　　　（b）剪贴画搜索结果

图 3-38　　"插入剪贴画"任务窗格和搜索结果

在"搜索文字"文本框中输入要查找的主题，单击【搜索】按钮，Word 便会开始在剪辑库中自动进行搜索相关的剪辑，并在搜索完毕后将结果显示出来，如图 3-38（b）图所示。在搜索的结果中找到想要的图片，单击图片即可将该图片插入文档。如果用户希望进行复杂一些的搜索，可以在"搜索范围"下拉列表中确定需要搜索的范围，还可以在"结果类型"下拉列表中选择所搜索的文件类型。如果用户并不确定所需要图片的名称，可以单击"剪贴画"任务窗格中的"管理剪辑器"超链接，会打开如图 3-39 所示的"剪辑管理器"窗口。

图 3-39　　"剪辑管理器"窗口

在"剪辑管理器"窗口中，打开某一类别的文件夹之后，右边的窗口便会出现该文件夹中所包含的剪辑缩略图，用户可以自由地进行选择。选好剪贴画后，用鼠标将其拖到文档中需要插入剪贴画的适当位置即可。

插入剪贴画的最终效果如图 3-40 所示。

图 3-40　插入剪贴画的效果

2. 调整剪贴画的位置和大小

在插入一幅剪贴画之后，往往需要调整它的大小。单击该图片，即可将其选中，这时图片上下左右 4 条边的中点和 4 个角点上会各出现一个"控点"，共计 8 个，将鼠标指针放到这些"控点"上，指针会变成双向箭头形状，按下鼠标左键，并沿箭头所示方向拖动鼠标，即可改变图片的大小。沿 4 个角点上的"控点"拖动时图片的比例将会保持不变。

如果要移动图片的位置，用鼠标拖动剪贴画到目标位置即可。

3. 设置剪贴画的格式

（1）利用"图片"工具栏

选定图片后，利用"图片"工具栏上的按钮即可对图片进行各种设置。如果"图片"工具栏未显示，只需在图片上右击，在快捷菜单中选择"显示'图片'工具栏"命令即可将其显示出来，如图 3-41 所示。

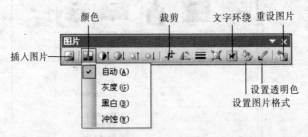

图 3-41　"图片"工具栏

【颜色】按钮是一个比较常用的按钮，可以从中选择各种灰度、黑白、冲蚀等特殊效果。

【裁剪】按钮是另一个常用按钮，单击该按钮，用鼠标沿图片四周的 8 个控点拖动就可以裁剪图片到合适的大小。

单击【文字环绕】按钮会出现如图 3-42 所示的下拉列表，可以在列表中选择该图片的文字环绕方式。"嵌入型"表示图片像文字一样参与排版；"四周型环绕"和"紧密型环绕"可以使文字和图片呈环绕效果；"浮于文字上方"和"衬于文字下方"可以实现叠放效果；"穿越型环绕"与"紧密型环绕"基本相同，将文字紧密环绕在图像自身的边缘的周围，但"穿越型环绕"还在环绕对象内部任何开放的部分环绕文字，此时，还可以编辑环绕顶点，实现各种特殊效果。

图 3-42　【文字环绕】按钮的下拉列表

单击【重设图片】按钮，图片将恢复到初始状态。

（2）利用"设置图片格式"对话框

如果需要更精确地对图片进行控制，可以在"图片"工具栏中单击【设置图片格式】按钮，或者在图片上右击，在弹出的快捷菜单中选择"设置图片格式"命令，就会出现如图 3-43 所示的"设置图片格式"对话框。

在"颜色与线条"选项卡中可以对图片的填充、线条、箭头进行设置；在"大小"选项卡中可以直接对图片的大小进行设置，也可以选择缩放的比例；在"版式"选项卡中可以设置图片的环绕方式和水平对齐方式；在"图片"选项卡中可以对图片进行精确的裁剪，还可以设置图片的颜色、对比度和亮度，也可以压缩图片。设置完成之后，单击【确定】按钮即可。

以后对于各种图片、艺术字、自选图形的设置与上面所介绍的剪贴画的设置大体上相同，希望用户能够举一反三，在此不再赘述。

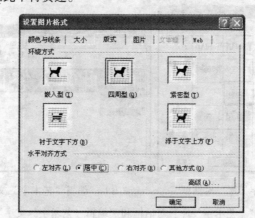

图 3-43　"设置图片格式"对话框

注意：请特别注意图 3-43 中的"颜色与线条"选项卡中的填充效果，非常有用。

3.7.2　插入来自文件的图片

有时需要把来自文件的图片插入文档中。通常方法为：选择"插入"→"图片"→"来自文件"命令，会出现如图 3-44 所示的"插入图片"对话框。

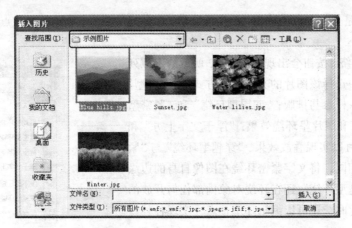

图 3-44　"插入图片"对话框

在"查找范围"下拉列表框中找到图片文件所在的文件夹，然后找到需要的图片文件，随后单击【插入】按钮即可将该图片插入文档。

插入图片以后的格式设置等操作同剪贴画。

3.7.3　插入艺术字

在各种报刊杂志上，经常会碰到各种各样的艺术字。通常插入艺术字的方法是选择"插入"→"图片"→"艺术字"命令，会出现如图 3-45 所示的"'艺术字'库"对话框。

在"'艺术字'库"对话框中选择一种艺术字体，单击【确定】按钮，会出现如图 3-45（b）所示的"编辑'艺术字'文字"对话框。在该对话框中输入艺术字的内容，并选择恰当的字体、字号和字形。单击【确定】按钮，即可在文章中插入艺术字，如图 3-46 所示。

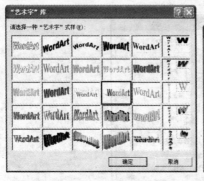

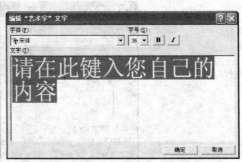

（a）"'艺术字'库"对话框　　　　（b）"编辑'艺术字'文字"对话框

图 3-45　"'艺术字'库"对话框和"编辑'艺术字'文字"对话框

单击插入的艺术字即可将其选定，可以利用如图 3-47 所示的"艺术字"工具栏对其进行简单的编辑。

注意：如果没有自动显示"艺术字"工具栏，可以右击艺术字，在快捷菜单中选择"显示'艺术字'工具栏"命令即可。

图 3-46   插入艺术字

单击【插入艺术字】按钮可以插入新的艺术字。单击【编辑文字】按钮会出现如图 3-45（b）所示的"编辑'艺术字'文字"对话框，可以对已有的艺术字文字进行编辑修改。单击【"艺术字"库】按钮会出现如图 3-45（a）所示的"'艺术字'库"对话框，可以修改已有的艺术字的类型。单击【艺术字形状】按钮可以选择需要的艺术字形状。单击【文字环绕】按钮的用法同"图片"工具栏中该按钮的用法一样。

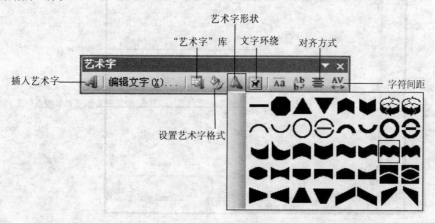

图 3-47   "艺术字"工具栏

在"艺术字"工具栏中单击【设置艺术字格式】按钮，或者在艺术字上右击，在弹出的快捷菜单中选择"设置艺术字格式"命令，会出现"设置艺术字格式"对话框。可以和剪贴画一样设置艺术字的填充颜色、线条、环绕方式、大小等。

3.7.4   插入自选图形

Word 中提供了很多现成的图形可供选用。插入自选图形的方法通常是选择"插入"→"图片"→"自选图形"命令，会出现如图 3-48 所示的"自选图形"工具栏。

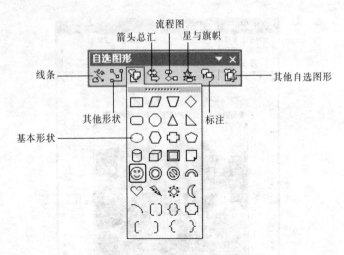

图 3-48　"自选图形"工具栏

在图 3-48 中单击【基本形状】按钮，在下拉列表中单击【笑脸】按钮，文档中便会在插入点处出现一个名为"在此处创建图形"的矩形区域。在该区域中单击作为笑脸的起始点并拖动鼠标到笑脸的结束位置，松开鼠标左键，一个笑脸就绘制成功了，如图 3-49 所示。

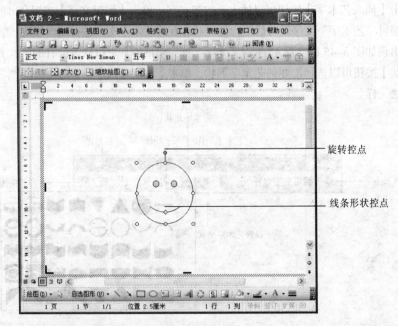

图 3-49　绘制一个"笑脸"

在"笑脸"图形的四周有 8 个控点，用鼠标拖动它们可以改变图形的大小。用鼠标拖动"旋转控点"可以旋转图形。用鼠标拖动"线条形状控点"可以改变线条形状。

在自选图形上右击，在快捷菜单中选择"设置自选图形格式"命令可以打开"设置自选图形格式"对话框，具体的设置方法同剪贴画类似。

注意：在图 3-49 中的矩形图形区域中实际上可以绘制多个自选图形。另外，拖动图形区域四周的黑块可以调整图形区域的大小。

3.7.5　插入文本框

一般情况下，文章中的文本只能横排，文本框的作用就在于使文本的位置更加灵活多变，可以在一页之内实现部分文本的竖排等，从而使版面布置更加丰富多彩。

通常方法是选择"插入"→"文本框"→"横排"命令（如果要插入竖排的文字，则选择"竖排"命令）。就会在插入点处出现一个名为"在此处创建图形"的矩形区域。在该区域中单击作为文本框的起点并拖动鼠标到文本框的终点，松开鼠标左键，就会出现所画文本框，在其中输入文字即可。

下面以输入一幅对联为例：横批插入横排文本框，上下联插入竖排文本框，然后输入对应文字，并设置字体为幼圆，且选中文本框可通过缩放来调整大小或拖动来调整位置，如图 3-50 所

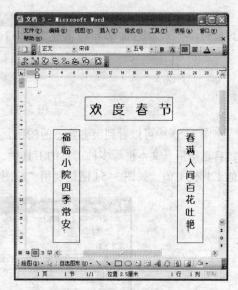

图 3-50　用文本框输入一幅对联

示。然后选中文本框后右击，在快捷菜单中选择"设置文本框格式"命令，如图 3-51 所示，将填充颜色和线条均设为红色，设置完成后就会得到如图 3-52 效果。

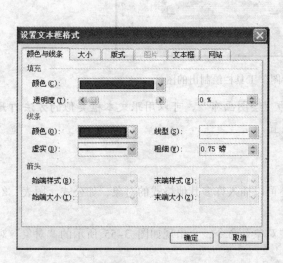

图 3-51　"设置文本框格式"对话框

图 3-52　设置文本框格式之后的效果

3.7.6　自己绘制图形

利用如图 3-53 所示的"绘图"工具栏，可以绘制出很多美观大方的图形。如果"绘图"工具栏没有显示，依次选择"视图"→"工具栏"→"绘图"命令即可出现。

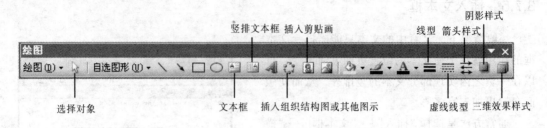

图 3-53　"绘图"工具栏

在图 3-53 中可以看到很多熟悉的按钮，其实，"绘图"工具栏是融合了剪贴画、图片、艺术字、自选图形、文本框等多种工具的工具栏，绘制图形的方法和对图形进行设置的方法也基本与其他工具栏类似。如图 3-54 便是利用"绘图"工具栏绘制出的图画，用户可以自行尝试。

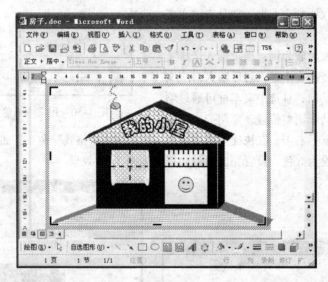

图 3-54　利用"绘图"工具栏绘制出的图画

技巧：图 3-54 中最外边的矩形方框称为"绘图画布"，可以用跟文本框类似的方法打开"设置绘图画布格式"对话框来对其进行设置。

3.7.7　插入其他对象

在 Word 文档中除了基本的图片之外，还可以插入许多其他格式的对象，如公式、图表、幻灯片等。

这里以插入公式为例，选择"插入"→"对象"命令，会出现如图 3-55 所示的"对象"对话框。

在图 3-55 中选择"Microsoft 公式 3.0"，然后单击【确定】按钮，就可以在文档中插入公式了，如图 3-56 所示。

单击"公式"工具栏上的各类按钮，即可在文档中插入相应的各类符号和数字。单击公式外的区域就可以结束编辑，编辑好的公式将会以图片的形式显示在文档中。

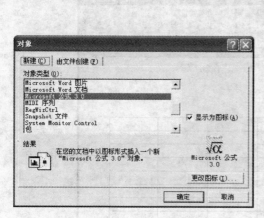

图 3-55　"对象"对话框

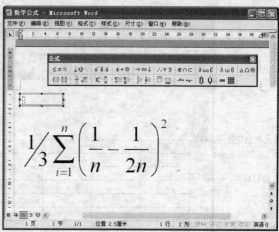

图 3-56　插入公式

3.8　插入表格

用表格的形式来表现数据，清楚简单，一目了然，因此，在 Word 文档中表格的使用十分频繁。

3.8.1　建立表格

最简单的建立表格的方法是将插入点定位到需要插入表格处，单击"常用"工具栏上的【插入表格】按钮并在出现的制表示意框中用鼠标拖动，待扫描过需要的行数和列数后，松开鼠标，即可在插入点处插入表格，如图 3-57 所示。

也可以选择"表格"→"插入"→"表格"命令，会出现如图 3-58 所示的"插入表格"对话框，此处我们还以制作个人简历来讲解怎么用表格制作出一份个人简历。

图 3-57　插入表格

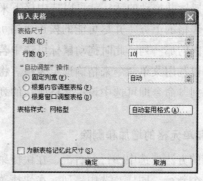

图 3-58　"插入表格"对话框

用表格制作之前，首先应该考虑一下要制作的内容需要几行几列，如图 3-24 的简历内容，大致是 10 行 7 列，因此在图 3-58 中输入列数 7 和行数 10，单击【确定】按钮即可在文档中插入表格，如图 3-59 所示，若接下来发现行列不够或多余，都可通过插入或删除命令做相应的增减。

生成表格后，插入点位于第一个单元格内，可以直接在里面输入文字，输完之后，直接按【Tab】键即可将插入点移入下一个单元格，或者也可以单击某个单元格，即可移动插入点到该单元格，从而继续进行输入。

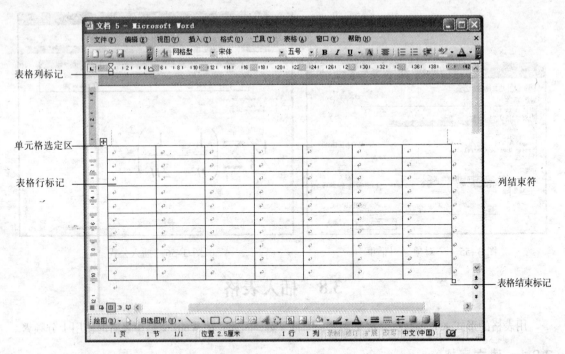

图 3-59　插入表格效果

3.8.2　表格的编辑

1．表格的选定方法。

可以利用鼠标来选定单元格、行、列乃至整个表格。在单元格选定区单击鼠标即可选定该单元格，按住鼠标并拖动则可选中几个单元格。在文档的选定区对准表格的某一行单击，即可选定该行。如果按住鼠标并拖动的话，就可以选中接下来的几行甚至整个表格。

将鼠标移到表格的上方（并尽可能的挨近表格），当光标从"I"变为向下箭头的时候单击，即可选中箭头指向的那一列。此时拖动鼠标可选中若干列。

此外，还可以利用菜单命令来精确选定表格。将插入点定位到某一单元格内，选择"表格"→"选择"→"列"命令即可选中该单元格所在的列。同理可以选中该单元格所在的行乃至整个表格。

2．行、列和单元格的增加和删除

增加行和列的方法：选中一行，右击，在快捷菜单中选择"插入行"命令，可以在选中的这一行上方插入一个新行。同样，选中一列，在快捷菜单中选择"插入列"命令，则会在这列的左边插入一个新列。

删除行和列的方法：选中一行，右击，在快捷菜单中选择"删除行"命令，就可以删除所选中的这一行。同理可以删除列、单元格或者整个表格。

将若干个单元格合并成一个单元格的方法：选中所需要的单元格，右击，在快捷菜单中选择"合并单元格"命令即可。

将一个单元格拆分成若干个单元格的方法：选中某个单元格，右击，在快捷菜单中选择"拆分单元格"命令即可。

利用菜单命令也可以实现上面这些操作,只需选定一行,选择"表格"→"插入"→"行(在上方)"命令即可在该行上方插入一个新行。其他操作与之类似。

接着上面的简历表格继续制作,编辑好的表格如图 3-60 所示,其中可以看到有些列或行被合并在了一起,如"联系方式"包含"地址"和"邮箱"两行,因此我们选中联系方式这一格及其下面对应的一格,右击,在快捷菜单中选择"合并单元格"命令,这样就可以将"联系方式"编辑到两行之中了,其他各行列都可按照实际需要进行合并或拆分。

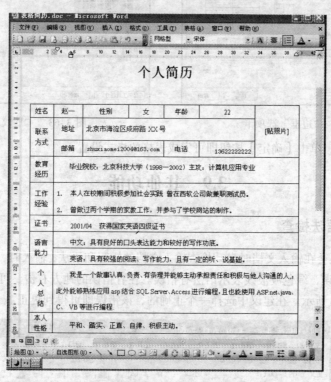

图 3-60　利用表格制作个人简历

3.8.3　表格的格式设置

选中表格后,通常会出现如图 3-61 所示的"表格和边框"工具栏,可以单击工具栏中的按钮来设置表格的线形、粗细、边框和底纹等属性。比较常用的是【自动套用格式样式】按钮 ,选中表格后,单击该按钮可以为表格套用 Word 中预设的格式,便于快速生成美观大方的表格。

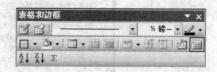

图 3-61　"表格和边框"工具栏

此外还可以利用菜单命令来设置表格的格式。选中整个表格,选择"格式"→"边框和底纹"命令,或者右击,在快捷菜单中选择"边框和底纹"命令,就会出现如图 3-62 所示的"边框和底纹"对话框。在对话框的"边框"选项卡中,可以对边框进行设置,同时可以设置线型、颜色、宽度等参数,可以在右边的预览窗口看到效果。

在"底纹"选项卡中，可以为表格设置填充颜色，同时可以在"图案"区域中设置填充样式，如图 3-63 所示。

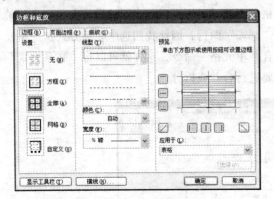 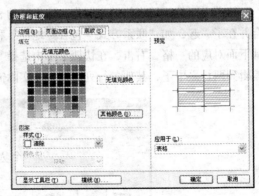

图 3-62 "边框"选项卡   图 3-63 "底纹"选项卡

设置完成之后，单击【确定】按钮即可完成表格的格式设置，

3.9 其他功能

3.9.1 拼写和语法检查

Word 一般默认会在输入文档时自动检查输入文档的拼写和语法，输入时，文字下面的红色波浪线表明单词有错误，绿色波浪线表示语法有错误。在有错误的地方右击，可以得到 Word 的修改建议，如图 3-64 所示。在建议中选择一个正确的，该错误即可得到更正。

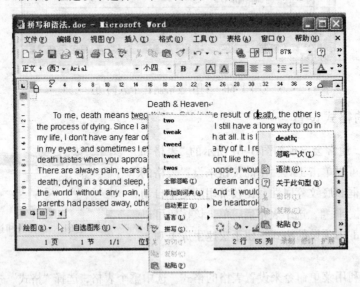

图 3-64 拼写建议和语法建议

用户也可以选择"工具"→"拼写和语法"命令，就会出现如图 3-65 所示的"拼写和语法"对话框。Word 会在"建议"文本框中给出修改意见，用户选定某个建议后单击【更改】按钮即可更改文档。若用户不想更改该处，可以单击【忽略一次】按钮。如果用户不希望 Word 继续检查

该类错误，可以单击【全部忽略】按钮。

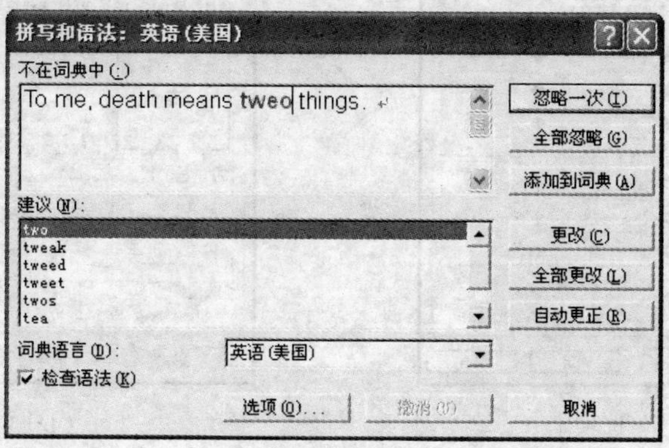

图 3-65　"拼写和语法"对话框

3.9.2　项目符号和段落编号

当文档中出现若干并列项目时，直接将其一段段列出可能不够清晰，这时便可以为其加上项目符号或段落编号。两者的区别在于，项目符号用各种符号来表示项与项之间的关系，而段落编号用数字序号来使段落之间的关系更为明晰。

选中需要设置项目符号或段落编号的文本，单击"格式"工具栏中的【项目符号】按钮或【编号】按钮即可为这些段落加上符号或编号，如图 3-66 所示。

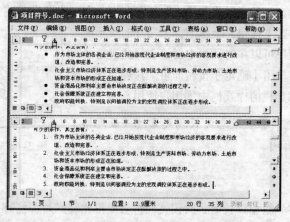

图 3-66　加入项目符号和编号

如果对项目符号或编号的样式不满意，可以将插入点定位在要改变符号或编号样式的段落中，选择"格式"→"项目符号和编号"命令，或者右击，在快捷菜单中选择"项目符号和编号"命令，会出现如图 3-67 所示的"项目符号和编号"对话框，可以在对话框中选择项目符号和编号的样式。还可以单击【自定义】按钮来选择更多的样式。

此外，Word 自身还具有自动编号功能，当在文档中某段开始输入 "1."，那么当该段输入完毕，按【Enter】键另起一段时，下一段的开始会自动出现 "2."，而且"常用"工具栏中的【编号】按钮自动被选中。依此类推，即可自动完成以后所有段落 "3.，4.，5.…"的编号。

如果不需要系统的自动编号，可以单击"常用"工具栏中的【撤销】按钮或者直接按快捷键【Ctrl＋Z】，即可取消自动编号。或者也可以单击"格式"工具栏中的【编号】按钮，撤销其被选中状态。

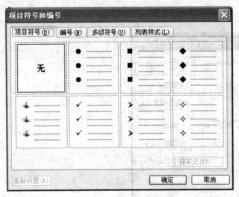

（a）"项目符号"选项卡

（b）"编号"选项卡

图 3-67 "项目符号和编号"对话框

3.9.3 利用样式编排文档

当文本较多时，一一设置格式会过于烦琐，这时可以应用"格式"工具栏的样式框（图 3-13）。样式框中有定义好的各种样式，如标题 1、标题 2、正文等。选定文本块后，选择样式框下拉列表中的样式即可改变该文本块的格式。

此外，用户还可以自己定义样式。单击"格式"工具栏中的【格式窗格】按钮，打开"样式和格式"任务窗格，在任务窗格中单击【新样式】按钮，会弹出如图 3-68 所示的"新建样式"对话框。用户可以在对话框中对该新样式进行各种设置，设置完毕后，单击【确定】按钮即可。这种新样式将会出现在"格式"工具栏的样式框中供用户使用。

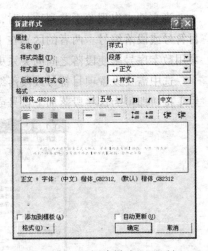

图 3-68 "新建样式"对话框

注意：在生成文档目录，或者对长篇文章统一设置格式的时候，样式非常有用。

3.9.4 生成目录

当文档的内容较多、篇幅较长时，阅读文档将会变得比较麻烦，此时可以为文档加上目录。

通常方法是：首先对文档应用样式（即将文档中的各级标题应用样式，如可以设置样式为标题 1～9），一般会设置为 3 级标题，其余是正文部分；其次，还必须为文档加上页码。最后将插入点定位到需要插入目录的位置，选择"插入"→"引用"→"索引和目录"命令，并对"目录"选项卡进行设置后即可生成目录。

此处以一篇论文的第一、二两章内容为例来制作目录，如图 3-69 所示为论文内容。

第 1 步，选中一级标题"第二章 需求分析"，为其设置样式为标题 1；接着选中二级标题"2.1 系统分析"为其设置样式为标题 2，再选中"2.2 系统功能分析"，也将其设置样式为标题 2，最后我们选中三级标题"2.2.1 系统总体规划图"，为其设置样式为标题 3。

第 2 步，选中全文，选择"插入"→"页码"命令。

第 3 步，选中全文，选择"插入"→"引用"→"索引和目录"命令，然后选择"目录"选项卡，并对页码的显示、前导符的形式进行简单的设置，级别设置为 3（因为这里一共设置了三级标题），如图 3-70 所示。

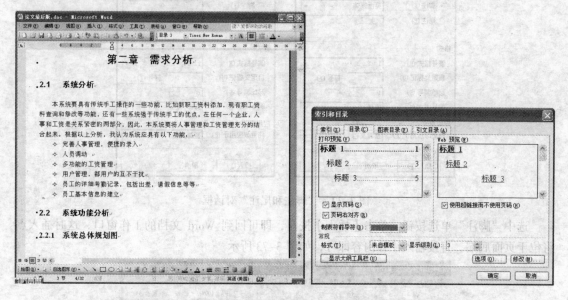

图 3-69　为论文设置标题样式　　　　　图 3-70　"索引和目录"对话框

最后单击【确定】按钮即可在文章中插入目录，如图 3-71 所示。

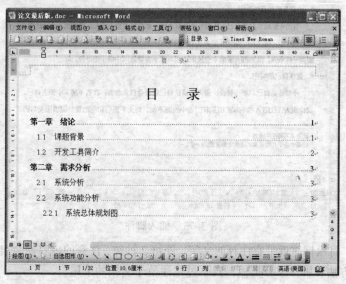

图 3-71　论文目录

3.9.5　插入脚注和尾注

一般的图书会在页脚或书末尾加一些注释，便于读者理解正文内容。通常的方法是将插入点移到需要插入脚注的位置，选择"插入"→"引用"→"脚注和尾注"命令，会出现如图 3-72 所示的"脚注和尾注"对话框。

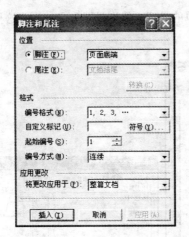 

图 3-72　"脚注和尾注"对话框

选中"脚注"单选按钮，单击【插入】按钮，即可回到 Word 文档的工作窗口，这时插入点将位于页面底端，直接输入注释内容即可，如图 3-73 所示。

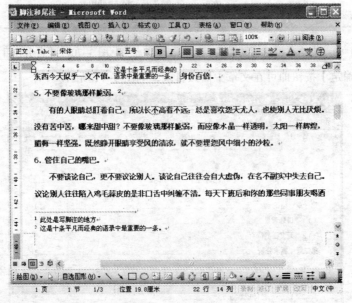

图 3-73　插入脚注

插入脚注后，将鼠标靠近带有注释的文字，停留 2 秒钟，注释的内容便会出现在文字右上方。插入尾注的方法和脚注十分类似，只不过尾注位于文档的末尾。

3.9.6　利用 Word 创建和发送电子邮件

文档完成之后，选择"文件"→"发送"→"邮件收件人"命令，会出现如图 3-74 所示的发送邮件窗口，填入收信人地址和标题后，单击【发送副本】按钮即可将文档以电子邮件正文的方式发送给邮件收件人。

注意：要用 Word 发信，需要事先设置好发信软件，如 Outlook Express 或 Foxmail 等。

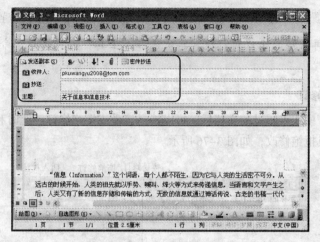

图 3-74 发送电子邮件

3.9.7 利用 Word 创建网页

文档完成之后，选择"文件"→"另存为网页"命令，会出现如图 3-75 所示的"另存为"对话框。

图 3-75 另存为 Web 页

在"另存为"对话框中选择好保存位置和文件名，单击【确定】按钮，即可将该文档存为网页。

注意：不同版本的 Word 会保存为不同形式的网页，例如 Word 2003 会保存成一个单一的网页文件。而 Word 2000 会保存成 htm 或者 html 文件，图片会单独保存。

3.9.8 利用 Word 修订文档

Word 具有自动标记修订过文本内容的功能。也就是说，可以将文档中插入的文本、删除的文本、修改过的文本以特殊的颜色显示或加上一些特殊标记，便于以后再对修订过的内容作审阅。

1. 使用修订标记

使用修订标记来记录对文档的修改，需要先设置文档使其进入修订状态，可以按照如下方法进行：

（1）打开要做修订的文档。

（2）选择"工具"→"修订"命令，之后对文档所做修改都会在相应位置做出突出的显示。

注意：如果不再希望显示修订标记，再次选择"工具"→"修订"命令，取消选中标记即可。

2．接受或拒绝修订

收到别人用修订模式审阅过的文档后，可以选择接受或拒绝修订。此时利用自动出现的审阅工具栏就可以接受或拒绝修改，如图 3-76 所示。

图 3-76 "审阅"工具栏

技巧：在图 3-76 中单击"插入批注"按钮，即可在文档中插入批注。教师一般可以利用该功能给学生作业添加评语。

3.10 文档的预览和打印

3.10.1 文档的预览

文档完成之后，在正式打印前可以预览一下文档将来打印出来的效果。

单击"常用"工具栏上的【打印预览】按钮，或者选择"文件"→"打印预览"命令，即可进入打印预览状态，如图 3-77 所示。单击【多页显示】按钮 会出现页数选择框，可以利用鼠标拖动来选择一次预览的页数。单击【放大镜】按钮 ，然后单击某页可以将其放大，再次单击该页可以恢复原来的缩小比例。单击【关闭】按钮即可退出预览状态。

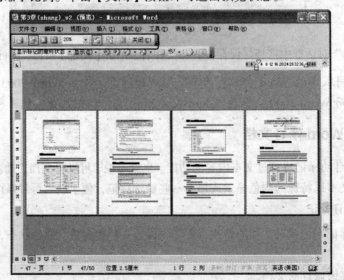

图 3-77 打印预览

3.10.2 文档的打印

当预览没有错误之后，就可以进行正式打印了。首先要进行的是打印设置，选择"文件"→"打印"命令，会出现如图 3-78 所示的"打印"对话框。

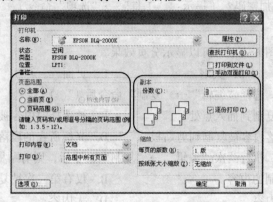

图 3-78 "打印"对话框

在对话框中选择需要使用的打印机，选择要打印的页码范围以及要打印的份数，单击【确定】按钮即可开始打印。

注意：如果直接单击"常用"工具栏上的【打印】按钮，将不会出现"打印"对话框，而是以默认设置直接打印。

在打印过程中，在任务栏的通知区域将会出现打印机的小图标，双击该图标，将会出现如图 3-79 所示的打印机对话框，表示该文档正在进行打印。如果想取消打印操作，可以选中要取消操作的文档后右击，在快捷菜单中选择"取消"命令即可。

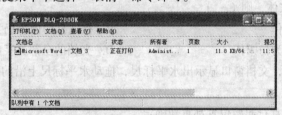

图 3-79 打印机对话框

习 题 3

一、思考题

1. 简述启动 Word 的几种方法。

2. 请简述 Word 中复制和移动文本块与资源管理器中复制和移动文件的相似性。

3. 简述"保存"命令和"另存为"命令的区别。

4. 如果打开了一个文档，编辑以后，以同样的名字保存在了另一个文件夹下，请问原来的文件有无变化？

5. Word 中提供了几种视图？分别有何特点？

6. 如何使文档中不同的部分有不同的排版格式，例如有的为横向，有的为纵向？

7. 如何在 Word 文档中插入声音？

8. 请思考插入剪贴画、图片、艺术字、自选图形、文本框的异同点。

9. 请思考如果希望显示或隐藏"绘图"工具栏时应该怎么操作？（提示：视图菜单）

10. 如何为 Word 文档添加密码？（提示："工具"→"选项"命令）

二、选择题

1. 在 Word 的（   ）视图方式下，可以显示分页效果？
   A. 普通　　　　　　　　　B. 大纲　　　　　　　　C. 页面　　　　　　　　D. Web 版式

2. 在 Word 的编辑状态，选择"编辑"→"复制"命令后（   ）。
   A. 被选择的内容被复制到插入点处　　　　　　B. 被选择的内容被复制到剪贴板
   C. 插入点所在的段落内容被复制到剪贴板　　　D. 光标所在的段落内容被复制到剪贴板

3. 在 Word 的编辑状态，执行两次"编辑"→"复制"命令后，则剪贴板中（   ）。
   A. 仅有第一次被复制的内容　　　　　　　　　B. 仅有第二次被复制的内容
   C. 有两次被复制的内容　　　　　　　　　　　D. 无内容

4. 在 Word 的编辑状态，打开了"w1.doc"文档，把当前文档以"w2.doc"为名进行了"另存为"操作，则（   ）。
   A. 当前文档是 w1.doc　　　　　　　　　　　B. 当前文档是 w2.doc
   C. 当前文档是 w1.doc 与 w2.doc　　　　　　D. w1.doc 与 w2.doc 全被关闭

5. 在 Word 的编辑状态，进行字体设置操作后，按新设置的字体显示的文字是（   ）。
   A. 插入点所在段落中的文字　　　　　　　　　B. 文档中被选择的文字
   C. 插入点所在行中的文字　　　　　　　　　　D. 文档的全部文字

6. 在 Word 的编辑状态，当前编辑文档中的字体全是宋体，选择了一段文字使之反显，先设定了楷体，又设定了仿宋体，则（   ）。
   A. 文档全文都是楷体　　　　　　　　　　　　B. 被选择的内容仍为宋体
   C. 被选择的内容变为仿宋体　　　　　　　　　D. 文档的全部文字的字体不变

7. 在 Word 的编辑状态，文档窗口显示出水平标尺，拖动水平标尺上沿的"首行缩进"滑块，则（   ）。
   A. 文档中各段落的首行起始位置都重新确定
   B. 文档中被选择的各段落首行起始位置都重新确定
   C. 文档中各行的起始位置都重新确定
   D. 插入点所在行的起始位置被重新确定

8. 在 Word 的编辑状态，选择了一个段落并设置段落的"首行缩进"为 1 厘米，则（   ）。
   A. 该段落的首行起始位置距页面的左边距 1 厘米
   B. 文档中各段落的首行只由"首行缩进"确定位置
   C. 该段落的首行起始位置距段落的"左缩进"位置的右边 1 厘米
   D. 该段落的首行起始位置在段落"左缩进"位置的左边 1 厘米

9. 在 Word 的编辑状态，选择了文档全文，若在"段落"对话框中设置行距为 20 磅的格式，应当选择"行距"下拉列表中的（   ）。
   A. 单倍行距　　　　　　B. 1.5 倍行距　　　　　C. 固定值　　　　　D. 多倍行距

10. 在 Word 的编辑状态中，如果要输入希腊字母 Ω，则需要使用的（　　）菜单。

    A. 编辑　　　　　　　　B. 插入　　　　　　　　C. 格式　　　　　　　　D. 工具

11. 在 Word 的文档中插入数学公式，在"插入"菜单中应选的命令是（　　）。

    A. 符号　　　　　　　　B. 图片　　　　　　　　C. 文件　　　　　　　　D. 对象

12. 在 Word 的文档中插入声音文件，应选择"插入"菜单中的（　　）命令。

    A. 对象　　　　　　　　B. 图片　　　　　　　　C. 图文框　　　　　　　D. 文本框

13. 在 Word 的编辑状态，设置了一个由多个行和列组成的空表格，将插入点定位到某个单元格内，选择"表格"→"选定行"命令，再选择"表格"→"选定列"命令，则表格中被"选择"的部分是（　　）。

    A. 插入点所在的行　　　　　　　　　　　　B. 插入点所在的列

    C. 一个单元格　　　　　　　　　　　　　　D. 整个表格

14. 在 Word 的编辑状态，选择了整个表格后，选择"表格"→"删除行"命令，则（　　）。

    A. 整个表格被删除　　　　　　　　　　　　B. 表格中一行被删除

    C. 表格中一列被删除　　　　　　　　　　　D. 表格中没有被删除的内容

15. 设定打印纸张大小时，应当使用的命令是（　　）。

    A. "文件"→"打印预览"命令　　　　　　　B. "文件"→"页面设置"命令

    C. "视图"→"工具栏"命令　　　　　　　　D. "视图"→"页面"命令

三、上机练习题

1. 请综合利用简历向导和表格制作一份自己的求职简历。并保存在我的文档中，命名为"简历.doc"。

2. 校园中，各式各样的社团海报随处可见，请利用所学到的知识，制作一份图文并茂的社团活动海报，并保存在我的文档中，命名为"社团宣传.doc"。要求综合利用剪贴画、艺术字、图片、自选图形、文本框等内容。

3. 请找一篇论文，对其分别进行样式的设置，并尝试生成目录。

4. （选做题）如有条件，将制作的简历和海报分别打印一份。

第 4 章 演示文稿软件PowerPoint 2003

现代社会是一个信息化的社会，人与人之间的交流也越来越多地借助信息化的手段。无论是在日常的工作、学习中，还是在大型的会议、研讨会中，除了演讲者自身的口才和肢体语言外，一份由投影仪显示出来的电子演示文稿会为演讲增色不少，使听众能够更容易地与演讲者产生共鸣。因此，掌握演示文稿软件的使用非常重要。目前比较流行的版本为 PowerPoint 2003，以下简称为 PowerPoint。

4.1 PowerPoint 2003 的基础知识

演示文稿软件 Microsoft PowerPoint 2003 是 Office 2003 系列软件的一个重要组成部分，主要用于制作电子演示文稿。

4.1.1 PowerPoint 2003 的窗口组成

PowerPoint 的启动、退出、新建文件和保存方法与 Word 类似。

在任务栏中单击【开始】按钮，在"开始"菜单中选择"所有程序"→"Microsoft Office PowerPoint 2003"命令后，即可启动 PowerPoint，如图 4-1 所示。

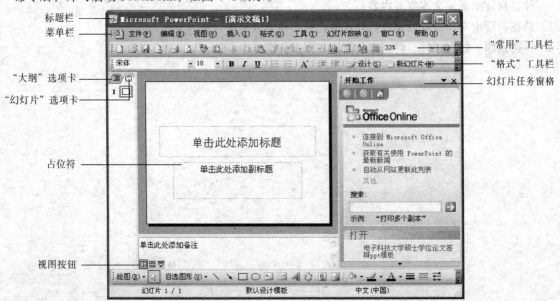

图 4-1　PowerPoint 工作窗口

Office 系列软件的工作窗口都基本类似，有着一些共同的屏幕元素，PowerPoint 也不例外。窗口从上至下，依次为标题栏，菜单栏，"常用"工具栏和"格式"工具栏。窗口右侧为任务窗格，内含一些常用命令，单击任务窗格标题行右侧的下拉箭头按钮，弹出下拉菜单，可在不同任务窗格间转换。窗口左下角有 3 个视图按钮，单击按钮可以改变窗口的视图。窗口最下方为"绘图"工具栏和状态栏。

4.1.2 PowerPoint 2003 的视图

同 Word 中的视图概念类似，PowerPoint 中也有 3 种基本的视图，分别为普通视图、幻灯片浏览视图和幻灯片放映视图。单击窗口左下角的视图按钮，或者选择"视图"菜单下的命令，即可在不同视图间切换。

普通视图的窗口如图 4-1 所示，这是进行演示文稿编辑的主要视图。窗口左侧为"大纲"选项卡和"幻灯片"选项卡。单击"大纲"选项卡，左侧窗格中将显示幻灯片的文本，有利于对文字进行编辑。单击"幻灯片"选项卡，左侧窗格将显示幻灯片的缩略图，有利于观察整个演示文稿的编排效果并方便对幻灯片的次序进行调整。窗口中间为幻灯片窗格，用来显示并编辑当前幻灯片。窗口下部为备注窗格，用来添加备注（备注里的内容不会被投影出来）。

幻灯片浏览视图的窗口如图 4-2 所示，这时窗口中将只显示幻灯片的缩略图。可以采用这种视图来浏览整个演示文稿的效果，对于次序、整体色彩等进行调整，进行动画设置等操作也很方便。

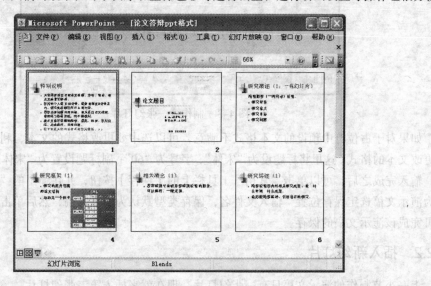

图 4-2 幻灯片浏览视图

幻灯片放映视图与实际放映该幻灯片的效果是一样的，该幻灯片将占据整个屏幕，并将显示各种动画、切换效果，可以利用这种视图来预览演示文稿的实际放映效果。

4.2 制作简单的演示文稿

下面就以制作一篇名为"学院成绩管理系统"的论文答辩演示文稿为例来讲解一下制作演示文稿的详细步骤。

4.2.1 制作第一张幻灯片

当 PowerPoint 启动时，便会自动生成一个有一张幻灯片的演示文稿，默认名称为"演示文稿1"，如图 4-1 所示。

大家可以注意到，在图 4-1 中有两个虚线框"单击此处添加标题"和"单击此处添加副标题"。这两个虚线框就是"占位符"，这些占位符可以用来输入标题、正文、图表、表格和图片等对象。占位符中的文本格式和字号一般都已规定好，只需根据占位符内的提示单击占位符即可输入文本，双击包含图片等对象的占位符即可插入图片等对象。

现在大家就可以单击占位符添加标题和副标题，如图 4-3 所示。

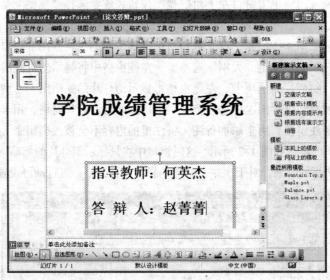

图 4-3　制作第一张幻灯片

如果对于占位符中预设的文本格式不满意，可以选中要更改格式的文本，利用"格式"工具栏更改文本的格式。这里将标题设为"宋体"，字号为"60"；副标题设置为"宋体"，字号为"36"。

输入完成之后，可以单击"常用"工具栏上的【保存】按钮，并在弹出的"另存为"对话框中为演示文稿选定保存位置，输入文件名，保存类型默认为演示文稿，然后单击【保存】按钮，即可完成该演示文稿的保存。

4.2.2 插入新幻灯片

上一小节制作的演示文稿只有一张幻灯片，现在就来插入第二张幻灯片。

选择"插入"→"新幻灯片"命令，或者在工具栏中单击【新幻灯片】按钮，都可以插入一张新幻灯片，如图 4-4 所示。

插入新幻灯片后，就可以输入标题和正文内容了。如果不满意默认的版式，可以在右边的"幻灯片版式"任务窗格中选择合适的版式。

技巧：依此类推，就可以插入第三张及更多的幻灯片了。如果想在两张幻灯片中间插入一张幻灯片，只要在左侧窗格中单击要插入幻灯片的位置，然后插入新幻灯片即可。

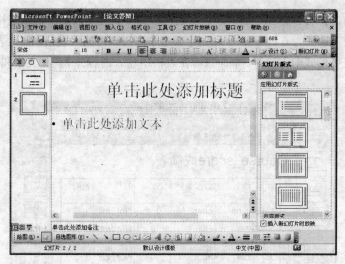

图 4-4 插入新幻灯片

4.2.3 插入文本

在第二张幻灯片中，我们要输入"答辩提纲"的内容，如图 4-5 所示。

如果对文本的格式不满意，可以对文本的格式进行调整，方法同 Word 中文本格式设置的方法相同。格式调整完毕后，如果文本超出占位符的范围，会在占位符的左下角出现【自动调整选项】按钮，可以在下拉列表中选择调整选项。这里选中"根据占位符自动调整文本"单选按钮，文本的大小会根据占位符自动调整。调整后文本标题的格式为"宋体"，字号"40"；正文格式为"宋体"，字号为"36"，接下来就可以按提纲逐张做出所需的幻灯片。

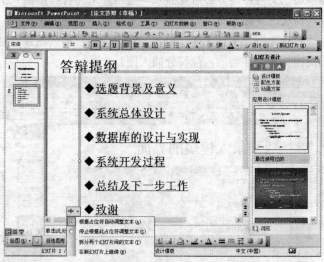

图 4-5 插入文本

4.2.4 插入表格

在幻灯片制作中，有时会用到表格来丰富内容，下面以上面的论文为例，来讲解插入表格的步骤。

单击文本区的占位符，选择"插入"→"表格"命令，在出现的"插入表格"对话框中输入表格的行数和列数（这里为 6 行 6 列），单击【确定】按钮即可插入表格。插入表格后占位符的格式会自动调整为表格形式的占位符。下面只需在表格中输入内容，并调整文字和表格的格式即可，如图 4-6 所示。

图 4-6　插入表格

4.2.5　插入图片

为了更加直观地描述论文内容，势必需要插入一些图片来完善答辩稿，下面我们就在幻灯片中添加一张"成绩录入模块的界面"图，如图 4-7 所示。具体方法如下：

选择"插入"→"图片"→"来自文件"命令，在出现的"插入图片"对话框中选择适当的图片，单击【插入】按钮，即可在当前占位符处插入图片。

图 4-7　插入图片

　　插入的图片会根据占位符的大小自动进行调整，用户也可以在图片上右击，在快捷菜单中选择"设置图片格式"命令，在"设置图片格式"对话框中对图片进行进一步的设置。具体设置方式和 Word 中对图片的设置方法类似。

　　技巧：也可以直接采用复制、粘贴的方式插入图片。

4.2.6　插入组织结构图

　　有时为了更清楚地描述各元素之间的层次关系，就需要在幻灯片中插入一张组织结构图，下面我们以在论文中制作"系统功能模块"为例，来讲解怎么建立组织结构图。

　　单击文本区的占位符，选择"插入"→"图示"命令，在出现的"图示库"对话框中选择第一个图示"组织结构图"，单击【确定】按钮即可在当前位置插入一个组织结构图，同时会出现如图 4-8 所示的"组织结构图"工具栏。

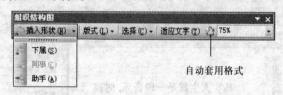

图 4-8　"组织结构图"工具栏

　　"组织结构图"其实是一系列定义好的文本框和线条的集合，图中的各个元素的设置方法可以借鉴 Word 中文本框和线条的设置方法。

　　选中组织结构图中某一个文本框，单击【插入形状】按钮，在弹出的下拉菜单中选择适当命令，即可插入新的对应级别的文本框。选中级别最高的一个文本框（这里称为"管理器"），单击【版式】按钮，在弹出的下拉菜单中选择适当命令，可以调整组织结构图的布局。单击【选择】按钮，在弹出的下拉菜单中选择相应对象，可以在图中选中该对象。此外，还可以利用【自动套用格式】按钮来为组织结构图设置格式。设置完成的组织结构图如图 4-9 所示，这里采用的为默认格式。

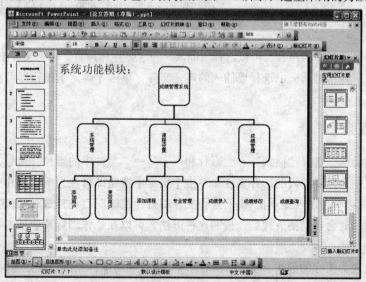

图 4-9　插入组织结构图

4.2.7 插入音频

此外，在幻灯片中，演讲者可能希望观众能欣赏到自己最喜欢的音乐，那么就可以在幻灯片中插入音频。选择"插入"→"影片和声音"→"剪辑管理器中的声音"命令，右边的任务窗格会自动变为"剪贴画"任务窗格，并自动在剪辑库中搜索声音文件，并将搜索结果显示在任务窗格中。

在搜索结果中单击要插入幻灯片的声音，即可将其插入当前幻灯片，插入的声音表现为一个喇叭形状的小图标。在插入声音时，会出现提示框询问是要在幻灯片放映时自动播放声音，还是单击时播放声音，我们选择单击播放，这样在放映幻灯片时单击声音图标即可播放音乐，单击幻灯片其余位置就可以停止音乐。插入了音乐的幻灯片如图 4-10 所示。

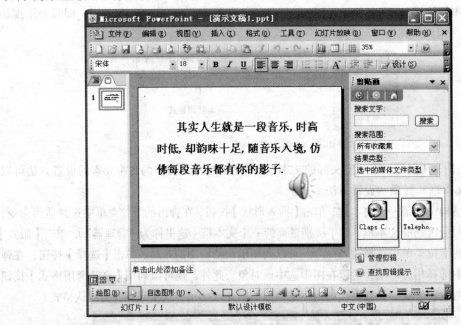

图 4-10　插入音频

如果要插入来自文件的声音，可以选择"插入"→"影片和声音"→"文件中的声音"命令，在出现的"插入声音"对话框中选择要插入的声音文件，单击【确定】按钮即可在当前幻灯片中插入声音。

4.2.8 插入视频

同插入音频类似，选择"插入"→"影片和声音"→"文件中的影片"命令，在出现的"插入影片"对话框中选择要插入的影片文件，单击【确定】按钮即可在当前幻灯片中插入影片。同声音类似，插入视频时会出现提示框，询问是否要在幻灯片放映时自动播放视频，这里可以选"是"，这样在放映幻灯片时会自动播放视频。按照这种方法，可以在一张幻灯片中插入一小段视频，如图 4-11 所示。

视频文件表现为图标的形式。选中视频的图标，可以利用图标周围的控点来调整图标的大小，从而调整视频放映时的大小。

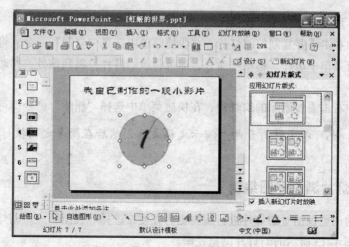

图 4-11　插入视频

4.2.9　简单播放演示文稿

演示文稿创建完毕后，选择"幻灯片放映"→"观看放映"命令，即可播放该演示文稿。播放将从第一张幻灯片开始，播放时演示文稿会占满整个屏幕，单击会显示下一张幻灯片。

播放时在屏幕上右击，会弹出如图 4-12 所示的快捷菜单，可以选择"定位"、"上一张"、"下一张"等命令切换幻灯片。按【Esc】键可以退出放映。

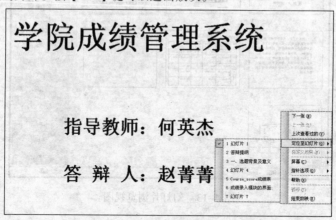

图 4-12　幻灯片放映

4.3　幻灯片的编辑

在上一节中主要讲述如何制作幻灯片，本节将讲解对整张幻灯片的复制、移动、删除等操作。

4.3.1　利用普通视图编辑

在普通视图下，可以在工作窗口的左侧窗格中进行幻灯片的编辑操作。

在编辑幻灯片时，左侧窗格中选定的幻灯片的内容将会出现在中间的幻灯片窗格内。

在左侧窗格中单击需要插入新幻灯片的位置，插入点即会移到该处，在该处右击，在快捷菜单中选择"新幻灯片"命令，即可在插入点处插入一张新幻灯片。

在左侧窗格中右击需要复制的幻灯片，在快捷菜单中选择"复制"命令，将光标移动到目标位置右击，在快捷菜单中选择"粘贴"命令，即可将该幻灯片复制到该处。移动幻灯片的操作和复制操作类似。

在左侧窗格中右击需要删除的幻灯片，在快捷菜单中选择"删除"命令即可将其删除。

技巧：其实，也可以同时打开两个演示文稿文件，然后在两者之间执行复制或移动幻灯片的操作。

4.3.2 利用幻灯片浏览视图编辑

利用幻灯片的浏览视图对幻灯片进行编辑更为方便，选择"视图"→"幻灯片浏览"命令，就可以切换到如图 4-13 所示的幻灯片浏览视图。

在该视图下的操作和 Word 中对文本块的操作很相似，利用鼠标拖动就可以执行复制或移动幻灯片的操作，也可以在不同的演示文稿文件之间复制或移动幻灯片。

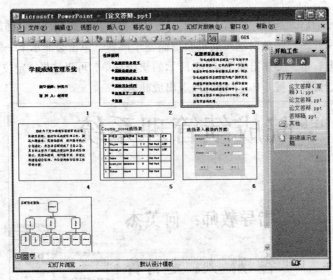

图 4-13 幻灯片浏览视图

4.4 美化演示文稿

4.4.1 更换幻灯片的版式

前面已经提到过，"版式"指的是幻灯片内容在幻灯片上的排列方式，类似于报纸版面设计。版式由占位符组成，而占位符可放置文字（例如，标题和项目符号列表）和幻灯片内容（例如，表格、图表、图片、形状和剪贴画）等。

迄今为止，用户所制作的幻灯片都采用基本相同的版式，对版式进行更换，可以更恰当地表达幻灯片的内容。在需要更换版式的幻灯片上右击，在快捷菜单中选择"幻灯片版式"命令，任务窗格会自动变为"幻灯片版式"任务窗格，如图 4-14 所示。

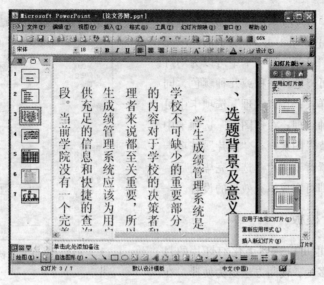

图 4-14　显示"幻灯片版式"任务窗格

　　在任务窗格中单击某一种版式，该版式便会应用到当前幻灯片上。单击某一种版式右侧的下拉箭头按钮，可以在下拉菜单中选择"应用于选定幻灯片"、"重新应用样式"等命令。"重新应用样式"命令可以将该版式的原占位符格式重新应用于该幻灯片。

4.4.2　使用背景

　　为幻灯片添加恰当的背景，可以使幻灯片变得更加美观。在要添加背景的幻灯片上右击，在快捷菜单中选择"背景"命令，会出现如图 4-15 所示的"背景"对话框。

　　在"背景填充"下面的下拉列表中选择"其他颜色"命令，会出现如图 4-16 所示的"颜色"对话框，在"颜色"对话框中选择合适的背景颜色，单击【确定】按钮回到图 4-15，在"背景"对话框中单击【应用】按钮即可为当前幻灯片添加该背景颜色。单击【全部应用】按钮可以为该演示文稿的所有幻灯片添加该背景颜色。

图 4-15　"背景"对话框

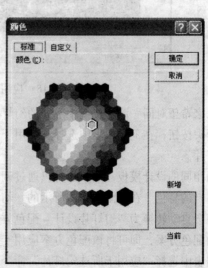

图 4-16　"颜色"对话框

此外，在图 4-15 中的下拉列表中选择"填充效果"命令，还会出现如图 4-17 所示的"填充效果"对话框。在"过渡"选项卡中可以为幻灯片添加过渡效果。可以选择一种或几种颜色，同时可以选择底纹的样式；在"纹理"选项卡中可以为幻灯片选择各种纹理；在"图案"选项卡中可以为幻灯片设置背景图案；在"图片"选项卡中可以为幻灯片设置背景图片。选择完毕之后，单击【确定】按钮即可完成填充效果的设置。

图 4-17　"填充效果"对话框的"过渡"选项卡

4.4.3　应用设计模板

利用设计模板也可以达到美化幻灯片的目的，而且格式更为多变，使用方法更为便捷。在幻灯片上右击，在快捷菜单中选择"幻灯片设计"命令，右侧的任务窗格会变为"幻灯片设计"任务窗格。在任务窗格中单击需要的设计模板，即可将该设计模板应用于当前演示文稿，如图 4-18 所示。

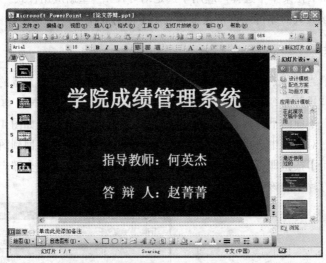

图 4-18　应用设计模板

有时候大家希望对同一演示文稿中不同的幻灯片应用不同的设计模板，只需单击该设计模板右边的下拉箭头按钮，在下拉列表中选择"应用于选定幻灯片"命令，就可以将设计模板只应用于选定的幻灯片。

即使使用相同的设计模板，用户还可以通过调整幻灯片的配色方案来对幻灯片进行微调，使幻灯片具有各自的特色。在如图 4-18 所示的"幻灯片设计"任务窗格中单击"配色方案"超链接，任务窗格会自动转换为"幻灯片设计－配色方案"任务窗格，如图 4-19 所示。在任务窗格中单击需要的配色方案，即可将该配色方案应用于所有幻灯片。单击配色方案右边的下拉箭头按钮，在下拉列表中选择"应用于所选幻灯片"命令，可以只将配色方案应用于选定的幻灯片。

图 4-19　设置配色方案

如果对 PowerPoint 预设的配色方案不满意，可以单击图 4-19 右下方的"编辑配色方案"超链接，会出现如图 4-20 所示的"编辑配色方案"对话框。

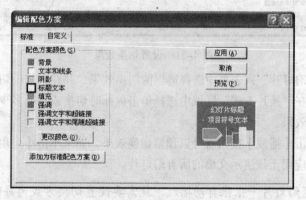

图 4-20　"编辑配色方案"对话框

在图 4-20 中，"标准"选项卡中为预设的几种配色方案，在"自定义"选项卡中可以对配色方案进行更改。先选中"配色方案颜色"区域下每个选项前的颜色框，然后单击【更改颜色】按钮，在出现的"颜色"对话框中即可对该选项的颜色进行更改。

更改完毕后，单击【添加为标准配色方案】按钮并单击【应用】按钮，即可将方案加入预设配色方案中，并在"幻灯片设计—配色方案"任务窗格中加以调用。

4.5　建立动感的演示文稿

4.5.1　设置切换方式

在放映幻灯片时，幻灯片之间的切换方式默认为无切换方式，即单击时立即出现下一张幻灯片，中间没有任何过渡。通过切换方式的设置，可以使幻灯片与幻灯片之间以螺旋、百叶窗、旋转等方式平滑过渡，使视觉效果更加美观。

在当前幻灯片上右击，在快捷菜单中选择"幻灯片切换"命令，右侧会变为"幻灯片切换"任务窗格，如图 4-21 所示。

图 4-21　设置切换效果

在"应用于所选幻灯片"列表框中选择适当的切换效果，并在"修改切换效果"区域中设置切换的速度和声音，在"换片方式"区域中选择单击鼠标时切换或每隔多少秒自动切换，便可以为该幻灯片加上切换效果。

设置完毕后，单击【播放】按钮就可以预览切换效果。如果单击【应用于所有幻灯片】按钮就可以将该切换方式应用于该演示文稿的所有幻灯片。

技巧：如果希望幻灯片一张张自动播放，就需要设置切换方式为每隔若干秒，并应用于所有幻灯片。

4.5.2　使用预设动画方案

在幻灯片上右击，在快捷菜单中选择"幻灯片设计"命令，就会在窗口右侧打开如图 4-18 所示的"幻灯片设计"任务窗格。在该窗格中单击"动画方案"超链接，任务窗格会自动转换为如图 4-22 所示的"幻灯片设计—动画方案"任务窗格。该窗格中包含一系列预设好的动画方案，每个方案都包含与之相配的切换方式、标题、文本出现方式等动画。

在"应用于所选幻灯片"列表框中选择适当的动画方案，便可以为该幻灯片加上该动画方案。

设置完毕后，单击【播放】按钮可以预览动画效果。如果单击【应用于所有幻灯片】按钮可以将该预设动画应用于该演示文稿的所有幻灯片。

图 4-22　设置动画方案

4.5.3　使用自定义动画

虽然使用预设动画方案可以为幻灯片快速加上各种动画效果，但如果希望使用更加个性化的动画效果，就必须自定义动画。

在幻灯片上选中一个占位符，右击，在快捷菜单中选择"自定义动画"命令，在窗口右侧就会出现"自定义动画"任务窗格，如图 4-23 所示。

图 4-23　自定义动画

在幻灯片上选择需要设置动画的对象，在任务窗格中单击【添加效果】按钮，如图 4-24 所示，在弹出的下拉菜单中选择一种动画效果。然后在"开始"下拉列表中设置动画的开始时间，这里设置为"单击时"。"速度"可以设置得稍慢一点。设置完该对象后，可重复以上操作对其他对象进行动画设置，设置完后，PowerPoint 会为当前幻灯片上所有设置动画的对象自动加上编号。

单击"重新排序"中的上下箭头可以对各个动画出现的先后次序进行调整。单击【播放】按钮即可观察动画效果。

图 4-24　【更改】按钮下拉菜单

在自定义动画中还有一种和 Flash 中的运动路径类似的动画效果，称为动作路径。选定对象后，在任务窗格中单击【添加效果】按钮，然后选择"动作路径"→"绘制自定义路径"→"自由曲线"命令，这时鼠标指针会变成一支笔的形状，用鼠标在幻灯片中拖动，即可为该对象绘出一条曲线路径，该对象将沿这条路径进行运动，如图 4-25 所示。

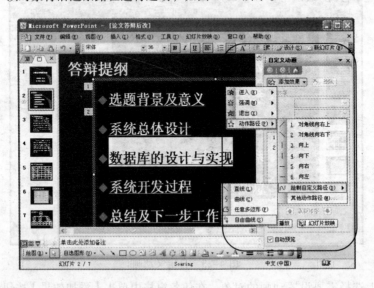

图 4-25　动作路径动画

4.5.4　交互功能

一份演示文稿如果能具有像网页一样的超链接等交互功能，对于内容的表达和演示的方便都十分有用。

　　如果需要给某些文本加上超链接，只需选中该文本，右击，在快捷菜单中选择"超链接"命令，会出现如图 4-26 所示的"插入超链接"对话框。在其中选中需要链接到的文件，或输入需要链接到的网址或 E-mail，也可以单击左侧的"本文档中的位置"选项链接到本文档任意一张幻灯片。选择完毕后单击【确定】按钮即可为该文本添加超链接，超链接文本以下画线形式体现。

　　这样在放映幻灯片时，单击超链接文本便会自动调用相关程序打开相应的文件，或是用浏览器打开相应网页或给某个电子邮件地址发信，或是链接到指定的幻灯片。

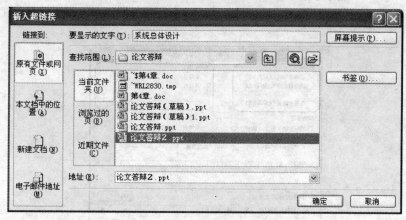

图 4-26　"插入超链接"对话框

　　此外，在演示文稿中还可以添加各种动作按钮，起到和超链接类似的交互功能。选择"幻灯片放映"→"动作按钮"→"结束"命令，这时鼠标指针会变成十字，在幻灯片中适当位置用鼠标拖出矩形，即可在该幻灯片中插入动作按钮，同时会出现如图 4-27 所示的"动作设置"对话框。

　　在"动作设置"对话框中可以对单击鼠标和鼠标移过动作按钮时的动作进行设置。除了选择无动作、超链接到某个文件之外，还可以利用按钮启动某个程序。设置完动作按钮的幻灯片如图 4-28 所示。

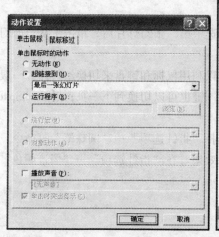

图 4-27　"动作设置"对话框

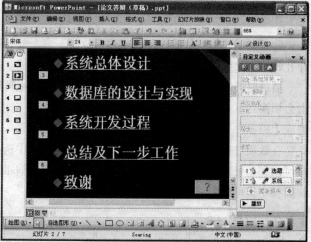

图 4-28　设置动作按钮的幻灯片

4.6 放映演示文稿

4.6.1 放映设置

在 4.2.9 中讲过简单放映演示文稿的方法，其实也可以进行更复杂的放映设置，如只播放其中若干张幻灯片等。

选择"幻灯片放映"→"设置放映方式"命令，会打开如图 4-29 所示的"设置放映方式"对话框。

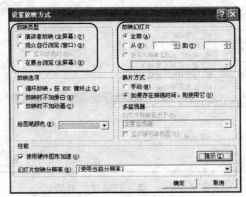

图 4-29 "设置放映方式"对话框

演示文稿有 3 种放映类型，PowerPoint 默认为"演讲者放映"方式，便于控制，效果也比较好。"观众自行浏览"方式会以窗口形式放映，效果稍逊一些，观众可以自行控制幻灯片的进度，但不能进行编辑。"在展台浏览"方式下，演示文稿将自动循环播放，幻灯片之间的切换时间由"幻灯片放映"菜单中的"录制旁白"命令或"排练计时"命令来确定。

此外，在对话框中还可以对幻灯片放映的范围、放映选项、换片方式、绘图笔颜色等加以设置。单击【确定】按钮即可完成放映设置。

4.6.2 放映控制

除了利用"幻灯片放映"→"观看放映"命令外，选中第一张幻灯片后，单击【从当前幻灯片开始幻灯片放映】视图按钮也可以播放该演示文稿。

播放时可以利用快捷菜单控制幻灯片的切换，也可以利用鼠标和键盘来切换幻灯片。一般单击会切换到下一页；按【Enter】键、【PageDown】键或【空格】键也可以切换到下一页；按【BackSpace】键或【PageUp】键可以回到上一页。

在放映过程中，在幻灯片上右击，在快捷菜单中选择"指针选项"→"圆珠笔"等命令，用户可以利用鼠标在幻灯片上做出标记，以增强现场演示效果。在"指针选项"→"墨迹颜色"下拉面板中，可以为画笔选择合适的颜色。

4.6.3 排练计时

如果用户希望在演讲时，演示文稿可以根据预先设定好的时间自动播放，则可以采用"排练计时"功能来自动设定排练时间，从而使幻灯片实现自动播放。

选择"幻灯片放映"→"排练计时"命令，幻灯片会自动从第一张幻灯片开始放映，用户可以根据演讲的时间需要在恰当时间单击幻灯片切换到下一张幻灯片，直至播放完毕，这时屏幕会出现如图 4-30 所示的提示框。

图 4-30　排练计时提示框

在图 4-30 的提示框中选择【是】按钮，则 PowerPoint 将自动保存排列时间并回到幻灯片浏览视图，如图 4-31 所示。排练时间显示在每张幻灯片缩略图的下方并保存在右侧"幻灯片切换"任务窗格的"换片方式"中（图中"单击鼠标时"复选框也被选中，表示下一张幻灯片将在单击或时间达到输入的秒数时切换）。

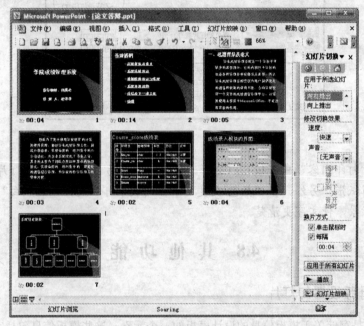

图 4-31　排练时间设置完毕

技巧：除了排练计时外，还可以使用录制旁白功能，它不仅可以实现自动播放，还可以添加解说的声音。选择"幻灯片放映"→"录制旁白"命令即可。

4.7　演示文稿的打印

打印之前，首先要进行页面设置，选择"文件"→"页面设置"命令，会出现如图 4-32 所示的"页面设置"对话框。可以在对话框中设置打印纸张的大小，幻灯片编号的起始值以及幻灯片、讲义等的纸张方向。

页面设置完毕后，选择"文件"→"打印"命令，会出现如图 4-33 所示的"打印"对话框。在

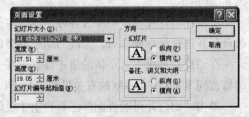

图 4-32　"页面设置"对话框

对话框中确认打印内容、颜色/灰度、打印份数、每页讲义幻灯片数等属性后，单击【确定】按钮即可打印该演示文稿。

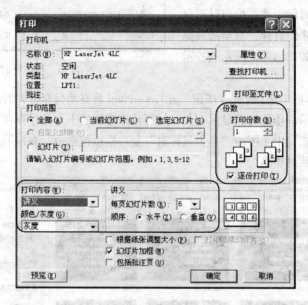

图 4-33　"打印"对话框

注意：在"打印内容"中一般可以选择"讲义"，该方式是将多张幻灯片排在一页上打印，有利于节省纸张。另外，在"颜色/灰度"下拉列表中可以选择"纯黑白"，这样就不会打印出幻灯片背景，使文字更清楚。

4.8　其 他 功 能

4.8.1　利用母版设置幻灯片

幻灯片母版是存储关于模板信息的设计模板的一个元素，这些模板信息包括字形、占位符大小和位置、背景设计和配色方案等。幻灯片母版的目的是使用户进行全局更改（如替换字形），并使该更改应用到演示文稿中的所有幻灯片。

通常可以使用幻灯片母版进行下列操作：更改字体或项目符号；插入要显示在多个幻灯片上的艺术图片（如徽标）；更改占位符的位置、大小和格式。

选择"视图"→"母版"→"幻灯片母版"命令，将会出现"幻灯片母版视图"工具栏，如图 4-34 所示。

可以在幻灯片母版中修改各种字体、占位符、插入要在多张幻灯片上显示的图片标志等，修改母版并进行保存操作后，修改的结果将会体现在该演示文稿的所有幻灯片上。

在幻灯片母版中对字体的格式设置同在一般幻灯片中的操作类似。占位符格式、位置和大小的修改同 Word 中文本框的有关操作十分类似，可以参照进行。

单击"幻灯片母版视图"工具栏上【关闭母版视图】按钮，可以退出母版视图并返回正常的幻灯片编辑视图。

图 4-34　显示"幻灯片母版视图"工具栏

4.8.2　演示文稿打包

当一个演示文稿创建完成之后，如果需要将其在其他计算机上演示，那么将其打包是一个不错的办法。打包可以在演示文稿中包含文稿所有的链接文件，如果文稿使用了 TrueType 字体，也可将其嵌入到包中，这样可以确保在不同的计算机上运行演示文稿时该字体都是可用的。此外，在打包时可以选择在包中包含 Microsoft PowerPoint 2003 播放器，使得演示文稿在没有安装 PowerPoint 的计算机上也能播放。

1. 打包

选择"文件"→"打包成 CD"命令，会出现如图 4-35 所示的"打包成 CD"对话框。

单击【添加文件】按钮，选择要打包的演示文稿。默认是当前的演示文稿。

单击【选项】按钮，会出现如图 4-36 所示的"选项"对话框，在其中处理链接文件和 TrueType 字体以及保护设置。选中"链接的文件"复选框，则在生成的包中将包含所有链接文件的副本，包中演示文稿的链接会自动改为链接到包中的副本文件；选中"嵌入的 TrueType 字体"复选框，可以将使用的特殊字体打包到文本中，以防止到别人的计算机上不能正常显示有关字体；最后还可以在下面的密码输入框中分别设定打开和修改文件的密码。

图 4-35　"打包成 CD"对话框

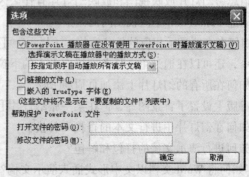

图 4-36　"选项"对话框

单击【复制到文件夹】按钮，会出现如图 4-37 所示的对话框，在其中可以选择打包文件的保存位置。

全部设置完后，在图 4-35 中单击【关闭】按钮，即可将演示文稿打包到目标位置，生成如名字为"论文答辩"的文件夹。

2. 解包

将含有打包文件的文件夹复制到需要运行演示文稿的计算机上，运行其中的 pptview.exe 可执行文件，会出现如图 4-38 所示的对话框。

在对话框中选择需要解包的目标文件——"论文答辩.ppt"，单击【打开】按钮，即可自动进行解包并播放演示文稿。

图 4-37　"复制到文件夹"对话框　　　　图 4-38　"打开演示文稿"对话框

技巧：打包稍微复杂些，其实也可以在保存文件时选择 PowerPoint 放映类型，扩展名为.pps，双击该类型的文件将直接播放，只不过无法包括链接的文件。

习 题 4

一、思考题

1. 名词解释：版式、占位符、设计模板、母版、排练计时、录制旁白
2. 请思考 Word 和 PowerPoint 彼此的相似性与区别。
3. 请思考幻灯片放映视图和放映幻灯片有什么区别。
4. 简述 PowerPoint 不同视图间的区别。
5. 如何在右侧显示相应的任务窗格？（提示：可以在幻灯片上右击，也可以利用菜单栏的菜单命令，还可以在通过单击任务窗格右上方的下拉箭头按钮在不同的任务窗格间切换。）
6. 如何在所有的幻灯片上添加页眉/页脚？
7. 母版上设置了背景图片，但在某一张幻灯片上不想使用该背景图片，应该怎么办？
8. 如何在幻灯片中进行文本的查找和替换？
9. 如何进行演示文稿的打包和解包？
10. 如何将 Word 文档以文本形式插入演示文稿？（提示：选择"插入"→"幻灯片（从大纲）"命令）
11. 请思考如何在幻灯片中插入 Flash？（提示：首先选择"视图"→"工具栏"→"控件工具箱"命令，在控件工具箱中选择"其他控件"中的 Shockwave Flash Object，然后在 ppt 中拖出

一个矩形，在其上右击，在弹出的快捷菜单中选择"属性"命令，在属性对话框中设置
Flash 的路径即可。）

12. 在幻灯片放映过程中，可以在幻灯片上写字或画画，这些内容可以保存在演示文稿中吗？

13. 如何将 PowerPoint 保存成网页？（提示：选择"文件"→"另存为网页"命令）

二、选择题

1. 下面（　　　　）视图最适合移动、复制幻灯片。

　　A. 普通　　　　　　　　B. 幻灯片浏览　　　　C. 备注页　　　　　　D. 大纲

2. 如果希望将幻灯片由横排变为竖排，需要更换（　　　　）。

　　A. 版式　　　　　　　　B. 设计模板　　　　　C. 背景　　　　　　　D. 幻灯片切换

3. 下面的叙述中，（　　　　）是错误的。

　　A. 幻灯片放映时必须从头到尾顺序播放。　　B. 每一张幻灯片都可以使用不同的背景。

　　C. 每一张幻灯片都可以使用不同的设计模板。　D. 每一张幻灯片都可以使用不同的版式。

4. 能够使对象沿曲线运动的动画效果是（　　　　）。

　　A. 动作路径　　　　　　B. 飞入　　　　　　　C. 随机线条　　　　　D. 回旋

5. 动作按钮可以链接到（　　　　）。

　　A. 其他幻灯片　　　　　B. 其他文件　　　　　C. 网址　　　　　　　D. 以上都可以

三、填充题

1. PowerPoint 生成的演示文稿文件扩展名为_____。

2. 幻灯片上一张与下一张之间的过渡方式称为_____。

3. 如果要在所有幻灯片上都插入一个图片，最简便的方法是在_____中插入该图片。

4. 如果要使标题沿一条不规则曲线运动，可以利用_____动画效果。

5. 要使应用了同一个设计模板的不同演示文稿的标题文本颜色不同，可以更改演示文稿的_____。

6. 如果要把创建好的演示文稿转移到另外一台计算机上运行，通常的方法是将该演示文稿_____，这样可以将该演示文稿的各种链接文件包含在内。

7. 在放映幻灯片时，一般情况下_____可以切换到下一页。

8. 打印幻灯片时，一般采用_____方式可以将多张幻灯片打印在一张纸上。

9. 保存幻灯片时，也可以保存为扩展名为_____的文件，双击该类型的文件可以直接播放。

10. 要在 PowerPoint 的占位符外输入文本，首先应插入一个_____，然后在其中输入。

四、上机练习题

1. 首先制作一份介绍自己的简单的演示文稿，要求大约 5 张幻灯片左右；要求有文本、图片、表格、声音等内容；要求使用背景或设计模板；并要求添加一些动画。

2. 放映自己的演示文稿，并练习放映控制和使用绘图笔等。

3. 利用排练计时使幻灯片可以自动播放。

4. 利用录制旁白为幻灯片添加解说声音。

5. 将幻灯片打包以便到别的计算机上播放。

6. （选作题）网上经常流传制作精美、内容丰富的 PowerPoint 作品，请发挥自己的特长，设计一份构思独特的 PowerPoint 作品。

第 **5** 章　电子表格软件 Excel 2003

在日常的学习、生活中，经常会接触到各种各样的数据和表格，如班级的通讯录、课程的成绩单、上课的时间表等。有时还需要对这些数据进行计算、排序等操作，以便从中分析得出所需要的结论。电子表格软件 Microsoft Excel 是 Office 系列办公软件之一，简称 Excel，它的主要功能就是处理各种电子表格，并对表格中的数据进行计算、排序、筛选等各种操作，同时还可以生成各种图表以便更好地表现数据。

5.1　Excel 2003 的基础知识

5.1.1　Excel 2003 简介

Excel 的启动、退出同 Word 类似，新建文件、保存文件、打开文件等基本操作和 Word 也非常相似。

5.1.2　Excel 2003 的窗口组成

单击【开始】按钮，在"开始"菜单中选择"所有程序"→"Microsoft Office Excel 2003"命令就可以启动 Excel。启动 Excel 后，将会出现如图 5-1 所示的 Excel 工作窗口。可以看到，该窗口与 Word 工作窗口十分类似，窗口上部依次为标题栏、菜单栏、"常用"工具栏和"格式"工具栏，右侧为任务窗格，窗口底部为状态栏，这些窗口组成元素的使用方法同 Word 中的用法基本一样，可以参见 3.1.3 节中的相关介绍。下面仅对 Excel 中的特有元素进行讲解。

（1）编辑栏。编辑栏左侧为名称框，通常显示活动单元格的地址或选中的单元格区域名称。编辑栏右侧一般用来显示活动单元格的内容。要在单元格内输入内容，可以在单元格内直接输入，也可以在编辑栏中输入。编辑栏通常还可用来编辑各种函数和公式。

（2）工作表区。一个 Excel 文档就是一个工作簿（Book），它由若干张表（Sheet）所构成，如图 5-1 所示中的 Sheet1、Sheet2 等，单击【工作表标签】按钮即可显示对应的工作表。当文档中的表过多时，有的标签可能看不到，可以单击【工作表标签滚动】按钮来显示标签。

每张工作表中最多允许有 65 536 行和 256 列，因此一张工作表可以做得很大，利用滚动条可以显示表格的其余部分。

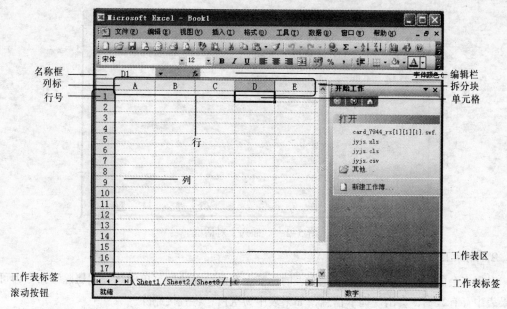

图 5-1　Excel 工作窗口

5.2　基本概念和基本操作

5.2.1　几个重要的术语

工作簿（Book）。每个 Excel 文档都是一个工作簿，每个工作簿由若干张工作表（Sheet）所构成。

工作表（Sheet）。每张工作表就像一张大表格，是由一个个单元格所组成的。

单元格。工作表中的每一个小方格都称为一个单元格。用户可以在单元格中输入各种数据，它是 Excel 处理信息的基本单位。

活动单元格。粗线方框围着的单元格是活动单元格，用户只可以在活动单元格中输入数据。单击任一单元格可以使其成为活动单元格。

行和列。如图 5-1 所示，工作表中横向的一排表格称为一行，每行都有对应的行号，用阿拉伯数字表示，范围从 1～65 536。工作表中纵向的一排表格称为一列，每列有其对应的列标，用英文字母及其组合表示，从 A、AA 直至 IV，共计 256 列。行号和列标共同决定了一个单元格的位置，如图 5-1 中名称框内的"D1"表明该单元格位于 D 列 1 行。

5.2.2　工作表的基本操作

Excel 启动时，会自动生成一个空白工作簿 Book1，里面默认有 3 张工作表。然而，当需要处理的数据增加或减少时，3 张工作表可能会不够或多余，这时就需要对工作表进行增加或删除的操作。

1. 插入工作表

在工作表标签上右击，在出现的快捷菜单中选择"插入"命令，就会出现如图 5-2 所示的"插入"对话框。在对话框中选择"工作表"选项，然后单击【确定】按钮即可插入一张新工作表。

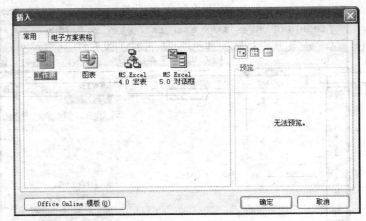

图 5-2 "插入"对话框

2. 删除工作表

对于多余的工作表，只需在该工作表的标签上右击，在快捷菜单中选择"删除"命令即可。如果表中存有数据，会出现提示信息，如果表中为空白，将直接删除。

3. 重命名工作表

在工作表标签上右击，在快捷菜单中选择"重命名"命令，该工作表的标签文字将会反显，直接输入工作表的新名称并按【Enter】键即可更改工作表的名称。

4. 工作表的复制和移动

如果要在同一个工作簿内复制或移动工作标，可以利用鼠标拖动的方法，按住【Ctrl】键拖动就是复制，直接拖动就是移动。

如果要在不同的工作簿之间复制或移动工作表，请首先打开两个工作簿文件，然后在工作表标签上右击，在快捷菜单中选择"移动或复制工作表"命令，就会出现如图5-3 所示的"移动或复制工作表"对话框。在对话框中可以选择要移至哪一个工作簿，以及要移动到的位置，如果是复制的话，可以选中"建立副本"复选框。单击【确定】按钮，即可移动或复制该工作表到指定位置。

图 5-3 "移动或复制工作表"对话框

5.2.3 单元格的基本操作

1. 选定单元格

单击某一个单元格，即可选定该单元格，并且该单元格变为活动单元格。

如果需要选择一个区域，可以单击该矩形左上角的起始单元格（如 A1），按住鼠标左键拖动，直至鼠标指针到达矩形右下角的终止单元格（如 C7），即可选中鼠标所扫过的矩形部分，这种矩形数据区一般称为单元格区域（可以表示为 A1:C7）。在拖动鼠标的过程中，名称框中会出现矩形区域的行列信息（7R×3C，R 为行 Row 的缩写，C 为列 Column 的缩写），如图 5-4 所示。

单元格区域中默认的活动单元格一般为左上角的单元格（白色显示），可以按【Enter】键或【Tab】键使活动单元格在单元格区域内移动。在被选中的单元格区域内部或外部单击即可取消选定。

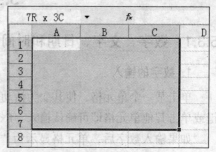

图 5-4　单元格区域的选择

技巧：单击行号或列标可以选中一行或一列。沿行号或列标按住鼠标左键并拖动鼠标可以选中多行或多列。

2．插入单元格

选定单元格后，右击，在快捷菜单中选择"插入"→"单元格"命令，就会出现如图 5-5 所示的"插入"对话框。

在"插入"对话框中，若要在活动单元格上方插入单元格，可以选择"活动单元格下移"单选按钮，若要在活动单元格左边插入单元格，可以选择"活动单元格右移"单选按钮，也可以选择"整行"或者"整列"单选按钮来在活动单元格的上方插入整行或在左边插入整列。

3．删除单元格

选定要删除的单元格或单元格区域后，右击，在快捷菜单中选择"删除"命令，或者依次选择"编辑"→"删除"命令，就会出现如图 5-6 所示的"删除"对话框。

图 5-5　"插入"对话框　　　　图 5-6　"删除"对话框

选中"右侧单元格左移"单选按钮，可以在删除活动单元格后，使活动单元格右侧的单元格都向左平移一个单元格的宽度。选中"下方单元格上移"单选按钮，可以在删除活动单元格后，使活动单元格下方的单元格都向上平移一个单元格的高度。选中"整行"单选按钮可以删除活动单元格所在的行。选中"整列"单选按钮，可以删除活动单元格所在的列。

技巧：在单元格右键菜单中，有一条"清除内容"命令，选择该命令后，活动单元格的内容被清除，而该单元格仍然存在，没有被删除。

在"编辑"→"清除"子菜单中有"全部"、"格式"、"内容"和"批注"4 种命令，可以根据需要清除单元格的不同部分。

4．合并单元格

选定两个或多个相邻的单元格后，单击"常用"工具栏上的【合并与居中】按钮，就可以将它们合并为一个单独的单元格，合并后的单元格只含有选定区域左上角单元格中的数据。

要取消合并，请参考 5.4.2。

5.3　表格的建立

5.3.1　数字、文字、日期和时间的输入和编辑

1. 数字的输入

单击某一个单元格，使其变为活动单元格，即可向其中输入数字，输入完毕后，按【Enter】键或单击其他单元格即可确认输入。Excel 中数字默认位于单元格的右侧。

如果输入数字后，单元格显示为"######"，或用科学计数法表示，例如，5.24E+03 等，则表示当前单元格宽度不够，需要调整宽度，调整方法参见 5.4.3 节。

有时，用户可能希望在表格中输入类似"09928011"之类等字符，然而用通常的方法输入上述数字后，单元格中只能显示为"9928011"，这是因为 Excel 默认将其解释为数字，而数字是不能以 0 开头的。解决方法是先输入一个英文状态下的"'"号（单撇号），然后再输入数字，这时出现在单元格中的文字将是"09928011"。

2. 文字的输入

单击某一个单元格，使其变为活动单元格，即可向其中输入文字，输入完毕后，按【Enter】键或单击其他单元格即可确认输入。Excel 中文字默认位于单元格的左端。

3. 日期和时间

一般输入日期和时间的格式有 yyyy/mm/dd、dd-mm-yy、dd-mm-yyyy、dd-mm 和 mm-yyyy 等，"/"和"–"表示连接符。输入日期时，用户可以先选定单元格，然后直接按照以上格式之一输入日期，如"2007/12/1"，按【Enter】键后，单元格中的日期会自动变为"2007–12–1"。

4. 输入技巧

按【Tab】键可以将活动单元格移动到右边一个单元格，按【Enter】键可以移动到下面一个单元格；按【Alt+Enter】键可以在一个单元格中输入多行文本。当然，也可以利用鼠标或方向键移动活动单元格。

现在就建立一个如图 5-7 所示的表格，以便进一步操作。

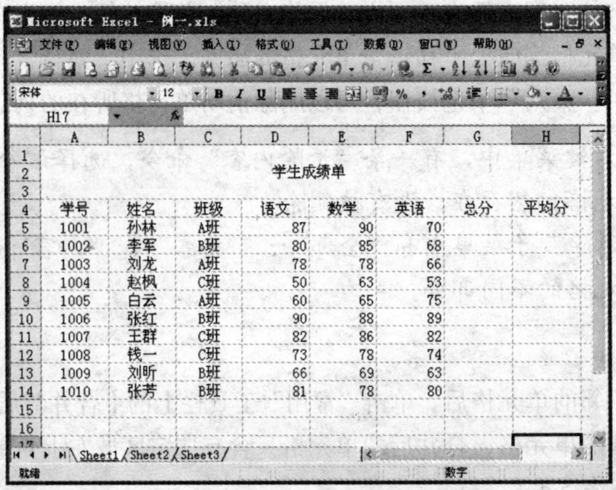

图 5-7　建立表格

5.3.2　数据的选择、复制、移动与删除

数据的选择、复制、移动和删除与 Word 中的操作方法大同小异。

要选中某些数据：只需选中数据所在的单元格或单元格区域即可。

复制数据的一般方法是：选中要复制的数据，右击，在弹出的快捷菜单中选择"复制"命令，这时在数据的周围会出现虚线边框。然后将光标移到需要粘贴的位置，右击，在弹出的快捷菜单中选择"粘贴"命令即可。

移动数据的一般方法是：选中要复制的数据，右击，在弹出的快捷菜单中选择"剪切"命令，这时在数据的周围会出现虚线边框。然后将光标移到需要粘贴的位置，右击，在弹出的快捷菜单中选择"粘贴"命令即可。

复制和移动数据也可以利用拖动鼠标的方法：先选中这些数据，然后将鼠标指针移到这些数据的矩形边框上，当鼠标指针变为"十字箭头"时，拖动鼠标即可移动，按住【Ctrl】键拖动即可复制。

选中要删除的数据，按【Delete】键，或者单击鼠标右键，在快捷菜单中选择"清除内容"命令即可删除这些数据。

注意：这种方法只是清除内容，如果要同时删除单元格，请在快捷菜单中选择"删除"命令。

5.3.3　数据填充

Excel 中具有自动填充的功能，利用该功能可以大大加快输入数据的速度。

选中某个单元格或单元格区域后，该单元格区域将会显示为粗线边框，在粗线边框的右下角会有一个黑色的小方块，称为"填充柄"。用鼠标拖动该填充柄，即可复制该单元格的内容到其他单元格内。在拖动的过程中，Excel 会根据已经建立的格式，自动将数字、数字和文本的组合延续下去。以输入日期为例，如果在第一、二两个单元格内输入的分别为"2007-12-1"和"2007-12-2"，然后选中这两个单元格并向下拖动填充柄，则 Excel 会自动在下方的单元格内对日期进行连续填充，如图 5-8 所示。

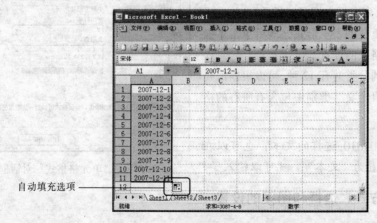

图 5-8　自动填充

当填充完毕后，单元格区域的右下角会出现【自动填充选项】按钮，单击该按钮还可以选择更多的自动填充的方式。

5.3.4 工作表窗口的拆分

有时候可能需要同时查看一张工作表的两个不同位置，这时候就需要对窗口进行拆分。方法如下：Excel 窗口的垂直滚动条和水平滚动条上各有一个拆分块（参见图 5-1），用鼠标拖动拆分块到工作表区，即可拆分窗口。垂直滚动条上的拆分块可以将窗口垂直拆分，水平滚动条上的拆分块可以水平拆分窗口。

此外，选中要拆分位置的单元格，选择"窗口"→"拆分窗格"命令，也可在选中的单元格处将窗口拆分为 4 个窗格。如果要取消拆分，只需拖动拆分块回到原来滚动条上的位置即可。或者选择"窗口"→"取消拆分"命令，也可取消拆分。

5.3.5 工作表窗口的冻结

当浏览一张比较大的工作表时，可能希望某些单元格、行或列能在工作表滚动时始终保持可见，可以将这些单元格、行或列冻结从而实现该目的。方法如下：如果要冻结顶部的水平窗格，可以选择待冻结处的下一行。如果要冻结左侧垂直窗格，可以选择待冻结处的右边一列。若要冻结左上方区域，可以单击待冻结处右下方的单元格。选定单元格或行列后，选择"窗口"→"冻结窗格"命令即可冻结这些单元格。选择"窗口"→"撤销窗口冻结"命令即可撤销冻结。

5.4 表格的格式设置

5.4.1 数字格式的设置

在单元格输入数据时，Excel 一般会根据输入的内容自动确定它们的类型，如文本一般靠左，数字一般靠右。但有时需要进行一些特别的设置，如设置为货币格式，方法如下：

选定单元格或单元格区域，右击，在快捷菜单中选择"设置单元格格式"命令，或者依次选择"格式"→"单元格"命令，就会出现如图 5-9 所示的"单元格格式"对话框。在"分类"列表框中选择"货币"，并设置小数位数、货币符号和负数的表示形式，然后单击【确定】按钮即可完成货币格式的设置。

对话框中数字形式的分类共有 12 种，可以根据需要选择不同的格式，在"自定义"类别中包含有所有的格式，用户可以自行设置。

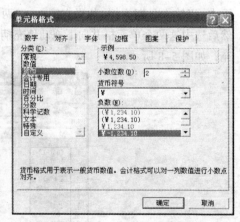

图 5-9 "单元格格式"对话框

技巧：要输入 09903010 这样的文本，也可以在图 5-9 中将有关区域设置为"文本"，就可以输入了。

5.4.2 字体、对齐方式、边框和图案的设置

单元格的字体、对齐方式、边框和底纹等和数字格式的设置基本一样，都是利用如图 5-8 所示的"单元格格式"对话框的其他选项卡。

例如，在图 5-9 中选择"对齐"选项卡，就会出现如图 5-10 所示的对话框，在其中可以设

置文本的对齐和方向；如果选中"自动换行"复选框，在单元格中就可以输入多行数据；选中或者取消"合并单元格"复选框就可以将单元格合并或取消合并。

在"字体"、"边框"、"图案"选项卡中就可以设置字体、字形、字号、颜色、效果、单元格边框和底纹，具体操作和 Word 中类似。

利用这些方法对图 5-7 中的工作表进行设置，结果如图 5-11 所示。

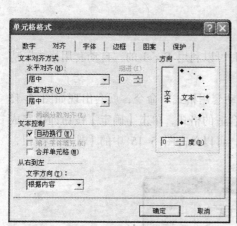 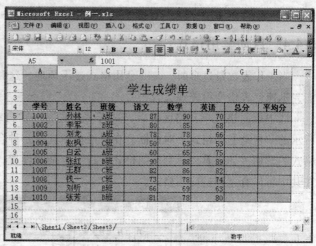

图 5-10　"对齐"选项卡　　　　　　　　图 5-11　设置好格式的工作表

5.4.3　行高和列宽的调整

通常可以利用鼠标来完成行高和列宽的调整。将鼠标移到列标或行号上两列或两行的分界线上双击，列宽和行高会自动调整到最适合的大小；单击某一分界线，会显示有关的宽度和高度信息，如图 5-12 所示；用鼠标拖动行号或列标的分界线则可以任意改变行高或列宽。

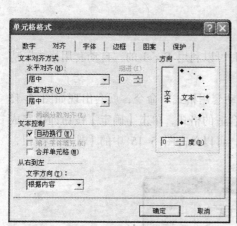

图 5-12　行高和列宽的调整

要精确进行调整的话，可以利用菜单命令。选中需要调整行高和列宽的单元格或单元格区域，选择"格式"→"行"→"最适合的行高"命令，Excel 即可自动调整单元格的行高；选择"格式"→"行"→"行高"命令，会出现如图 5-13 所示的"行高"对话框。在对话框中输入行高的数值，单击【确定】按钮即可。

列宽的调整与行高类似，只要选择"格式"→"列"下面的命令即可。选择"格式"→"列"→"标准列宽"命令，会出现如图 5-14 所示的"标准列宽"对话框。在"标准列宽"文本框中输入数值，单击【确定】按钮，即可更改标准列宽的数值，此后在该工作簿内所有新生成的工作表的列宽都将为该标准列宽的数值。

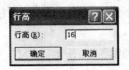

图 5-13　"行高"对话框　　　　　图 5-14　"标准列宽"对话框

5.4.4　自动套用格式

当工作表数量过多时，一一套用格式过于烦琐，这时可以利用 Excel 的"自动套用格式"功能，迅速使表格变得美观大方。

选中单元格或单元格区域后，选择"格式"→"自动套用格式"命令，就会出现如图 5-15 所示的"自动套用格式"对话框。在对话框中选择一种合适的格式，单击【确定】按钮即可完成格式的套用。如果希望对套用的格式进行更复杂的设置，可以单击图 5-15 中的【选项】按钮，在其中可以有选择的应用格式。

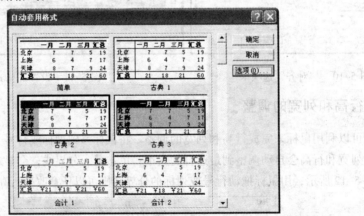

图 5-15　"自动套用格式"对话框

5.4.5　使用样式

当不同的单元格需要重复使用同一格式时，一一设置很耗费时间，这时就可以利用 Excel 的"样式"功能，将某些特定格式作为一个集合保存起来，并且能够非常方便地调用。这一样式功能同 Word 中的样式非常类似。

1. 添加样式

选择"格式"→"样式"命令，会出现如图 5-16 所示的"样式"对话框。在"样式名"文本框中输入新样式的名称，单击【修改】按钮，即可打开如图 5-9 所示的"单元格格式"对话框，在其中设置各种属性后，单击【确定】按钮返回到"样式"对话框中。然后单击【添加】按钮，将该新样式添加到工作簿中。

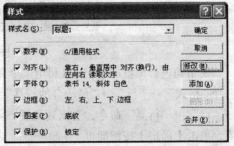

图 5-16　"样式"对话框

2. 使用样式

选中单元格或单元格区域，选择"格式"→"样式"命令，在出现的"样式"对话框中选择要应用的样式名称，单击【确定】按钮即可应用该样式。

5.4.6 使用条件格式

在输入数据时，如果 Excel 能够对输入的数据自动进行识别并以不同的颜色、字体等来区分不同的数据，对于用户来讲，那可就太方便了。利用 Excel 中的"条件格式"功能就可以达到这一目的，方法如下：

选定单元格或单元格区域后，选择"格式"→"条件格式"命令，就会出现如图 5-17 所示的"条件格式"对话框。

在"条件 1"中，首先设置条件，这里设为单元格数值大于 85，然后单击【格式】按钮，在出现的"单元格格式"对话框中为符合条件的单元格设置为"红色"、"粗体"显示，如图 5-18 所示。这就表示如果单元格大于 85 就用红色粗体显示数据。

图 5-17 "条件格式"对话框　　　　图 5-18 "单元格格式"对话框

在"条件格式"对话框中单击【添加】按钮可以继续添加更多的条件；单击【删除】按钮可以删除相应的条件。

5.5 公式与函数

5.5.1 使用公式计算

在处理数据的过程中，经常需要对数据进行各种四则运算、分析和处理，这就需要用到 Excel 的"公式"功能。

公式一般是以"＝"开头，后面接以各种数字、运算符和表达式。在单元格中输入公式后，按【Enter】键即可确认输入，这时显示在单元格中的将是公式计算的结果。

下面以图 5-19 中的成绩单为例，利用公式计算总分。选定需要输入公式的单元格（这里为 F5），在编辑栏中输入"=C5+B5+E5"，然后按【Enter】键，这时在 F5 单元格内就会出现计算结果。

如果需要对公式进行修改，可以双击 F5 单元格，直接修改即可。

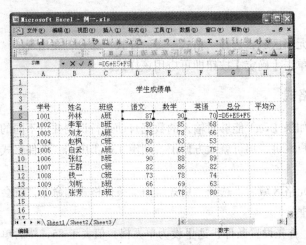

图 5-19　利用公式计算总分

5.5.2　使用函数计算

Excel 中自带了很多函数，如求和函数 SUM，算术平均值函数 AVERAGE 等。其实函数是一种特殊的计算公式，可以说是 Excel 替大家编好的公式。

用户可以在公式中插入函数或者直接利用函数来进行数据处理。现在就利用 AVERAGE 函数计算平均分。方法如下：

（1）选中要插入函数的单元格（这里为 H5），单击编辑栏中的【插入函数】按钮*fx*，或者选择"插入"→"函数"命令，就会出现如图 5-20 所示的"插入函数"对话框。

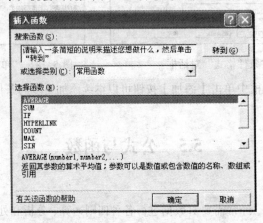

图 5-20　"插入函数"对话框

（2）在图 5-20 中选择平均值函数 AVERAGE，然后单击【确定】按钮。就会出现如图 5-21 所示的"函数参数"对话框。

（3）在"Number1"中已经有默认的单元格区域"C5:F5"，表示计算从 C5 到 F5 的平均值。如果该区域无误，单击【确定】按钮即可。

事实上，这里希望计算的是"D5:F5"，所以就必须改变单元格区域。单击图 5-21 中的【改变区域】按钮，就会出现如图 5-22 所示的"函数参数"对话框。

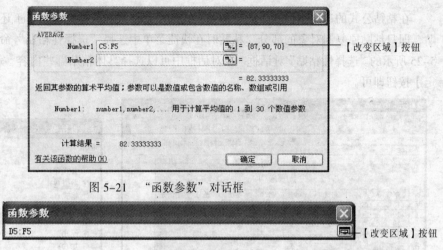

图 5-21　"函数参数"对话框

图 5-22　"函数参数"对话框

（4）此时，可以拖动鼠标选中"D5:F5"单元格区域，图 5-22 中的单元格区域就会自动更改为"D5:F5"。然后单击图 5-22 中的【改变区域】按钮即可回到如图 5-21 所示的对话框。在其中单击【确定】按钮即可，最后结果如图 5-23 所示。

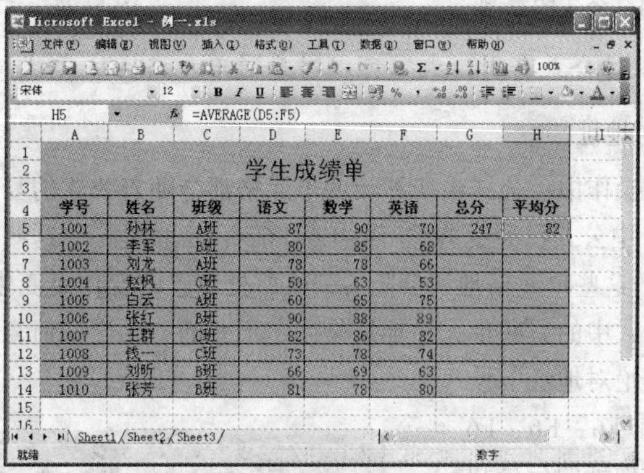

图 5-23　利用函数计算平均分

技巧：其实，在图 5-21 中也可以手工输入单元格区域。

5.5.3　公式的基本操作

1. 公式的复制

在上面的例子中，仅仅计算了第一个同学的总分和平均分，其他同学的成绩怎么办呢？其实可以利用公式的复制和粘贴来完成。方法如下：

最简单的复制方法是利用填充柄。在图 5-23 中选中"G5:H5"单元格区域，然后向下拖动右下角的填充柄，则会自动计算其他人的总分和平均分。结果如图 5-24 所示。

也可以先选中有公式的单元格，右击，在快捷菜单中选择"复制"命令，然后选中要粘贴公式的单元格，单击鼠标右键，在快捷菜单中选择"粘贴"命令，即可将公式粘贴到新的位置，结果和图 5-24 一样。

在粘贴公式的过程中，默认的是粘贴公式的全部格式和数据，但 Excel 还允许进行选择性粘贴，即只粘贴原复制对象的部分。粘贴时在快捷菜单中选择"选择性粘贴"命令，就会出现如图 5-25 所示的"选择性粘贴"对话框。在对话框中可以选择具体粘贴哪些内容，完成之后，单击【确定】按钮即可。

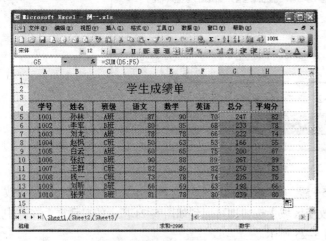

图 5-24　公式的复制

图 5-25　"选择性粘贴"对话框

技巧：该方法不仅对公式有用，大家可以对普通单元格区域尝试一下"转置"。

2. 相对地址和绝对地址

在上面复制公式的操作中，公式中所涉及的单元格都会随着公式的复制而做相应的调整（如图 5-24 所示单元格 G6 中公式已经变为"=D6+E6+F6"）。也就是说，这些公式中采用的单元格的"地址"都是"相对的"，这些单元格地址会随着公式所处位置的变化而变化，这就是"相对地址"。而有的时候，就希望公式中的有些单元格地址是固定不变的，无论如何复制公式，某些地址都是绝对不变的，这就是"绝对地址"。

前面用到的地址如 F6、E6、F6 都是相对地址；在相对地址的行号和列标前加"$"符号，即可将其变为绝对地址，如$D$6、$E$6、$F$6；此外，还有混合地址，即在单元格的引用中综合使用绝对地址和相对地址，如"D$2"和"$D2"。

现在就修改 G5 中的公式为"=$D$5+$E$5+$F$5"，然后重新复制公式，结果如图 5-26 所示。通过查看下面各单元格的公式可以看到，其他单元格公式没有变化，都和 G5 一样。

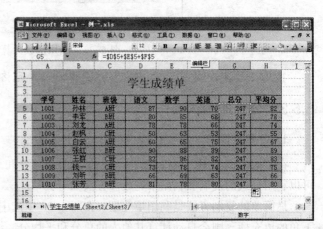

图 5-26　在公式中采用绝对地址

5.6　用图表表现数据

5.6.1　快速产生图表

将数据以图表的形式表现出来会更为直观易懂，在 Excel 中可以快速自动生成图表，生成的图表还可以根据数据的变化而自动变化。下面仍然以图 5-24 所示的成绩单为例。

选定该工作表中数据区域内的某个单元格，按键盘上的【F11】键，就会根据该数据区域生成一张图表工作表，如图 5-27 的 Chart1 所示。

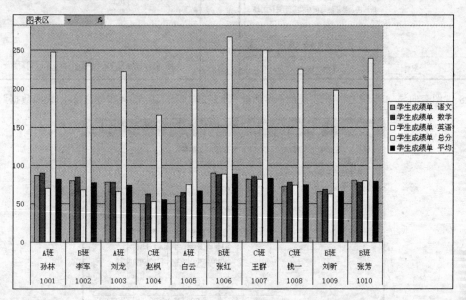

图 5-27　快速生成图表

如果希望只生成部分行或列的图表，则首先选中部分行或列，然后再按【F11】键即可。

技巧：选中区域中的一个单元格，相当于选中全部数据区域。

5.6.2　使用图表向导产生图表

除了利用【F11】键快速生成图表外，还可以利用图表向导来生成更为精确美观、符合需要的图表。方法如下：

选定数据区域后，选择"插入"→"图表"命令，或者单击"常用"工具栏中的【图表向导】按钮，就会出现如图 5-28 所示的"图表向导-4 步骤之 1-图表类型"对话框。

在图 5-28 中选择需要的图表类型，单击【下一步】按钮会出现如图 5-29 所示的对话框。

单击图 5-29 中"数据区域"框右边的【改变区域】按钮，可以对要产生图表的数据区域进行修改；还可以选择按行或按列来生成数据；选择"系列"选项卡，还可以在其中添加或删除一个系列。设置完成后单击【下一步】按钮会出现如图 5-30 所示的对话框。

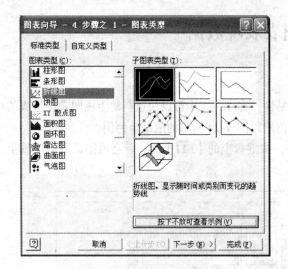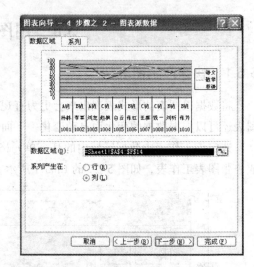

图 5-28 "图表向导-4 步骤之 1-图表类型"对话框 图 5-29 "图表向导-4 步骤之 2-图表源数据"对话框

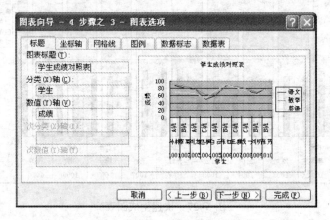

图 5-30 "图表向导-4 步骤之 3-图表选项"对话框

在图 5-30 中的"标题"选项卡中输入图表标题、X 轴和 Y 轴的分类，即可更改相应的标题。单击其他的选项卡，即可更改坐标轴、网格线、图例、数据标志、数据表等元素的属性。设置完成后，单击【下一步】按钮，会出现如图 5-31 所示的对话框。

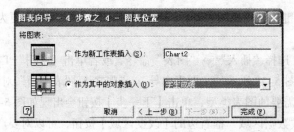

图 5-31 "图表向导-4 步骤之 4-图表位置"对话框

在图 5-31 中可以选择将该图表作为其中的对象插入或作为新工作表插入，然后单击【完成】按钮，即可完成图表的插入，如图 5-32 所示。

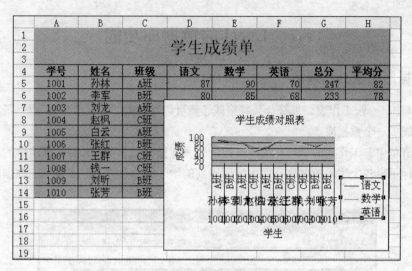

图 5-32　插入的图表

技巧：在图 5-28～图 5-31 中，可以采用默认设置，直接单击【下一步】按钮即可。

5.6.3　图表的基本操作

在前面插入的图表中，各部分的比例明显不是很合适，中间的图表过小，因此需要对图表的位置、大小等属性进行调整，以便更符合大家的需要。具体操作和 Word 类似。

选定图表后，拖动图表，即可移动到该新位置。选定图表后，图表的边缘和角点上会出现 8 个黑色方块控点，单击并拖动这些控点，即可改变图表的大小。选定某张图表，直接按【Delete】键，即可删除该图表。也可以对图表的任一部分进行修改，如设置图表背景和文字字体大小等。通常方法是，对准欲修改的部分右击，在弹出的快捷菜单中选择相应的命令即可。

例如修改图表区的背景，对准图表的空白地方右击，在快捷菜单中选择"图表区格式"命令，会出现如图 5-33 所示的"图表区格式"对话框，利用该对话框可以设置图表的图案、字体、填充效果等属性。设置好之后的图表区如图 5-34 所示。

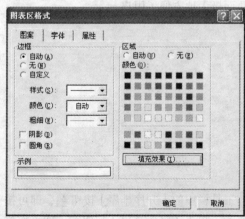

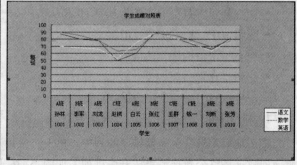

图 5-33　"图表区格式"对话框　　　　　图 5-34　设置图表区格式后的效果

5.7　Excel 的数据库功能

5.7.1　数据库的建立和编辑

在 Excel 中，一张工作表如果符合某些格式，就可以称之为"数据清单"，而一张或若干张数据清单则构成了一个数据库。

在数据清单中，工作表的一行称为一条记录，一列称为一个字段，在数据清单的第一行需要有字段名来标示出各个字段的名称。例如前面讲到的学生成绩单便是一张典型的数据清单，如图 5-35 所示。

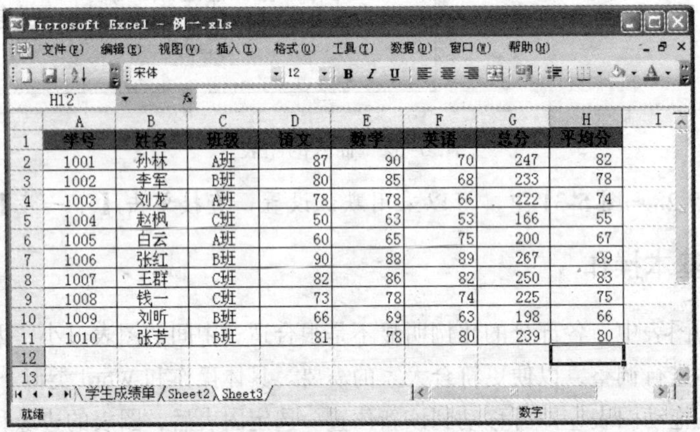

图 5-35　数据清单

在建立数据清单时要注意：同一列中的数据要为相同的类型；中间不能有空行。

对于数据清单中记录和字段的增加、删减操作，都可以参照单元格的基本操作方法。

5.7.2　数据排序

Excel 的排序功能可以将数据按照升序或降序排列，进行排序操作之后，每个记录的信息不变，只是跟随关键字排序的结果，记录顺序发生了变化，从而极大地方便了用户。

一般升序排列默认的优先级次序如下：

- 数字从最小的负数到最大的正数。
- 文本和包含数字的文本为从 0~9 和从 A~Z。
- 逻辑值中，FALSE 在 TRUE 之前。
- 所有错误值的优先级等效。
- 空格排在最后。

降序排列的次序与升序相反。

1. 利用【排序】按钮来对数据排序

将活动单元格移至需要排序的列中，单击"常用"工具栏中的【升序排序】按钮，即可按照该列数据将整个数据清单按升序排列，如图 5-36 所示。单击【降序排序】按钮，即可按该列数据降序排列整个数据清单。

	A	B	C	D	E	F	G	H
1	学号	姓名	班级	语文	数学	英语	总分	平均分
2	1004	赵枫	C班	50	63	53	166	55
3	1009	刘昕	B班	66	69	63	198	66
4	1005	白云	A班	60	65	75	200	67
5	1003	刘龙	A班	78	78	66	222	74
6	1008	钱一	C班	73	78	74	225	75
7	1002	李军	B班	80	85	68	233	78
8	1010	张芳	B班	81	78	80	239	80
9	1001	孙林	A班	87	90	70	247	82
10	1007	王群	C班	82	86	82	250	83
11	1006	张红	B班	90	88	89	267	89

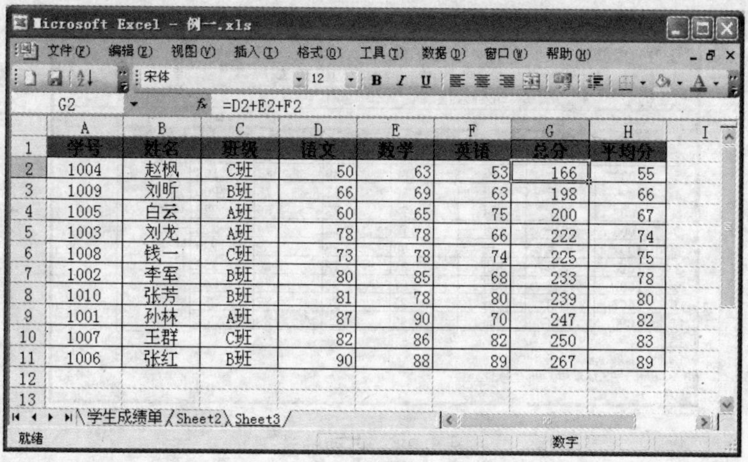

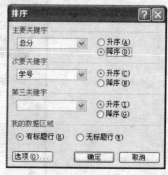

图 5-36　升序排列

注意：千万不要选中部分区域，然后进行排序，这样会出现数据混乱。要么选中全部区域，要么选中一个单元格即可。

2. 利用“排序”命令来对数据排序

选中数据区域内的一个单元格，选择“数据”→“排序”命令，会出现如图 5-37 所示的“排序”对话框。选定“主要关键字”以及排序的方式后，单击【确定】按钮即可完成排序。

在图 5-37 中，除了主要关键字外，还可以设置次要关键字和第三关键字，这样当主要关键字的数值相同时，可以按照次要关键字的次序进行排列，次要关键字还相同的话，可以按照第三关键字的次序排列。如果希望对排序进行更为复杂的设置，可以单击【选项】按钮，在弹出的对话框中设置即可。

图 5-37　“排序”对话框

5.7.3　数据筛选

利用数据筛选可以方便地查找符合条件的数据，一般有自动筛选和高级筛选两种。

1. 自动筛选

将活动单元格移到需要进行筛选的数据区域中，选择“数据”→“筛选”→“自动筛选”命令，图 5-36 中的表格会变成如图 5-38 所示的样式，每个字段名右边都会出现下拉箭头按钮，单击箭头按钮可以打开下拉列表。

在图 5-38 的下拉列表中，选择相应的命令可以显示满足条件的记录，如选择“全部”命令，可以显示全部数据；选择“前 10 个”命令，可以按升序或降序显示前若干条（不一定是 10 条，可以自己设置。）；选择“自定义”命令，就可以根据自定义的条件显示纪录。

如果要取消筛选，再次选择“数据”→“筛选”→“自动筛选”命令即可。

注意：在对第一个字段进行筛选后，如果再对第二个字段进行筛选，这时是在第一个字段筛选结果的基础上进行筛选。如果不希望这样，可以对第一个字段设置为显示全部。

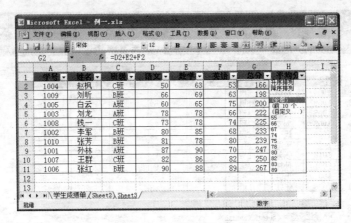

图 5-38　自动筛选

2. 高级筛选

想要利用高级筛选功能，必须首先设立条件区域，如图 5-39 所示。在原有数据清单的上方建立条件区域，将所有字段名复制到条件区域，并在字段名下方输入对应的筛选条件。这里是一个复合条件：班级=A 班，语文大于 80，数学大于 80，英语大于等于 70。

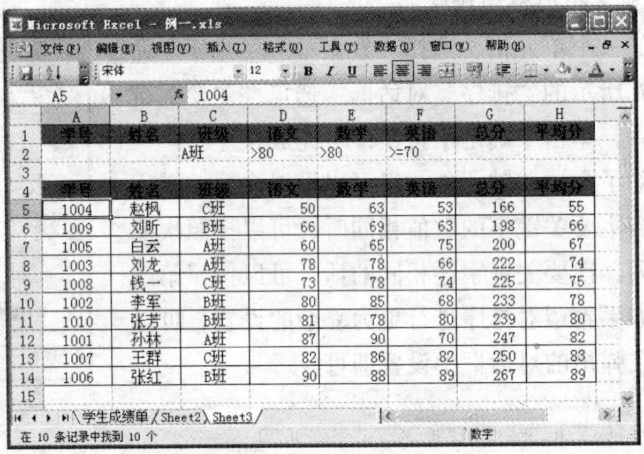

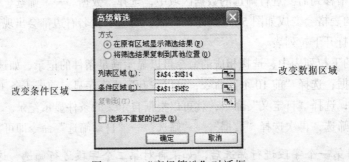

图 5-39　设立条件区域

单击数据清单中任一单元格，选择"数据"→"筛选"→"高级筛选"命令，会出现如图 5-40 所示的"高级筛选"对话框。

图 5-40　"高级筛选"对话框

单击"列表区域"右侧的【改变数据区域】按钮可以选择数据清单区域，单击"条件区域"

右侧的【改变条件区域】按钮可以选择条件区域。然后单击【确定】按钮即可，结果如图 5-41 所示。

图 5-41 高级筛选结果

5.7.4 分类汇总

分类汇总指的是按某一字段汇总有关数据，例如按班级汇总成绩等。

例如，以图 5-42 所示的"学生成绩单"工作表为例，按班级汇总各科平均分。

图 5-42 "学生成绩单"工作表（按班级排序）

第 1 步：首先按准备分类的字段排序，这里按班级排序。

第 2 步：单击要进行分类汇总的数据区域中任一单元格，选择"数据"→"分类汇总"命令，会出现如图 5-43 所示的"分类汇总"对话框。

在对话框中，设置分类字段为"班级"，汇总方式为"平均值"，并对"语文、数学、英语、平均分、总分"字段加以汇总，单击【确定】按钮即可对当前数据进行汇总，结果如图 5-44 所示。

在分类汇总表的左侧可以看到概要的标志。单击层次按钮【1】将显示全部数据的汇总结果，不显示具体数据；单击层次按钮【2】

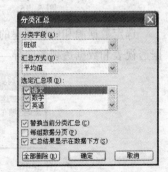

图 5-43 "分类汇总"对话框

将显示总的汇总结果和分类汇总结果，不显示具体数据。单击层次按钮【3】将显示全部汇总结果和数据。单击【+】和【-】按钮可以打开或折叠某些数据。

如果要删除已经存在的分类汇总，在图 5-43 中单击【全部删除】按钮即可。

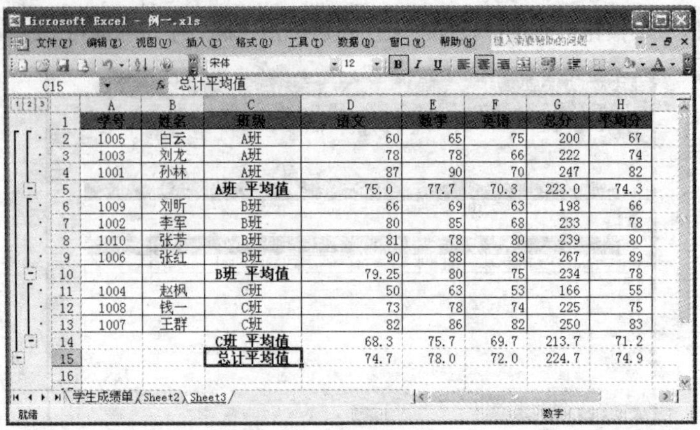

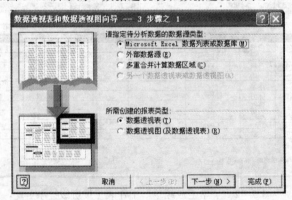

图 5-44　分类汇总表

5.7.5　数据透视表

利用数据透视表可以进一步分析数据，得到更为复杂的结果。仍然以图 5-35 中的"学生成绩单"工作表为例。

单击需要建立数据透视表的数据清单中任一单元格，选择"数据"→"数据透视表和数据透视图"命令，会出现如图 5-45 所示的"数据透视表和数据透视图向导--3 步骤之 1"对话框。

图 5-45　"数据透视表和数据透视图向导--3 步骤之 1"对话框

选定数据源和所要创建的报表类型后，单击【下一步】按钮，会出现如图 5-46 所示的"数据透视表和数据透视图向导--3 步骤之 2"对话框。

图 5-46　"数据透视表和数据透视图向导--3 步骤之 2"对话框

改变选定区域的引用后，单击【下一步】按钮可以出现如图 5-47 所示的"数据透视表和数据透视图向导--3 步骤之 3"对话框。

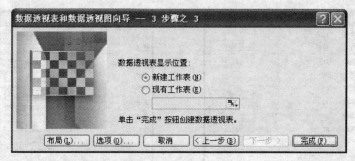

图 5-47 "数据透视表和数据透视图向导--3 步骤之 3"对话框

在"数据透视表和数据透视图向导 3-3"对话框中单击【布局】按钮，会出现如图 5-48 所示的"数据透视表和数据透视图向导--布局"对话框。在其中，可以将右边的字段用鼠标拖动到中间窗格内来完成布局。

当布局设置完成之后，在图 5-47 中单击【完成】按钮，即可插入数据透视表，如图 5-49 所示。从表中可以查看各种汇总，并可以单击字段右侧的下拉箭头按钮来对显示内容进行筛选。

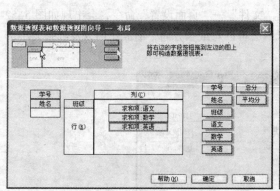

图 5-48 "数据透视表和数据透视图向导--布局"对话框

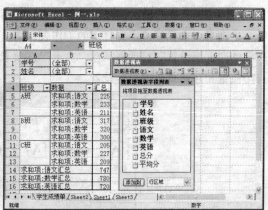

图 5-49 数据透视表

5.7.6 使用数据清单

实际的数据库中，每个记录的字段数往往很多，必须不断的滚屏才能显示和处理数据，很不方便，这时使用 Excel 的"数据清单"功能就可以使我们更为方便地浏览数据。它采用一个对话框显示出一条记录中所有字段的内容，并且提供了增加、修改、删除及检索记录的功能，当数据量很大时，数据清单会体现出更大的优越性。

单击数据区域的某个单元格，选择"数据"→"记录单"命令，会出现如图 5-50 所示的对话框。在对话框中，单击【上一条】和【下一条】按钮或拖动垂直滚动条可以显示其余的数据记录。单击【新建】或【删除】命令可以增加或删除某一条记录。

在图 5-50 中单击【条件】按钮，对话框会变为如图 5-51 所示，在其中输入条件后，单击【表单】按钮会返回到如图 5-50 所示的界面，此时再单击【上一条】和【下一条】按钮显示的记录将为符合该条件的记录。

　　　　图 5-50　数据清单　　　　　　　　　　图 5-51　输入条件

5.8　数据表和图的打印

5.8.1　页面设置

　　在工作表打印之前，先要对工作表进行页面设置，这样打印出来的工作表才会美观大方。

　　单击工作表标签选定要打印的工作表，选择"文件"→"页面设置"命令，会出现如图 5-52 所示的"页面设置"对话框。在"页面"选项卡中，可以对纸张方向、缩放比例以及纸张大小、打印质量和起始页码等进行设置。

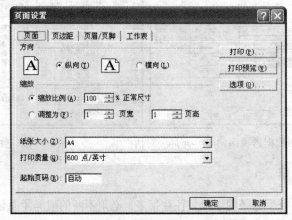

图 5-52　"页面设置"对话框的"页面"选项卡

　　在"页边距"选项卡中，可以对工作表的页边距以及居中方式进行设置。

　　在"页眉/页脚"选项卡中，可以为工作表插入页眉和页脚。

　　在"工作表"选项卡中，可以对工作表的打印区域以及需要打印的内容进行设置。例如可以选择是否打印网格线。

　　技巧：一般来说，打印前要调整一下列宽，以便将适当的内容打印在一张纸上。

5.8.2　打印

　　当页面设置完成后，可以单击"常用"工具栏中的【打印预览】按钮，来观察打印效果。如果预览没有问题，则可以选择"文件"→"打印"命令，会出现如图 5-53 所示的"打印"对话框。可以在对话框中设置打印内容和打印份数等属性。设置完成之后，单击【确定】按钮即可开始打印。

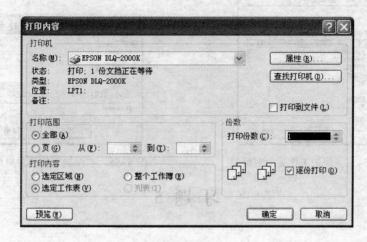

图 5-53　"打印"对话框

5.9　其他功能——数据保护

Excel 特有的数据保护功能，可以防止数据被篡改或由于误操作等所带来的损失，它提供了几层保护来控制可访问和更改 Excel 数据的用户。

- 工作表的保护。可对工作表上的各个元素（例如，含有公式的单元格）进行保护，以禁止所有用户访问，但也可允许个别用户对指定的区域进行访问。
- 工作簿的保护。可对整个工作簿中的各个元素进行保护，还可保护工作簿文件不被查看和更改。

1. 工作表的保护

单击工作表中某一单元格，选择"工具"→"保护"→"保护工作表"命令，会出现如图 5-54 所示的"保护工作表"对话框。

在"保护工作表"对话框中输入取消工作表保护时的密码，并在下面的列表框中选择受限用户可以进行的操作，单击【确定】按钮，在随后出现的"确认密码"对话框中再次输入密码并单击【确定】按钮后，即可保护该张工作表。

2. 工作簿的保护

保护工作簿的方法同保护工作表类似。单击工作表中某一单元格，选择"工具"→"保护"→"保护工作簿"命令，会出现如图 5-55 所示的"保护工作簿"对话框。输入密码，单击【确定】按钮，并在随后出现的 "确认密码"对话框中再次输入确认密码并单击【确定】按钮后，即可保护该工作簿。

3. 撤销保护

工作表或工作簿被保护后，下次如果想修改，就需要先撤销保护。方法很简单，只需选择"工具"→"保护"→"撤销×保护"命令，并在出现的对话框中输入密码，单击【确定】按钮即可。

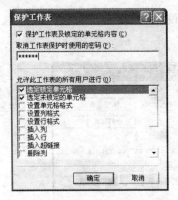

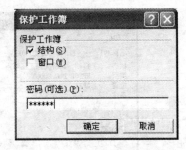

图 5-54 "保护工作表"对话框   图 5-55 "保护工作簿"对话框

习 题 5

一、思考题

1. 请比较 Excel 和 Word、PowerPoint 之间的区别。

2. 名词解释：工作簿、工作表、行、列、单元格、记录、字段

3. "文件"菜单中的"关闭"命令和"退出"命令有何区别？

4. 请思考每一个单元格中都有什么内容？（提示：格式、数据、公式等）

5. 如何为工作表加上指定的背景图片？

6. 什么是选择性粘贴？在 Excel 中如何进行行列转置？

7. 在 Excel 中如何进行数据的查找和替换？

8. 在 Excel 中如何合并单元格？有几种方法？

9. 如何使用条件格式？

10. 怎样对数据进行分类汇总？

11. 如何使用筛选？

12. 如何建立数据透视图？

13. 什么是相对地址？什么是绝对地址？

二、选择题

1. Excel 工作表的默认名称是（   ）。

   A. Book3   B. DBF5   C. Sheet1   D. Table1

2. 利用"文件"菜单打开 Excel 的文件，一次可以打开多个文件，方法是先单击一个文件名，然后按住（   ）键，再单击其他文件名。

   A. Esc   B. Shift   C. Ctrl   D. Alt

3. 在 Excel 中要复制选定的工作表，方法是在工作表名称上单击鼠标右键，在弹出的快捷菜单中选择"移动或复制工作表"命令，在弹出的"移动或复制工作表"对话框中选择插入或移动工作表的位置。如果没有选中"建立副本"复选框，则表示对工作表进行（   ）操作。

   A. 复制   B. 移动   C. 删除   D. 操作无效

4. 在 Excel 操作中，选定单元格时，可选定连续区域或不连续区域单元格，其中有一个活动单元格，活动单元格是以（　　）标识的。

　　A. 黑底色　　　　　B. 黑线框　　　　　C. 高亮度条　　　　　D. 白色

5. 在 Excel 的活动单元格中，要将数字作为文字来输入，最简便的方法是先输入一个西文符号（　　）后，再输入数字。

　　A. #　　　　　　　B. '　　　　　　　C. "　　　　　　　　D. ，

6. 在 Excel 表格的单元格中出现一连串的"######"符号，则表示（　　）。

　　A. 需重新输入数据　　　　　　　B. 需调整单元格的宽度

　　C. 需删去该单元格　　　　　　　D. 需删去这些符号

7. 在 Excel 中，公式的定义必须以（　　）符号开头。

　　A. =　　　　　　　B. "　　　　　　　C. :　　　　　　　　D. *

8. 在 Excel 中，若单元格引用随公式所在单元格位置的变化而改变，则称之为（　　）。

　　A. 相对引用　　　B. 绝对引用　　　C. 混合引用　　　　　D. 3-D 引用

9. Excel 的单元格引用是基于工作表的列标和行号，有绝对引用和相对引用两种，在进行绝对引用时，需在列标和行号前各加（　　）符号。

　　A. ?　　　　　　　B. %　　　　　　　C. #　　　　　　　　D. $

10. 在 Excel 中，下列地址为绝对地址的是（　　）。

　　A. $D5　　　　　B. E$6　　　　　C. F8　　　　　　　D. $G$9

11. SUM(B1:B4)等价于（　　）。

　　A. SUM (A1:B4 B1:C4)　　　　　B. SUM (B1+B4)

　　C. SUM (B1+B2，B3+B4)　　　　D. SUM (B1,B2,B3,B4)

12. 在 Excel 表格中，若在单元格 B1 中存储一公式 A$7，将其复制到 F1 单元格后，公式变为（　　）。

　　A. A$7　　　　　B. E$7　　　　　C. D$1　　　　　　D. C$7

13. 在如下 Excel 运算符中，优先级最高的是（　　）。

　　A. :　　　　　　　B. ^　　　　　　　C. &　　　　　　　　D. （　）

14. 在 Excel 表格中，对一工作表进行排序，当在"排序"对话框中的"我的数据区域"区域中选中"有标题行"单选按钮时，该标题行（　　）。

　　A. 将参加排序　　　　　　　　B. 将不参加排序

　　C. 位置总在第一行　　　　　　D. 位置总在倒数第一行

15. 建立 Excel 的工作表图表的标题及坐标标题等内容，需在"图表向导-4 步骤之 3-图表选项"对话框中选择（　　）选项卡。

　　A. 图例　　　　　B. 标题　　　　　C. 坐标轴　　　　　D. 数据表

16. 在 Excel 中，数据可以按图形方式显示在图表中，当修改工作表中的这些数据时，图表（　　）。

　　A. 不会更新　　　　　　　　　B. 使用命令才能更新

　　C. 自动更新　　　　　　　　　D. 必须重新设置数据源区域才更新

17. 在 Excel 中，一个数据清单由 3 个部分组成，分别为（　　）。

　　A. 公式、记录和数据库　　　　B. 区域、记录和字段

　　C. 工作表、数据和工作簿　　　D. 数据、公式和函数

18. 在 Excel 表格中，在对数据清单分类汇总前，必须先做的操作是（　）。

A. 排序　　B. 筛选　　C. 合并计算　　D. 指定单元格

19. 快速生成图表的快捷键是（　）。

A. F1　　B. F2　　C. F11　　D. F12

20. Excel 中最多可以指定（　）个关键字来进行排序。

A. 1　　B. 2　　C. 3　　D. 4

三、填空题

1. Excel 文件的扩展名是______。
2. 一个工作簿默认包含______个工作表。
3. 如果要在一个单元格中输入多行数据，输入后按______组合键。
4. Excel 中特有的复制方式是利用______。
5. 如果要求平均值，需要用______函数。

四、上机练习题

1. 制作做一份美观的通讯录，里面要包括姓名、单位、地址、电话、邮编、电子邮件、手机、单位等字段，并且对通讯录的格式进行设置，添加一个漂亮的背景。
2. 帮老师制作一份如图 5-56 所示的班级成绩单，包括语文、数学、英语，并利用公式和函数计算每一个同学的总分和平均分，还要计算全班同学的总分和平均分。

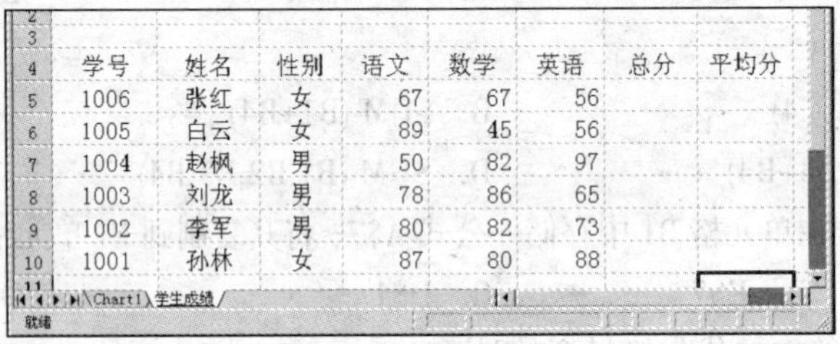

4	学号	姓名	性别	语文	数学	英语	总分	平均分
5	1006	张红	女	67	67	56		
6	1005	白云	女	89	45	56		
7	1004	赵枫	男	50	82	97		
8	1003	刘龙	男	78	86	65		
9	1002	李军	男	80	82	73		
10	1001	孙林	女	87	80	88		

图 5-56　上机练习题 2

3. 将上机练习题 2 中的成绩单制作折线型图表。
4. 将上机练习题 2 中的成绩单按总分进行排序，并利用自动筛选功能筛选出全班总分前 3 名。
5. 根据学生性别对各科分数和总分进行分类汇总，汇总方式选择“平均值”，借以男女学生之间的区别。
6. （选做题）请尝试根据上机练习题 2 中数据，绘制数据透视表。

第 6 章　数据库管理软件 Access 2003

Access 2003 数据库管理软件是微软公司出品的 Office 2003 系列办公软件的重要组成部分之一。在日常工作中，我们都经常要处理各种各样的信息，怎样把复杂的信息有序高效地管理起来一直都是让大家头痛的一个问题。利用 Access 2003，就可以把这些信息记录成一张张的表格，然后利用这个数据库管理软件把这些表格再有机地组合成一个整体，这样在查找某一条信息的时候，就可以不费吹灰之力了。

6.1　数据库的基本概念和基本理论

6.1.1　什么是数据库

在学习 Access 2003 数据库管理软件之前先要弄清楚一件事情，那就是，什么是数据库？所谓的数据库，其实就是把各种各样的数据按照一定的规则组合在一起形成的"数据"的"集合"。通俗一点说，数据库就是由一些有关系的表格所组成的，可以利用数据库管理系统针对不同表格之间的关系来迅速查找出我们所需要的数据。

6.1.2　数据库的基本术语

下面先来看看数据库中的一些基本术语，如图 6-1 所示。

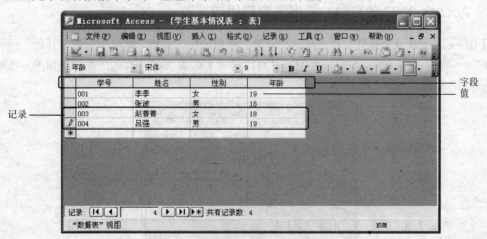

图 6-1　数据库示例

（1）数据库。数据库是用来组织管理表的，提供了存储数据的一种体系结构，可以创建表、记录和字段级的规则、触发器和表的关联等。

（2）表。由横行竖列垂直相交而成。可以分为表的框架（也称表头）和表中的数据。图 6-1 中就是一张学生的基本情况表。

（3）字段。表中纵的一列叫做一个字段。

（4）记录。表中横的一行叫做一个记录。

（5）值。纵横叉的地方叫做值。

（6）数据模型。即数据库的组织形式，它决定了数据库中数据之间的表达方式。数据模型分为 3 类，分别是层次型、网络型和关系型，如图 6-1 所示的就是关系型数据模型。

技巧：上一节学的 Excel 实际上也可以看作简单的数据库，利用 5.7 节中的功能就可以实现基本的数据库操作。

6.1.3　什么是数据库管理系统

数据库里的数据像图书馆里的图书一样，也要让人能够很方便地找到才行。如果所有的书都不按规则，胡乱堆在各个书架上，那么借书的人根本就没有办法找到他们想要的书。同样的道理，如果把很多数据胡乱地堆放在一起，让人无法查找，这种数据集合也不能称为数据库。

数据库的管理系统就是从图书馆的管理方法改进而来的。人们将越来越多的数据存入计算机中，并通过一些编制好的计算机程序对这些数据进行管理，这些程序后来就被称为"数据库管理系统"，它们可以帮助用户管理输入到计算机中的大量数据，就像图书馆的管理员。

数据库管理系统（DBMS）是指帮助用户建立和管理数据库的软件系统。基于关系型数据模型的数据库管理系统统称关系型数据库管理系统。

读者们将要学习的 Access 2003 是一种小型的数据库管理系统，不过足够普通用户使用了。

6.2　初识 Access 2003

6.2.1　Access 2003 的启动、退出及窗口组成

同 Office 系列的其他软件一样，单击"开始"按钮，在"开始"菜单中选择"开始"→"所有程序"→"Microsoft Office Access 2003"就可以启动 Access 2003。首先出现的是如图 6-2 所示的开始界面。

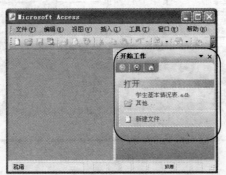

图 6-2　Access 2003 的开始界面

通过单击窗口右侧的"新建文件"超链接，可以新建一个数据库文件，单击"打开"区域下面的文件名称可以打开最近新建的数据库文件。

从图 6-2 中可以看到，Access 的工具栏和 Word 是很相似的，但是数据库文件还包括一系列的对象和组，这些内容我们在后面都会讲到。

Access 的退出和 Word 等其他 Office 软件是一样的，只要单击窗口右上角的【关闭】按钮就可以了。这时，如果还有未保存的数据库文件的话，Access 会自动提醒用户将它们保存，之后就可以退出 Access 了。

6.2.2　Access 和 Word 的相通之处

从工具栏上来说，Access 和 Word 在菜单栏和"格式"工具栏等方面都是很相似的，可以使用和 Word 中同样的方法来对 Access 中的数据进行格式等方面的设置。但在操作方面，Access 则和 Excel 更为相像一些。在 Access 中存在着一张张的表格，每张表格的形式和 Excel 中的表格都是差不多的。在不同的表格之间存在着各种各样的关系，读者们可以针对这些关系来进行各种查询。

6.3　建立一个数据库

6.3.1　规划自己的数据库

现在来考虑建立一个学生信息管理数据库。

做任何事，首先都要策划，在建立一个新数据库的时候，也要想一想这个数据库是用来干什么的？它要存储哪些数据信息？这些数据之间又有什么关系？ 一方面要知道哪些数据是必须的，是绝对不能缺少的，不然建立数据库获取信息的目的就没法达到了；另一方面也要知道哪些数据是不必要的，放在数据库当中只会增加数据库的容量，却并不起任何作用，所以要将这些冗余的数据剔除。这样建立起来的数据库才既能满足用户检索数据的需要，又能节省数据的存储空间。

6.3.2　建立一个数据库

在 Access 2003 中，新建一个空数据库其实很简单，只要用单击 Access 窗口"数据库"工具栏中的【新建】按钮，就会在屏幕右侧的任务窗格中列出可以新建的各项文件，如图 6-3 所示。

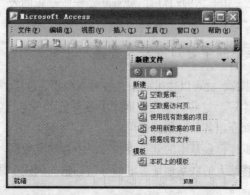

图 6-3　显示"新建文件"任务窗格

选择"空数据库"，然后单击【确定】按钮，会弹出如图 6-4 所示的"文件新建数据库"对话框。

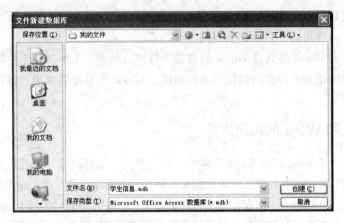

图 6-4 "文件新建数据库"对话框

我们可以给这个新建的数据库选一个位置，起名为"学生信息"，单击【创建】按钮，就可以建立一个新的数据库了，如图 6-5 所示。

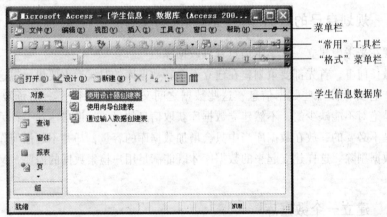

图 6-5 新建的数据库文件

其实，这里创建的数据库文件和 Word、PowerPoint、Excel 中没有任何区别。Word 中是一页一页的文档，PowerPoint 是一张一张的幻灯片，Excel 是一张一张的表，Access 稍微复杂些，除了一张一张的表，还有查询、窗体等其他元素。

6.3.3 Access 数据库中的主要对象及其关系

现在有了一个空的数据库，就可以往里面添加各种对象了，包括"表"、"查询"、"窗体"、"报表"、"页面"、"宏"和"模块"。这些对象在数据库中各自负责一定的功能，并且相互协作，这样才能建立一个数据库。下面介绍各种对象的作用。

（1）表。作为一个数据库，最基本的就是表，在表中存储了数据。例如"通讯录"数据库，首先要建立一个表，然后将某人的联系地址、电话等信息输入到这个数据表中，这样就有了数据库中的数据源。

（2）查询。用来查找数据（也可以录入数据）。

（3）窗体、报表、页面。通过这些对象可以用更方便的界面获取和查看数据。

（4）宏、模块。用来实现数据的自动操作，可以编程。

对读者们来说，目前最重要的是要学会前 3 项的使用，尤其是表和查询的使用。宏和模块可以在使用中逐渐熟悉。

6.4　数据表的基本操作

6.4.1　新建一个数据表

打开刚才建立的"学生信息"数据库以后，会看到如图 6-6 所示的界面。

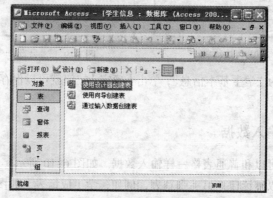

图 6-6　打开"学生信息"数据库

新建一个表的方法很简单，可以选择使用设计器创建表，也可以选择使用向导，在此选择用设计器设计表。双击"使用设计器创建表"就可以进入打开"学生信息"设计视图了，如图 6-7 所示。

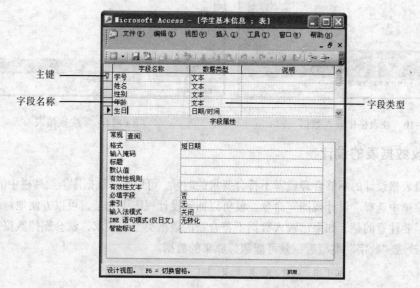

图 6-7　新建表的设计视图

如图 6-7 所示，用户可以在这张表中输入各个字段的名称和数据的类型，这张表就基本上建立完毕了。在输入的过程中，要特别注意数据类型和主键。

主键就是在表里数据必须是唯一的，例如，在学生信息管理中，每个学生都有一条记录，学号必须唯一，所以学号就可以用来做主键。在决定了用某个字段作为主键之后，只要在这个字段上单击鼠标右键，在弹出的快捷菜单中选择"主键"命令就可以设置这个字段为主键了。

完成了表的设计之后，可以单击"数据库"工具栏中的【视图】按钮，在弹出的下拉菜单中选择"数据表视图"命令，会弹出如图 6-8 所示的提示对话框。单击【是】按钮，便会弹出如图 6-9 所示的"另存为"对话框。

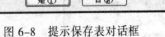
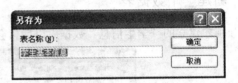

图 6-8　提示保存表对话框　　　　　图 6-9　"另存为"对话框

我们给这张表命名为"学生基本信息"，单击【确定】按钮就可以保存这张表，由"设计视图"进入"数据表视图"了。

6.4.2　在数据表中输入数据

在数据表视图中，可以和普通表格一样输入数据。如图 6-10 所示。

输入完数据后，可以继续建立另一张新表，例如，学生成绩表，如图 6-11 所示。

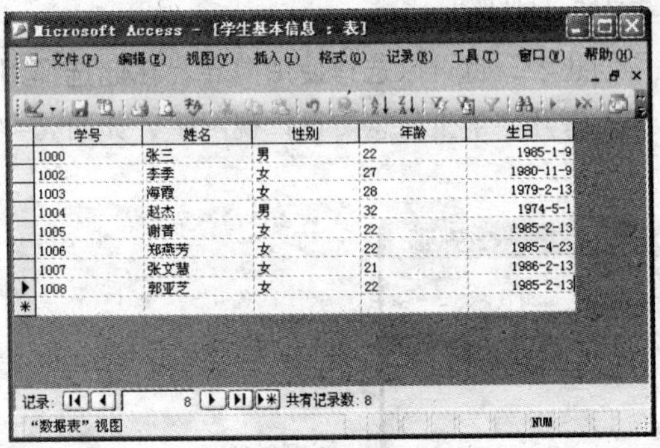

图 6-10　在表格中输入数据 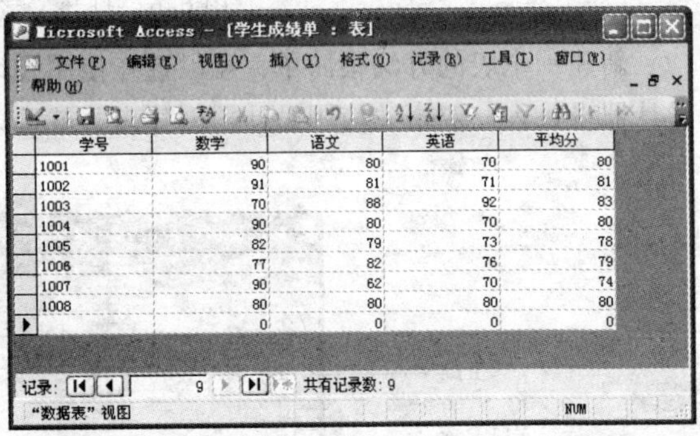　　　　　图 6-11　学生成绩表

6.4.3　修改数据表的设计

倘若觉得表格设计的不够合理或者不符合要求的时候，可以在"数据库"工具栏中的【视图】按钮的下拉菜单中选择"设计视图"命令，就可以回到设计视图中去了，可以方便地修改字段和数据类型。但要注意的是，如果已输入数据不符合新的数据类型的要求，就会删掉数据。例如把"文本"类型改成"数字"类型后，就可能删掉原来的数据。

6.5　查询的基本操作

6.5.1　什么是查询

在建立查询前，首先要明白什么是查询，查询就好像一张虚拟的表一样，用户可以像在表里操作一样，输入数据或浏览数据。

当同时查看两张表或更多张有关系的表的数据，或者在并不关心一张表的全部，只希望看到部分字段的内容的时候就需要用到查询。

6.5.2　新建一个查询

同样，建立查询也可以用向导，我们这里依然先用设计器来设计查询，学会了使用设计器，利用向导来查询就变得非常容易了。如图 6-12 所示。

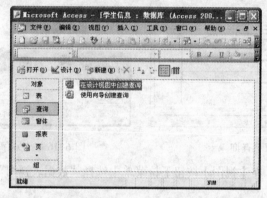

图 6-12　建立查询

在图 6-12 中双击"在设计视图中创建查询"选项，则会出现如图 6-13 所示的"显示表"对话框。

可以从中选择查询所需要用到的表，选中后单击【添加】按钮就可以了。选择完后单击【关闭】按钮关闭这个对话框。这时会出现如图 6-14 所示的查询窗口。

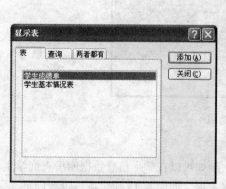

图 6-13　"显示表"对话框

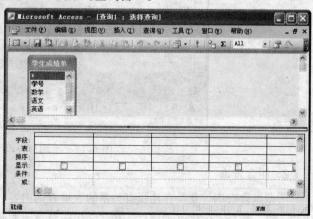

图 6-14　查询窗口

在此简单的将查询归类为以下几种：简单查询、组合查询、计算查询和条件查询。

1. 简单查询

所谓简单查询，就是指在一张表里查询部分字段的内容。例如在学生信息数据库里建立"学生平均分"的查询。

方法为：选择"学生成绩单"表后，选择"学号"和"平均分"字段就可以了，如图 6-15 所示。

然后单击【保存】按钮，会弹出如图 6-16 所示的对话框。可以将其命名为"平均分"。

图 6-15　简单查询

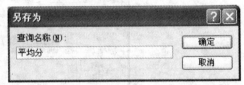

图 6-16　"另存为"对话框

当设计好查询之后，在【视图】按钮下拉菜单中选择"数据表视图"命令，就可以看到查询的结果了，如图 6-17 所示。

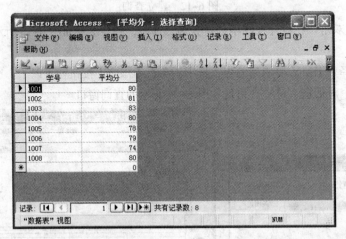

图 6-17　平均分查询结果

2. 组合查询

所谓组合查询，就是在几张有关系的表里查询内容。例如可以在学生信息数据库里查询学生成绩一览，选择"学生基本信息"和"学生成绩单"两张表后，如图 6-18 所示进行设置即可。

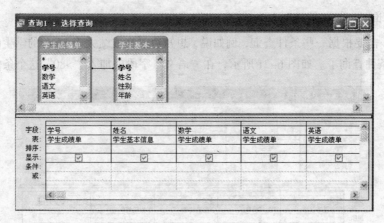

图 6-18 学生成绩一览

3．计算查询

所谓计算查询，其实就是利用查询计算字段彼此之间的关系，例如通过"学生成绩单"计算总分，在"学生成绩单"表里是没有总分的，通过产生一个新的字段就可以把总分计算出来，而且可以动态修改。具体如图 6-19 所示。

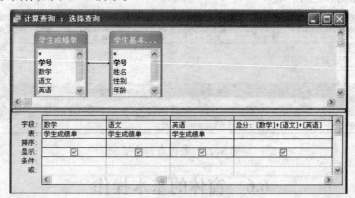

图 6-19 计算总分

在图 6-19 中，在字段中输入了一个总分字段："总分:[语文]+[数学]+[英语]"。计算查询的结果可以参照如图 6-20 所示的范例。

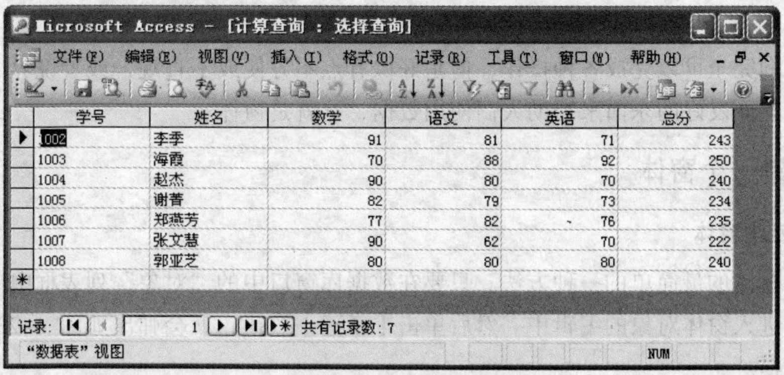

学号	姓名	数学	语文	英语	总分
1002	李季	91	81	71	243
1003	海霞	70	88	92	250
1004	赵杰	90	80	70	240
1005	谢菁	82	79	73	234
1006	郑燕芳	77	82	76	235
1007	张文慧	90	62	70	222
1008	郭亚芝	80	80	80	240

记录: 1 共有记录数: 7

"数据表"视图　　　　　　　　　　NUM

图 6-20 计算总分查询结果

4．条件查询

有的时候，需要根据一些条件查询，例如说，想知道语文成绩大于 80 分的学生的名单，这时候就可以使用条件查询了。如图 6-21 所示，在"语文"字段中加入">80"这个条件。

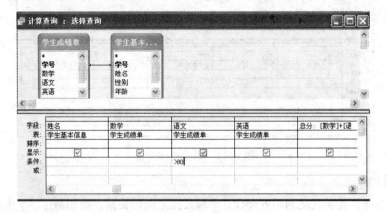

图 6-21　条件查询

查询的结果如图 6-22 所示。

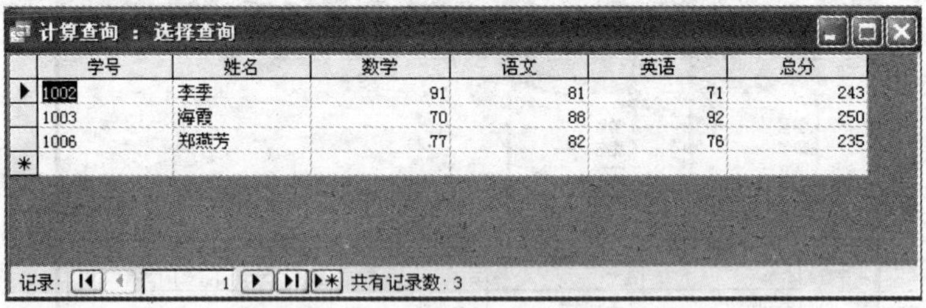

图 6-22　条件查询结果

6.6　窗体的基本操作

6.6.1　什么是窗体

数据库的对话窗在 Access 中被称为"窗体"，我们讲过，"表"、"查询"、"窗体"这些都是数据库的对象。

用表和查询完全可以完成各种操作，但是好像有点不方便或不直观，或者说界面不友好，因此要建立一个界面友好的东西来帮助人们使用数据，这就是窗体。

6.6.2　新建一个窗体

1．自动创建窗体

这是创建窗体的最简单的一种方法。只要在数据库窗口中的"对象"列表框中单击【窗体】按钮，就可以进入窗体对象的编辑中。然后单击【新建】按钮，就会弹出如图 6-23 所示的"新建窗体"对话框。

在对话框中选择"自动创建窗体：纵栏式"，在数据来源中选择所作出的查询"学生成绩一览"，单击【确定】按钮，就可以看到如图 6-24 所示的窗体了。

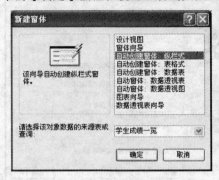
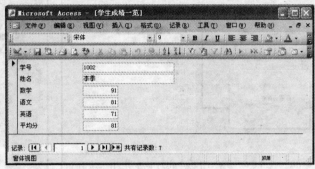

图 6-23　"新建窗体"对话框　　　　　　　　　　图 6-24　自动创建窗体

可以将它保存为"学生成绩一览"，这样以后就可以直接打开这个窗体来方便直观地查看数据了。

在这个窗体中看到的数据和前面例子中看到的数据表有所不同：纵栏式表格每次只能显示一个记录的内容，而前面例子中的数据表每次可以显示很多记录。这是它们最大的区别。

当然也可以选择表格式或数据表的样式。

2. 使用向导创建窗体

使用向导创建窗体也很简单。只要在如图 6-23 所示的对话框中双击"窗体向导"，便会弹出如图 6-25 所示的"窗体向导"对话框了。

可以在对话框中选择不同的表或查询，然后从中选择所要使用在窗体上的字段，选择完毕之后，单击【下一步】按钮，会弹出如图 6-26 所示的对话框。

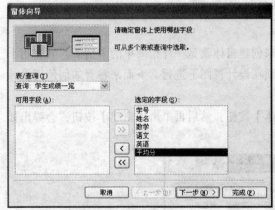
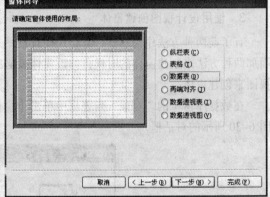

图 6-25　窗体向导之 1　　　　　　　　　　图 6-26　窗体向导之 2

在窗体布局中选中"数据表"单选按钮，然后单击【下一步】按钮，会弹出如图 6-27 所示的对话框。

在如图 6-27 所示的对话框中选择"国际"样式，单击【下一步】按钮，会弹出如图 6-28 所示的对话框。

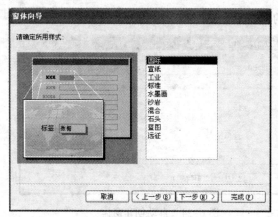

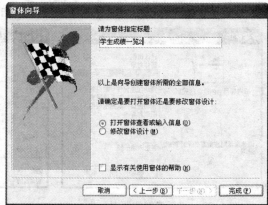

图 6-27　窗体向导之 3　　　　　　　　　图 6-28　窗体向导之 4

单击【完成】按钮就可以完成这个窗体了。如图 6-29 所示。

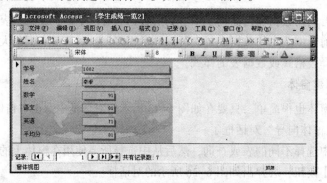

图 6-29　向导生成的窗体最终效果

3. 使用设计视图创建窗体

有了前两种方法作为基础，学会用设计视图来创建窗体就是一件很简单的事情了。其实用上面那两种方法来创建窗体的时候，修改窗体就必须在设计视图下进行。下面来看看如何使用设计视图来创建窗体。

在数据库窗口的"对象"列表框中单击【窗体】按钮，然后再单击【新建】按钮，会弹出如图 6-30 所示的对话框。

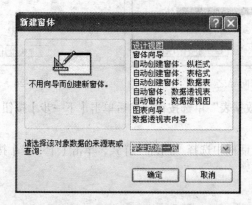

图 6-30　"新建窗体"对话框

在对话框中选择"设计视图"，数据来源选择"学生成绩一览"，单击【确定】按钮就会出现如图 6-31 所示的窗口。

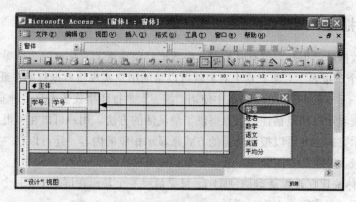

图 6-31　用设计视图创建窗体

可以把想要显示的字段拖到窗体面板上去，再适当调整位置和大小就可以完成窗体的设计了。如图 6-32 所示。

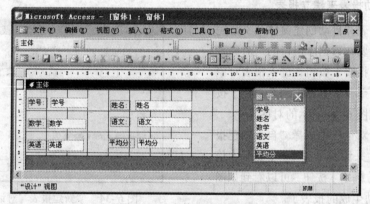

图 6-32　窗体最终设计图

在【视图】按钮下拉菜单中选择"窗体视图"命令，查看窗体的显示效果。如图 6-33 所示。

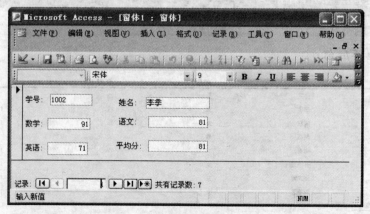

图 6-33　窗体的显示效果

6.6 报表的基本操作

6.6.1 什么是报表

用窗体显示数据虽然很好，但有时要把这些数据打印在纸上，那该怎么办呢？方法很简单，在 Access 中有一个"报表"对象，这个对象就可以帮助用户实现将数据打印在纸上。

下面先了解一下"报表"。在 Access 中使用"报表"来打印格式数据是一种非常有效的方法。因为"报表"为查看和打印概括性的信息提供了最灵活的方法。用户可以在"报表"中控制每个对象的大小和显示方式，并可以按照所需的方式来显示相应的内容。还可以在"报表"中添加多级汇总、统计比较，甚至加上图片和图表。

"报表"和窗体的建立过程基本是一样的，只是最终一个显示在屏幕上，一个显示在纸上；窗体可以有交互，而"报表"没有交互罢了。

6.6.2 新建一个报表

1. 使用自动报表来建立报表

自动创建报表和自动创建窗体几乎是完全一样的。首先要在数据库窗口的"对象"列表框中单击【报表】按钮，进入报表对象的编辑中。然后单击工具栏中的【新建】按钮，便会弹出如图 6-34 所示的对话框。

在图 6-34 对话框中选择"自动创建报表：表格式"，在来源表中选择"学生基本信息"，然后单击【确定】按钮，可以看到如图 6-35 所示的自动生成的报表了。

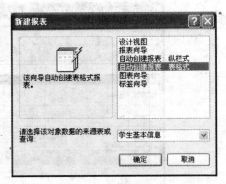

图 6-34 "新建报表"对话框

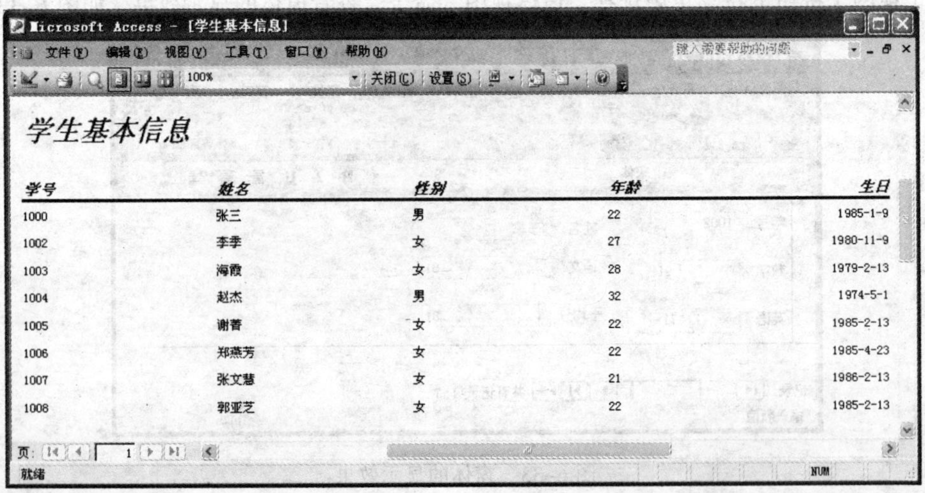

图 6-35 自动生成的报表

2. 使用向导创建报表

使用向导创建报表和使用向导创建窗体的过程相似。只要在"新建报表"对话框中双击"报表向导",便会弹出如图 6-36 所示的对话框。

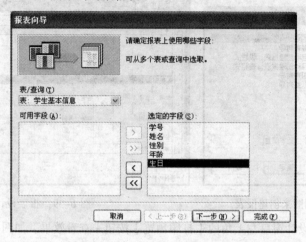

图 6-36 "报表向导"对话框

可以采用与使用向导创建窗体同样的方法,在对话框中根据提示进行选择,依次单击【下一步】按钮,最后单击【完成】按钮来创建这个报表。最终效果如图 6-37 所示。

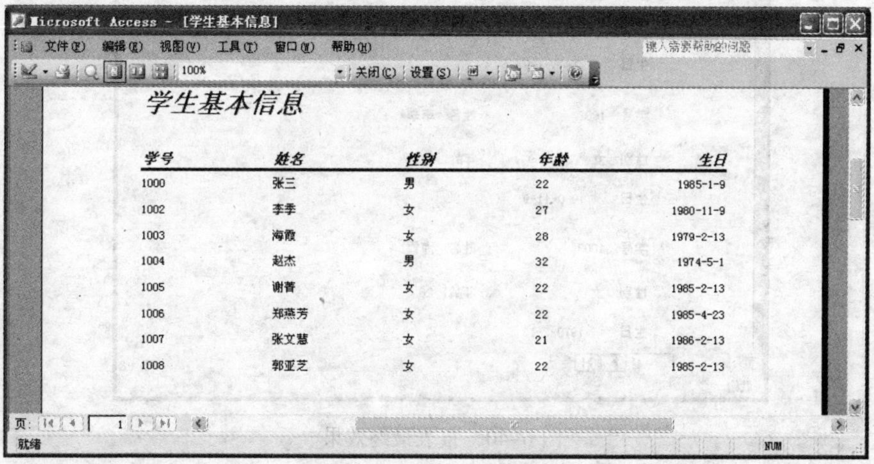

图 6-37 报表的显示效果

3. 使用设计视图来创建报表

同使用设计视图来创建窗体一样,只要在如图 6-38 所示的"新建报表"对话框中选择"设计视图",并选好数据源,单击【确定】按钮即可。

这时会出现如图 6-39 所示的报表设计窗口。可以把需要的字段拖到报表主体中去,再适当调整一下位置和大小就可以了。

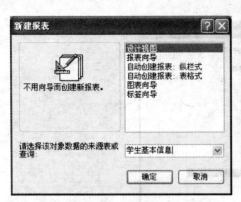

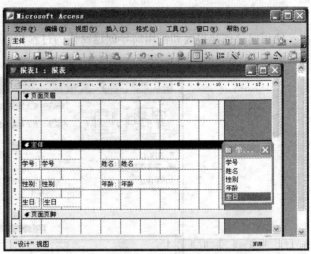

图 6-38 用设计视图来创建报表 　　　　　图 6-39 报表设计窗口

也可以单击报表设计窗口左上角的【打印预览】按钮来查看效果。如图 6-40 所示。

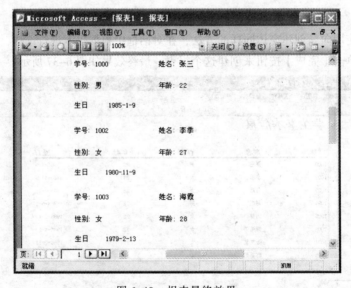

图 6-40 报表最终效果

习 题 6

一、思考题

1. 名词解释：数据库、表、字段、记录、值
2. 为什么要使用数据库来管理数据？
3. Access 和 Excel 的区别是什么？

二、选择题

1. Access 作为一个小型的数据库管理系统，它属于（　　）数据模型。

    A. 层次型　　　　　B. 网络型　　　　　C. 关系型　　　　　D. 其他类型

2. 二维表由行和列组成，每一行表示关系的一个_____。

    A. 属性   B. 字段   C. 集合   D. 记录

3. 如果一张数据表中含有照片，那么"照片"这一字段的数据类型通常为_____。

    A. 备注   B. 超级链接   C. OLE 对象   D. 文本

4. Access 数据库管理系统根据用户的不同需要，提供了使用数据库向导、输入数据和_____3 种方法来创建表。

    A. 自定义   B. 系统定义   C. 模板   D. 设计器

5. Access 常用的数据类型有_____。

    A. 文本、数值、日期和浮点数   B. 数字、字符串、时间和自动编号

    C. 数字、文本、日期/时间和货币   D. 货币、序号，字符串和数字

6. "学号"字段中含有"1001"、"1002"、"1003"等值，则在表设计器中，该字段可以设置成数字类型，也可以设置为_____类型。

    A. 货币   B. 文本   C. 备注   D. 日期/时间

7. 在 Access 中，"文本"数据类型的字段最大为_____个字节。

    A. 64   B. 128   C. 255   D. 256

8. 以下叙述中，_____是错误的。

    A. 查询是从数据库的表中筛选出符合条件的记录，构成一个新的数据集合

    B. 查询的种类有简单查询、组合查询、计算查询、条件查询

    C. 创建窗体不能使用向导

    D. 可以使用设计视图来创建窗体

9. 以下关于主键的说法，错误的是_____。

    A. 使用自动编号是创建主键最简单的方法

    B. 作为主关键字的字段中允许出现 Null 值

    C. 作为主关键字的字段中不允许出现重复值

    D. 不能确定任何单字段的值的唯一性时，可以将两个或更多的字段组合成为主键

10. 在 Access 数据库中，专用于打印的是_____。

    A. 表   B. 查询   C. 报表   D. 页

三、上机练习题

1. 建立一个数据库，包括 3 张表，第一张：学生信息表，包括字段学号、姓名、性别、年龄、联系电话；第二张：选课表，包括字段学号、课程名称、选课时间；第三张表：成绩表，包括字段学号、课程名称、成绩。（考虑每个表的主键应设为哪些字段？）

2. 根据上面的 3 张表，建立查询：学生选课信息一览，要求显示出每个学生都选了哪些课程。

3. 根据上面的 3 张表，建立查询：学生各科成绩查询，要求显示出每个学生所选课程的成绩情况。

4. （选做题）综合所学查询、报表和窗体的内容，利用上机练习 1 中的数据制作一个简单的数据库管理系统。

第 7 章 多媒体基础知识

多媒体这一概念常用来兼指多媒体信息和多媒体技术，并以后者居多。所谓多媒体信息是指集数据、文字、图形与图像为一体的综合媒体信息。多媒体技术则是将计算机技术与通信传播技术融为一体，综合处理、传送和存储多媒体信息的数字技术，它提供了良好的人机交互功能和可编程环境，极大地拓展了计算机应用领域，改变着人们工作、学习、生活的方式，并对大众传播媒体产生巨大的影响。

7.1 多媒体与多媒体技术

7.1.1 多媒体的基本概念和特性

多媒体与多媒体技术的基本概念如下：

（1）媒体。媒体指的就是用于传播和表示各种信息的载体和手段，如常见的报纸、电视、广播等都是媒体。在计算机领域，媒体有两种含义：一是指信息的表示形式，如文字、声音（音频）、图形、图像、动画、视频；二是指存储信息的载体，如光盘、软盘等。多媒体技术指的是第一种含义。

（2）多媒体。多媒体就是将文本、声音、图形、图像、动画和视频等多种媒体成分组合在一起。例如一些多媒体教学光盘，既有文字，还有解说和视频。

（3）多媒体技术。多媒体技术是以计算机技术为核心采集、传输、处理和展现各种媒体信息的技术。通常是指把文字、音频、视频、图形、图像、动画等多媒体信息通过计算机进行数字化采集、压缩/解压缩、编辑、存储等加工处理，再以单独或合成的形式表现出来的一体化技术。

总体来说，多媒体与多媒体技术具有诸如数字化、集成性、交互性等特性。

（1）数字化是指多媒体信息以数字形式表现，并以全数字化方式加工处理多媒体信息，信号衰减小，不丢失，不畸变，最大限度地保持了信息的精确度。

（2）集成性是指多媒体采用了数字信号，可以综合处理文字、声音、图形、图像、动画、视频等多种信息，并将这些不同类型的信息有机地结合在一起。

（3）交互性是指多媒体信息以超媒体结构进行组织，可以方便地实现人机交互。换言之，人可以按照自己的思维习惯，按照自己的意愿主动地选择和接受信息，拟订观看内容的路径。

7.1.2 多媒体技术的发展

- 1972 年，第一款 8 位处理器 Intel 8008 的问世标志着第四代计算机的出现。多媒体技术的萌芽、发展也是伴随着第四代计算机的开始而发展起来的。

- 1984 年，美国 Apple 公司首先在其 Macintosh 机上引入位图的概念。
- 1985 年，Commodore 公司推出世界上第一个多媒体计算机系统 Amiga，使世界看到多媒体技术的美好未来。
- 1986 年，Philips 公司和 Sony 公司联合推出了交互式紧凑光盘系统 CD-1，它将多种媒体信息以数字化形式存储在光盘中。
- 1987 年，RCA 公司推出了它们的交互式数字视听系统（Digital Video Interactive，DVI）。
- 1990 年，世界几家较大的计算机厂商，包括 Microsoft、IBM、Philips 和 NEC 等联合成立了多媒体计算机市场协会（Multimedia PC Marketing Council，MPC），负责制定多媒体个人计算机的标准。1995 年，该协会更名为多媒体 PC 工作组（The Multimedia PC Working Group）并颁布了多媒体 PC 的最新标准 MPC3。

目前，随着计算机软/硬件技术的飞速发展，尤其是网络技术的发展，多媒体技术也得到了飞速的发展。

7.1.3　多媒体技术的应用

就目前的发展而言，多媒体技术的主要应用可以总结为以下几个方面：

- 教育培训。利用多媒体技术，可以制成多媒体教学光盘或网络教程。因为它汇集了多种媒体的效果，所以比单纯地使用一种媒体效果要好得多。例如，现在很多教师都在讲课的时候播放一些视频片断或多媒体课件。
- 展览展示。形象生动，特别有助于商业服务，如故宫博物馆推出的网上故宫游，还有一些大型网上超市，顾客可以在网上了解商品的性能、外观和价格等信息。还有一些旅游景点推出的触摸屏展示系统。
- 视频会议。所谓视频会议，是指分布在各地的人们可以通过电视或网络实现面对面的交流，不仅可以交谈，还可以共享图文资料。这比过去的电话会议效果要好得多，目前广泛应用于网络教育、电子商务、电子政务、远程医疗等。
- 娱乐应用。娱乐应用可以算是一种非常广泛的应用，包括网络游戏、视频点播等。目前的网络游戏不仅吸引了大量的青少年，而且也吸引了大量的成年人，并且形成了一个规模庞大的游戏产业。很多小区也开设了视频点播等服务，坐在家里就可以方便地在线点播各种影片。

可以说，多媒体技术已经渗透到了各行各业。并且，不是仅仅局限于计算机，已经深入到了电视、手机等原来的传统家电中，例如目前推出的彩信业务、手机图片、手机铃声就吸引了大量的不同层次的用户。可以说，多媒体技术和网络技术的发展，给人们的学习、生活、工作带来了翻天覆地的变化。

7.1.4　多媒体技术的研究现状

目前，对多媒体技术的研究主要集中在压缩技术和存储技术两大领域。

1. 多媒体压缩技术

近年来，关于多媒体压缩技术的发展主要是为了适应多媒体的网络应用。在图像压缩编码中，推出了新一代的静态图像压缩标准 JPEG 2000。该标准非常适合图像的网络传输，能够实现在极低带宽条件下的图像传输。在视频压缩领域，推出了新一代的压缩标准 MPEG-4，该标准同样适用于带宽较低的网络环境中，且可提供极高的压缩比。利用该技术制作的 DVD 影像，不仅占用的网络带宽小，且图像质量只比原始的 MPEG-2 标准制作的 DVD 影像略低。而在音频编码方面，MP3 标准和 wma 媒体格式使得声音文件越来越小，但仍能保持原始的 CD 音质。

2．多媒体存储技术

多媒体存储技术的广泛使用，使得如何存储和管理多媒体成为一项比较关键的技术。传统的数据库主要是存放文字等资料，对于存放图片、音频和视频等资料则显得有些不足。近年来出现的多媒体数据库，就基本实现了对图像、音频/视频等资料的存储和管理。

7.2　多媒体计算机系统的组成

IBM 于 1981 年开发出第一台桌面计算机，并采用"个人计算机"或 PC 这个名称作为它的品牌。当时的计算机功能有限，并且硬件水平还不能支持多媒体处理。现今 PC 的处理功能和外部设备越来越强大，能支持多媒体处理。本节将详细介绍多媒体计算机系统的组成。

7.2.1　多媒体计算机的标准

多媒体技术是实现基于计算机的、对多种媒体集成的技术。它直接或间接地依赖于计算机技术的支持，计算机硬件技术和软件技术两者的有机结合，相辅相成才能构成一个完整的多媒体计算机系统，如图 7-1 所示。

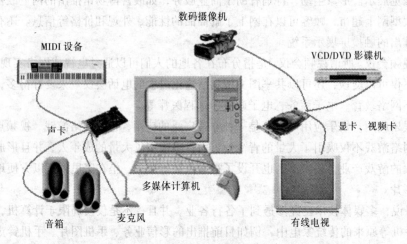

图 7-1　多媒体计算机系统结构图

1995 年多媒体 PC 工作组颁布了多媒体 PC 的最新标准 MPC3：

- 采用主频为 75MHz 以上的 Pentium 级微处理器。
- 内存为 8MB 以上。
- 配备数据传输率为 600KB/s 的 CD-ROM 驱动器。
- 配有 16 位声卡且具有波表合成技术以及 MIDI 功能。
- 在显示输出方面，要求具备颜色空间的转换和缩放功能，能以 65 535 色、352×240 分辨率、30 帧/秒播放动态视频。

- 要求硬盘容量不少于 540MB。
- 操作系统软件是 Windows 3.11 及更高版本或 MS-DOS 6.0 及更高版本。

其实，目前市场上流行的多媒体计算机基本上都远远超出了这一标准。

7.2.2　多媒体计算机的硬件设备

从多媒体计算机的标准可以看出，所谓多媒体计算机就是在普通计算机的基础上添加了一些特殊的多媒体设备。主要设备如下所示。

1. CD-ROM / DVD-ROM 驱动器和光盘

这就是通常所说的光驱，如图 7-2 所示。目前 DVD 光驱开始流行，它可以播放 DVD 光盘。

光盘是多媒体资料的重要载体，它必须符合一定的标准，目前国际上已经有几种光盘存储信息标准：第一种是用于存储音频信息的 CD-DA（CD-Digital Audio）标准，按照该标准每张光盘可以存储 60 分钟的音乐信息；第二种是用于存储计算机文件信息的 ISO 9660 标准，按照该标准每张光盘的容量为 650MB；第三种是根据 MPEG 压缩技术标准制定的，用于存储视频信息的 Video CD 标准，按照该标准每张光盘可以存储 74 分钟的 VCD 内容；第四种是根据 MPEG-2 压缩标准制定的 DVD 标准，可录制 2 小时以上的影片，容量可达 4.7GB 以上。

2. 声卡

声卡也叫音频卡，是多媒体计算机的必要部件，用来进行声音处理的适配器，如图 7-3 所示。声卡有 3 个基本功能：音乐合成发音功能、混音器（mixer）功能和数字声音效果处理器（DSP）功能以及模拟声音信号的输入和输出功能。利用它可以播放声音或录制声音。

图 7-2　光驱示意图　　　　　　　　　　图 7-3　声卡

声卡处理的声音信息在计算机中是以文件的形式存储。它可以处理绝大多数在 Windows 操作系统上多媒体软件所支持的声音文件。声卡使用的总线有 ISA 总线和 PCI 总线。此外，声卡还具备相应的软件支持，包括驱动程序、混频程序和 CD 播放程序等。

3. 显卡

显卡的主要作用是对图形函数进行加速，如图 7-4 所示。现今，CPU 已经无法对众多的图形函数进行处理，而最根本的解决方法就是图形加速卡，即显卡。显卡拥有自己的图形函数加速器和显存，专门用来执行图形加速任务，大大减少 CPU 所必须处理的图形函数。

图 7-4　显卡

显卡由图形处理芯片 GPU、显存、显卡 BIOS 和接口组成。在软件上，显卡提供了处理图形、图像的函数接口，可以供各种多媒体软件调用。

人们通常使用的计算机上只要有显卡，就可以显示图像和视频。但是如果希望实现对视频的处理，例如从摄像机上采集视频，就需要使用视频卡，它可以实现对声音、图像的采集、压缩和重放。

4. 其他设备

除了以上主要设备外，还包括显示器、音箱（耳机）、麦克风、摄像头、数码相机、数码摄像机、扫描仪、游戏手柄等外设。

7.3　数字化图像

数字化图像技术是多媒体计算机处理技术的基础。计算机只能处理数字，而不能处理自然界的原始信息，只有将自然界的原始信息经数字化处理之后，计算机及软件才能识别、处理这些多媒体信息。

7.3.1　数字化图像知识

数字化图像（简称数字图像），是指将原始的模拟图像（如胶卷照片、电影拷贝图片等）通过数字化技术处理后，可存储到计算机中，并能被计算机使用的图像的总称。那么，对于计算机而言，数字图像可以是单幅图片，也可以是一段连续的动画或视频；从存储形式上，它们均以计算机文件的形式存储在硬盘或光盘中，供用户使用。

数字化图像具有如下基本概念：

- 像素。数字图像的最小组成单元是像素（pixel）。一幅数字图像是由若干像素点以矩阵的方式排列而成的。像素点的大小，直接与图形的分辨率有关，分辨率越高、像素点就越小，图像就越清晰。并且，图像的明暗是通过像素的数值体现的，像素数值越大，图像的亮度越明；否则图像的亮度就越暗。
- 分辨率。分辨率指的是一幅数字化图像所包含像素的个数，例如一幅分辨率为 $1\,024 \times 768$ 的图像，说明图像的宽为 1 024 个像素，高为 768 个像素。若对同一胶卷的进行数字化，分辨率越高，说明数字化后的图像越细腻，画质越好。图像的分辨率越高，所需要的计算机存储空间越大，在网络中传输的时间也越长。

计算机中的图像文件可以分为两类：位图和矢量图。

1. 位图

位图图像由一系列像素组成，每一个像素用若干个二进制位来指定颜色深度。如果用 n 个二进制位表示一个像素，就可以生成 2^n 种颜色的图像。例如，用 8 个二进制位可以生成 256 色的图像；用 24 个二进制位就可以生成 16 777 216 色图像（也称为 24 位真彩色）。

用于存储像素点信息的二进制位越多，则图像的失真越小，图像也越逼真于原始图像，图 7-5 是 24 位真彩色图像和 256 色图像的比较。

常见的位图文件格式有 BMP、JPEG、GIF、TIF、PCX 等。用画图程序绘制的图像文件一般就是 BMP 格式，它是把一幅图像的每一个像素点的色彩、亮度等信息逐字逐位地记录下来，信息量是相当大的。一幅 640×480 大小的图像，文件的大小约为 1MB。

图 7-5　24 位真彩色图像与 256 色图像的比较（左为 24 位，右为 256 色）

JPEG 是由国际标准化组织制定的一种压缩标准，它可以在基本不失真的情况下大大减小文件的体积，如对于一般 BMP 格式的图像，转化为 JPEG 格式后体积大约是原来的 1/10。

2. 矢量图

矢量图不是逐点记录信息，而是采用一种计算方法生成图形。也就是说，它存储的是图形的坐标值。例如，对于一个圆来说，它存放的是圆心坐标和半径长度。这种图像体积小、精度高，但是显示的图像一般不是非常丰富，适用于一些简单的动画。

常见的格式有 CDR、FHX 或 AI 等。

7.3.2　怎样实现图像数字化

数字化的图像目前主要通过数码相机、图像扫描仪等设备从外界获取，也可以利用制图软件（如 Windows XP 的画图工具、Photoshop 等）直接绘制或是通过抓图软件抓取计算机屏幕上的图像信息。

1. 数码相机

数码相机是利用 CCD（一种阵列式的光敏耦合器件）成像的电子输入设备，如图 7-6 所示。它不需要胶卷胶片；图像以数字形式在相机内部存储，只需通过连接线和简单软件，将获得的图像转换为数字信息传输给计算机处理或者照片打印机打印。目前，数码相机的功能十分强大，其拍摄的照片一般在 1 000 万像素左右，画质十分出色。

图 7-6　数码相机及其 USB 接口连线

数码相机一般采用 USB 接口同计算机相连，只需要将数码相机通过 USB 接口同计算机连接，即可很容易地将图片传输到计算机中。

2. 扫描仪

扫描仪是使用最为广泛的数字化图像设备，将光线投射到图片上，然后把图像复制到计算机中，如图 7-7 所示。利用它可以将任意的照片、图纸转换成数字化的图像。扫描仪大致可分为 3 类：掌上型、平台式和滚筒式，其中除了滚筒式扫描仪使用光电管获取影像外，其余都是利用 CCD 成像。目前，大部分的扫描仪都是通过打印机口（LPT1）与计算机连接在一起，也有一些扫描仪使用的是 USB 接口，这些都要就具体的扫描仪而定。

图 7-7　扫描仪

3．软件制作

有许多计算机软件支持绘图和图像处理。例如，利用 Windows XP 的画图工具能绘制较为简单的图画，并可以将图画以数字图像的形式存储。关于绘图的相关内容可参考第 2.7.1 和 7.4 节。

4．获取屏幕上的图像

有时候需要抓取屏幕上的内容，例如，在写计算机书的时候，就经常需要抓取计算机的界面，这通常称为 "抓屏"。

方法很简单：按一下键盘上的【PrintScreen】键，就会把整个屏幕都 "抓" 下来并存放在剪贴板中，然后打开画图程序或 Word 软件，在合适的位置单击鼠标右键，在快捷菜单中选择 "粘贴" 命令，就可以看到屏幕的图片文件，如图 7-8 所示。

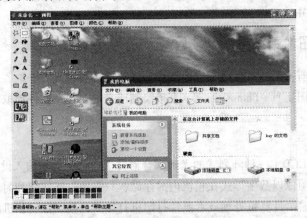

图 7-8　抓取屏幕并显示在画图程序中

如果只想 "抓取" 当前活动窗口的内容，可同时按下【Alt】和【PrintScreen】键，然后在合适的软件中粘贴即可。

以上介绍的只是简单抓取屏幕的方法，如需要更复杂地抓取，可以使用专门的抓图软件，例如 HyperSnap 等。

7.3.3　浏览图像的常用软件 ACDSee

ACDSee 是一款常用的数字图像浏览和处理软件，它广泛应用于图片的获取、管理、浏览、优化以及和他人的分享等领域。

使用 ACDSee，用户可以从数码相机和扫描仪中高效迅速地获取图片，并实现便捷地查找、组织和预览等功能。ACDSee 支持 bmp、gif、jpg、pcd、pic、pcx、png、psd、tga、tif、wmf 等多种图片格式。

此外，ACDSee 还是一种方便的图片编辑工具，利用它可以简单地处理图片。

1．ACDSee 的安装与启动

从网上下载 ACDSee 10 安装程序后，双击其安装文件，根据提示输入有关信息即可完成安装。

安装完毕后，依次选择"开始"→"所有程序"→"ACD Systems"→"ACDSee 10"命令，即可启动 ACDSee 10，会出现如图 7-9 所示的图像浏览器窗口。

图 7-9　ACDSee10 图像浏览器

ACDSee 由 3 个主要部分组成，分别为浏览器、查看器以及编辑模式，下面就这 3 部分的主要功能做一下简要的介绍。

2．利用图像浏览器浏览、管理图片

图像浏览器主要用来浏览和管理图片。它的界面与资源管理器十分类似，除了窗口上方的标题栏、菜单栏和工具栏，主要分为 4 个窗格：左侧上部为目录树窗格，下部为预览窗格，中间为文件列表窗格，右侧为整理窗格。

在图像浏览器中，用户可以在该界面内进行图片的查找、移动及预览、编辑设置以及图像大小、亮度的调整和格式转换等操作。

在目录窗格中选择图像的所在文件夹，然后在文件窗格中选定需要预览的图片，即可在预览窗格中看到图片的缩略图。

如果用户想仔细查看该图片，直接按【Enter】键或者用双击该图片即可切换到图像查看器，详细查看该图片。

若要管理图片，则可通过整理窗格中的"类别"和"评级"来进行对图片的分类管理。具体方法为：首先创建所需要的类别，然后在文件列表窗格中，将所选文件拖放到整理窗格中的对应类别或评级中，这一操作不会更改文件的位置，之后就可以根据类别和评级调出位于不同位置下的图片。

3．利用图像查看器浏览图片

利用图像查看器可以详细查看图片，在浏览器方式下，双击一个图像文件，就可以直接打开图像查看器，如图 7-10 所示。

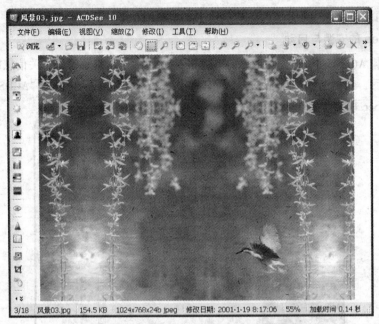

图 7-10 ACDSee 10 的图像查看器

图像查看器的主要功能如下：

（1）单击工具栏上的【打开】按钮，可以打开新的图片文件。

（2）单击工具栏上的【上一个】和【下一个】按钮，或者按键盘上的【PageUp】、【PageDown】键，可以向上、向下浏览当前路径下的其他图片。按空格键也可以到下一张。

（3）单击【自动播放】按钮，图像查看器可以以自动播放的方式循环显示指定路径下的图片。

（4）单击工具栏上的【缩小】和【放大】按钮，可以按比例缩放图片。

（5）单击工具栏上的【向左旋转】和【向右旋转】按钮，可以将图片按逆时针、顺时针的方向进行旋转。

（6）单击工具栏上的【设置墙纸】按钮，可以将图片快速地设为 Windows 桌面背景图片。

（7）单击【移动到】、【复制到】或【删除】按钮，可以将显示的图片移动、复制到指定位置或者将图片删除。

（8）选择"文件"→"另存为"命令，可以将正在查看的图片文件转换为指定的其他格式。

技巧：在图像查看器和图像浏览器中双击图片或者按【Enter】键即可在两者之间切换。

4. 利用编辑模式编辑图片

在编辑模式下可以对图片进行具体编辑，它包括一整套有用的工具，可以帮助消除数码图像中的红眼、消除不需要的色偏、应用特殊效果，也可以执行以下操作来编辑和增强图像：调整亮度与色阶，裁剪过大的图像，旋转或翻转错位的图像，以及调整清晰度。完成编辑时，可以预览所作的更改，然后以各种不同的格式来保存图像。

有两种方法可以进入编辑模式：

（1）在浏览器中，选择图像，然后单击工具栏上的【编辑图像】按钮可以进入编辑模式，如图 7-11 所示。

（2）在图像查看器中，单击工具栏上的【编辑图像】按钮，也可以进入编辑模式。

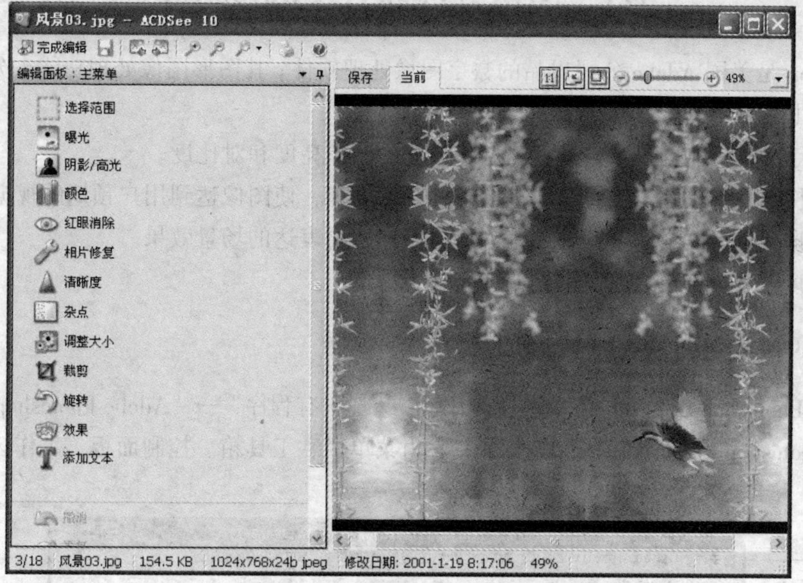

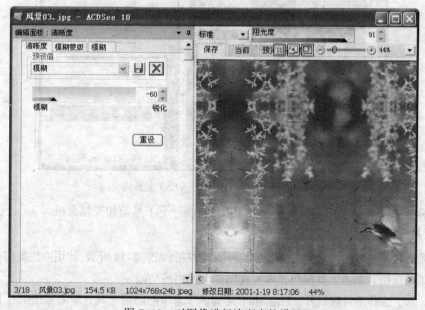

图 7-11　ACDSee 10 的图像编辑模式

　　进入编辑模式后，从编辑面板的主菜单中选择要进行的操作，单击就可以调出相应的工具面板来，如图 7-12 所示为清晰度的面板，设置好后，还可以通过选择"当前"、"保存"以及"预览" 3 个选项卡，来比较原始图像与编辑过的版本，并且在将它们保存到硬盘之前预览所做的编辑效果。

图 7-12　对图像进行清晰度的设置

　　技巧：用 ACDSee 编辑图片时，可以单击工具栏上的【适合图像】按钮，将图片以适应窗口大小的比例显示。

7.4 图像处理软件 Photoshop

Photoshop 是美国 Adobe 公司出品的数字图像处理软件。其图形图像处理功能十分强大，主要作用有如下几点：

（1）支持扫描仪进行图像扫描，并调整最佳的图像亮度和对比度。

（2）获取数字图像后，能对图像进行各种艺术处理，使图像达到用户预期的视觉效果。

（3）能够将若干幅图像进行合成，创造出用户所要表达的场景效果。

（4）能够从一幅复杂的图像中提取特定的主题。

7.4.1 Photoshop CS3 的窗口组成

安装好 Photoshop CS3 后，依次选择"开始"→"所有程序"→"Adobe Photoshop CS3"命令，即可启动 Photoshop CS3，如图 7-13 所示，它由菜单栏、工具箱、控制面板、工作区和状态栏等组成。

图 7-13 Photoshop CS3 主界面

Photoshop 的界面和使用比较复杂，下面重点讲解一下工具箱和控制面板。

1. 工具箱简介

工具箱提供了基本的图像处理工具的快捷方式按钮，如图 7-14 所示，使用方法类似于 Windows 画图中的工具按钮，单击工具按钮，即可在图像上使用该功能。

其实，除了这些工具按钮外，Photoshop 还提供了大量的隐藏工具，如果某按钮右下角有小三角形就表示它含有隐藏工具。使用时，同时按住【Shift】和【Alt】键，单击工具按钮即可调出隐藏的按钮。

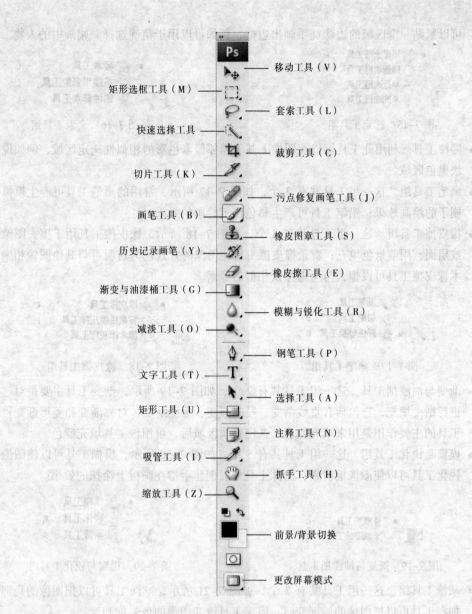

矩形选框工具（M）——

快速选择工具——

切片工具（K）——

画笔工具（B）——

历史记录画笔（Y）——

渐变与油漆桶工具（G）——

减淡工具（O）——

文字工具（T）——

矩形工具（U）——

吸管工具（I）——

缩放工具（Z）——

——移动工具（V）

——套索工具（L）

——裁剪工具（C）

——污点修复画笔工具（J）

——橡皮图章工具（S）

——橡皮擦工具（E）

——模糊与锐化工具（R）

——钢笔工具（P）

——选择工具（A）

——注释工具（N）

——抓手工具（H）

——前景/背景切换

——更改屏幕模式

图 7-14　Photoshop 工具箱

2．主要工具按钮简介

下面简要地介绍一下主要的工具按钮，更详细的介绍请参考帮助或专业书籍。

- 选定工具组。这一组工具共有 4 个，如图 7-15 所示，主要用于选择一块区域，其中矩形选框工具用于选定一个矩形区域；椭圆选框工具用于选定一个椭圆区域；单行选框工具用于选定一个像素高的行；单列选框工具用于选定一个像素高的列。
- 移动工具。利用此工具可以移动一个区域或层面。例如，用图 7-15 中的选定工具按钮选择区域后，再使用移动工具按钮，就可以将选定区域移动到其他位置。
- 套索工具组。这一组工具共有 3 个，如图 7-16 所示，一般用于选择一个复杂区域。套索工具可以用曲线选择一个区域；多边形套索工具可以用折线选择一个区域；磁性套索工具可以紧贴一个区域的边缘徒手画出边框，例如可以用于精确选择一幅画中的人物。

图 7-15　选定工具组　　　　　　　　　图 7-16　套索工具组

- 魔棒工具。利用此工具可以在图像上基于相邻像素色彩的相似性选定区域，例如说选定一块黑色区域。
- 画笔工具组。这一组工具共有 3 个，如图 7-17 所示，常用的画笔工具可产生模拟毛笔或刷子的绘画效果；铅笔工具可产生彩色铅笔绘画的效果。
- 橡皮擦工具组。这一组工具共有 3 个，如图 7-18 所示，橡皮擦工具用于擦去图像的背景或层面，用前景色填充；背景橡皮擦工具使图像的背景色为透明可与其他图像相融合；魔术橡皮擦工具可以擦去与所选像素相似的像素。

图 7-17　画笔工具组　　　　　　　　　图 7-18　橡皮擦工具组

- 渐变与油漆桶工具。这一组工具共有 2 个，如图 7-19 所示，渐变工具主要是对选定区域进行渐变填充，它包括有直线渐变、径向渐变、角度渐变、对称渐变和菱形渐变；油漆桶工具的主要作用是用来填充颜色，选定一块区域后，可用该工具填充颜色。
- 模糊与锐化工具组。这一组工具共有 3 个，如图 7-20 所示，模糊工具可以使图像柔化；锐化工具可以使图像更清晰；涂抹工具可以创建手指在画板上涂抹的效果。

图 7-19　渐变与油漆桶工具　　　　　　图 7-20　模糊与锐化工具组

- 减淡工具组。这一组工具共有 3 个，如图 7-21 所示，减淡工具可以把图像的局部变亮；加深工具可以把图像的局部变暗；海绵工具改变图像的色彩饱和度。
- 文字工具组。这一组工具共有 4 个，如图 7-22 所示，文字工具用于在图像的水平方向上输入文字文本；竖直文字工具用于在图像上竖直方向输入文字文本；水平文本蒙版用于在图像水平方向上输入文字虚框；竖直文本蒙版用于在图像竖直方向上输入文字虚框。

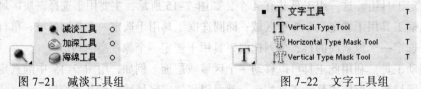

图 7-21　减淡工具组　　　　　　　　　图 7-22　文字工具组

- 钢笔工具组。这一组工具共有 5 个，如图 7-23 所示，钢笔工具也称为勾边工具，即用色彩勾画出一条路径；自由钢笔工具用法与套索工具相似，可以在图像中按住鼠标左键不放直接拖动，可以在鼠标轨迹下勾画出一条路径；添加锚点工具可以在一条已勾完的路径中增加一个节点以方便修改；删除锚点工具可以在一条已勾完的路径中减少一个节点；转换点工具主要是将圆弧的节点转换为尖锐，即圆弧转直线。

- 形状工具组。这一组工具共有 6 个，如图 7-24 所示，矩形工具用于在图像上勾画一个矩形形状；圆角矩形工具用于勾画一个圆角矩形形状；椭圆工具用于勾画一个椭圆形状；多边形工具用于勾画一个多边形形状；直线工具用于勾画一条直线；自定义形状工具用于自由勾画一个封闭形状区域。

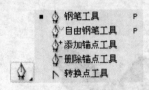

图 7-23　钢笔工具组

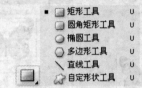

图 7-24　形状工具组

- 吸管工具组。这一组工具共有 4 个，如图 7-25 所示，其中吸管工具可以获取图像中任何位置像素的颜色值；颜色取样器工具可以获取图像中任何位置像素的颜色；标尺工具可以计算图像上两个像素之间的距离，显示在"信息"控制面板上。

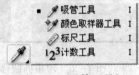

图 7-25　吸管工具组

- 抓手工具。可以利用鼠标在图像上滚动、拖拉图像。
- 缩放工具。可以放大或缩小图像。

设置前景或背景颜色，单击前景色或背景色按钮就可以设置所需的颜色，单击小箭头就可以切换前景色和背景色。

3．控制面板

在图 7-13 所示的 Photoshop 主窗口右侧，有一些控制面板。这些控制面板类似于 Word 中的对话框，包括一些常用的功能。

其中"导航器"面板可以用来放大或缩小图形，不过，这里只是改变图形的显示比例，并不真正改变图形的大小；"颜色"面板可以用来进行颜色和样式的选取；其他如"图层"和"通道"等面板将在后面详细介绍。

如果希望显示或隐藏面板，只需选择"窗口"菜单下的相应命令即可。

7.4.2　图像处理的基本操作

图像处理主要包括图像区域的选择、复制、移动等基本操作，其实和画图程序以及 Word 都有一定的相似性，首先选定图像区域，然后执行复制、移动等操作。

1．图像区域的选择

选择"文件"→"打开"命令，即可打开一幅图像。打开图像后，可以利用工具栏中的选定工具组来选择特定区域，一般可用"矩形选框工具"和"椭圆选框工具"来选择图像区域，如图 7-26 所示。选择时，将鼠标移至所要选择图像区域的左上角，按住左键下拉至右下角，便可以成功选择一块区域。

此外，还可利用套索工具组来选择图像区域。利用套索工具选择时的精度更高，并且可以提取图像物体的轮廓，这样便能准确地从复杂图像中抽取单个物体。如图 7-27 所示，利用"磁性套索工具"实现对图像轮廓的提取。选择时，可以先用"缩放工具"将图像适当放大，以便于用套索进行圈选，放大图像后按住鼠标左键沿图像边缘缓缓移动，当首尾封闭时单击即可成功选择。

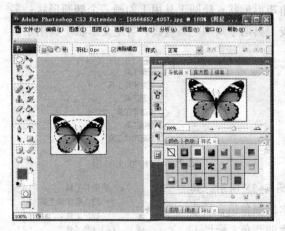

图 7-26　使用椭圆选框工具选择图

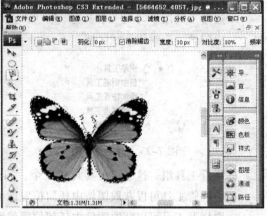

图 7-27　利用"磁性套索工具"提取图像
轮廓并移动物体

有时，就想选择除了图像以外的其他区域，那就要用到"反选"功能：首先选中人物，然后选择"选择"→"反向"命令，就可以反选除人物之外的其他区域。

如果要取消选择区域，只要在工具箱上选择"矩形选择"按钮或者"椭圆选择"按钮，然后在图像上单击就可以取消或者按快捷键【Ctrl+D】。

技巧：（1）按住【Shift】键，可以同时选择多块区域。

（2）利用魔棒工具可以快速选择大块的相同颜色区域。

2. 复制

Photoshop 中的复制和 Word 中的复制基本一样，可以在同一幅图片中复制，也可以在不同的图片之间复制。

【**例 7.1**】将图 7-27 中的蝴蝶在同一幅画面中复制一份。

首先利用"磁性套索工具"选中蝴蝶，然后选择"编辑"→"拷贝"命令，就可以将该区域复制到剪贴板上，然后选择"编辑"→"粘贴"命令，即可在当前图像中复制一份，如图 7-28 所示。要注意复制的区域默认在原位置，需要利用"移动工具"将复制区域移动到右边。

如果希望在不同的图像之间复制区域，只要同时打开多个图像文件，当在其中的一幅中复制一块区域后，再选择另一个图像，然后粘贴即可。这种方法常常用来合成多幅图像。

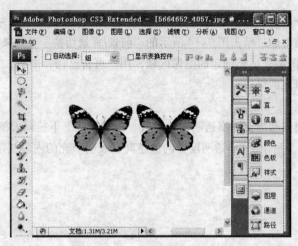

图 7-28 图像区域的复制

3. 移动

移动和复制类似，只是先选择的是"编辑"→"剪切"命令，以后的步骤都相同。

4. 清除

要将选定区域删除，就要用到清除功能。

【例 7.2】清除如图 7-29（a）中企鹅以外的内容。

首先利用"磁性套索工具"选中企鹅，选择"选择"→"反选"命令，就可以选中除企鹅以外的区域。然后选择"编辑"→"清除"命令即可，结果如图 7-29（b）所示。

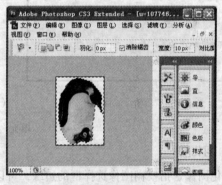

（a）企鹅原始图片　　　　　　　　　　（b）清除企鹅以外的区域

图 7-29 图像区域的反选与清除

5. 填充

利用填充功能可以用图案或颜色填充图像区域。

【例 7.3】填充如图 7-29（b）中的空白区域。

首先利用选择和反选命令选中图 7-29 中的白色区域，然后选择"编辑"→"填充"命令，将弹出如图 7-30（a）所示的"填充"对话框，进行填充操作的参数设置。

（1）设置填充内容

在"内容"区域中可设置图像区域填充的内容。其中，在"使用"下拉列表框中选择"前景色"或"背景色"命令进行填充，如图 7-30（b）所示，图像区域将填充为已设定的单一颜色。前景色和背景色的切换可通过单击图 7-14 所示的"前景/背景切换"工具来完成。"图案"填充将利用 Photoshop 提供的图案来填充选定的图像区域，用户可自己选择图案。"历史记录"填充将恢复图像区域最后一次填充的样式。

（2）设置混合模式

该选项完成填充模式和填充图案透明度的设置。在"模式"下拉列表框中有数十种填充的混合模式，如图 7-30（c）所示，"不透明度"的值越高，表明填充的内容越浓密、清晰。

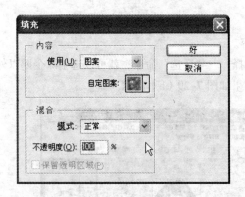

（a）"填充"对话框　　　　（b）"使用"下拉列表框　　（c）"模式"下拉列表框

图 7-30　"填充"对话框及其参数选项

6．羽化

羽化图像是指模糊图像选择框的边缘，可以消除选择区域的正常硬边界，也就是使边界产生一个柔和的过渡区域。大家可以注意一下网上的很多图片都非常柔和，而我们刚才制作的如图 7-29（b）所示的效果边缘却非常尖锐，这就是因为没有应用羽化功能，现在重新来做一下。

【例 7.4】利用羽化重新实现清除功能。

（1）首先和清除例子一样利用"磁性套索工具"和反选功能选中如图 7-31 中除企鹅以外的区域。

（2）然后选择"选择"→"调整边缘"命令，在弹出的如图 7-32 所示对话框中填入羽化半径值，并调节对比度和平滑值，羽化半径数值越大表明图像区域边缘越平滑，设置了羽化半径后，单击【确定】按钮完成图像区域的羽化操作。

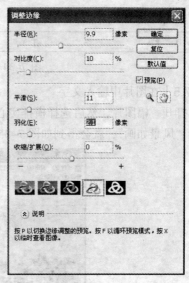

图 7-31　图像区域的反选　　　　　图 7-32　　"调整边缘"对话框

（3）最后选择"编辑"→"清除"命令即可得到如图 7-33 所示的结果。

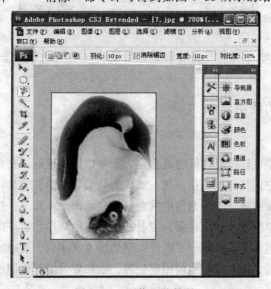

图 7-33　图像羽化结果

　　其实不管是复制、移动、清除还是填充，只要设置了羽化半径，就可以使边界变得柔和。

　　技巧：选定一个区域并羽化后，选择"图层"→"新建"→"通过剪切的图层"命令，就可以使该图像区域变得柔和。

7.4.3　插入文字

　　利用 Photoshop 提供的文字工具组，如图 7-34 所示，选择相应的工具，就可以在图像中添加文字。Photoshop 提供了两种文字的排列方式：横排方式和传统的竖排文字方式。此外，可以通过文字编辑工具来编辑文本框的内容格式：包括字体、字体风格、字体大小、文字/背景颜色对比处理、文本版式以及文字颜色等。

图 7-34　文本框设置工具栏

【例 7.5】在图片中输入文字。

　　首先打开一幅图片，然后选择横排实心字工具，并在图 7-34 中设置好参数后，然后在文本框中输入"风景如画"，就会得到如图 7-35 所示的效果。

图 7-35　插入文字

　　技巧：在制作网页时，常常需要用到漂亮的字体，这就经常需要将文字做成图片，然后插入到网页中。

7.4.4　图层与通道的使用

1. 什么是图层

　　图层是 Photoshop 中比较难以理解的概念，大家可以这样理解：在几张同样大小的透明纸上分别进行绘画，然后将它们整齐地叠在一起，就成为一幅完整的艺术品。这时上面的图像将覆盖下面的图像，下面的图像则透过上层图像中的空白处显示出来。那么，这里每一张透明纸就是一个图层，大家当然可以单独修改其中一张，或者调换两张的顺序，也可以增加或去掉一张。

　　前面虽然没有讲，但其实已经用到了图层。例如插入文字后，就增加了一个文字图层。要注意的是，当有多个图层后，就只能对当前图层处理，如果要处理其他图层，就需要在图层功能面板中切换图层。

2. 图层功能面板

　　对图层的操作，主要利用"图层"面板或"图层"菜单。"图层"面板一般位于屏幕右侧，如图 7-36 所示。其中主要包括如下功能：

- 着色模式。Photoshop CS3 提供了 22 种着色模式，用各种方法将各图层融合在一起。
- 不透明度。表示当前图层的透明程度，数值越大，图层透明度越差。
- 显示标志。眼睛标志表明这个图层是可见的，单击此位置可以显示/隐藏图层。该功能常用于暂时隐藏一个图层。
- 图层缩略图。它显示了该图层的缩略内容。
- 图层名称。将鼠标移动到图层缩略图上，待其变成手状标志后双击，可在打开的"图层选项"对话框中为图层重新命名并进行各种调节，右击也可以进行相应的操作。

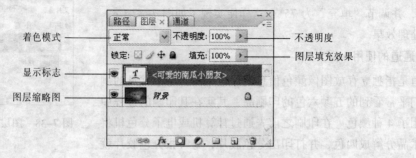

着色模式 ——— 正常 不透明度：100%
不透明度 ——— 不透明度
锁定：□／＋中 填充：100%
图层填充效果 ——— 图层填充效果
显示标志 ——— ＜可爱的南瓜小朋友＞
图层缩略图 ——— 背景

图 7-36 "图层"面板

3. 图层的基本操作

图层的操作非常复杂，这里仅介绍几种最基本的操作。

- 切换当前图层。当存在多个图层时，只能对当前图层进行操作，不过切换当前图层非常简单，只需单击图层名称即可，图 7-36 中深色显示的就是当前图层。
- 图层的排序。将鼠标移到图层名称上，待其呈手状时，拖动图层至另一图层名称上，该图层即被移动到新位置上。
- 隐藏图层。如果暂时不需要显示某个图层，只需单击图层显示"眼睛"标志，就可以隐藏该图层。再次单击，可以重新显示。
- 删除图层。如果某图层确实不再需要，最好将其删除。对准图层右击，在快捷菜单上选择"删除图层"命令即可。

选中图层后，还可以利用"图层"菜单进行更为复杂的操作，请大家自己尝试。

4. 图层应用举例

【例 7.6】下面通过一个应用例子来了解一下图层的操作。该例子实现了"图像混合叠加"的特殊效果，如图 7-37 所示，这种效果在广告设计中是经常用到的。下面具体讲解一下实现步骤。

（a）背景图像

（b）标题图像

（c）图像混合叠加的效果

图 7-37 利用图层操作实现"图像混合叠加"效果

（1）首先打开一幅图像，将其作为背景图像，如图 7-37（a）所示。

（2）接着再另外打开一幅标题图像，如图 7-37（b）所示，选择"选择"→"全选"命令选定图像的全部内容；然后选择"编辑"→"拷贝"命令。

（3）将标题图像粘贴到背景图像中，标题图像形成新的图层——"图层 1"；

（4）选中"图层 1"，在图 7-38 中设置其"着色模式"为"正片叠底"，并调节"填充"为 75%，这样便实现了如图 7-37（c）所示的处理效果。

图 7-38　图层 1 的参数设定

5．通道的使用

通道是指独立存放图像颜色信息的原色平面。举个常见的例子，我们平常看到的五颜六色的印刷品，其实在其印刷的过程中一般只用了 4 种颜色。在印刷之前先通过计算机或电子分色机将一件艺术品分解成四色，并打印出分色胶片；每一张分色胶片就是一张透明的灰度图，单独看没有什么特殊之处，但是将这 4 张分色胶片按一定的角度叠印到一起时，就变成了一张绚丽多姿的彩色照片。这里的每一张分色胶片就类似于一个通道，它保存了图像特定颜色的信息。

由于图像有 CMYK、RGB 等各种模式，所以它们的通道也比较复杂，一般的彩色图片都是 RGB 模式，含有如图 7-39 所示的红、绿、蓝 3 个通道。当然，也可以添加或删除通道。大家可以自己试一下，单击"眼睛"标志去掉某个通道，看看效果。

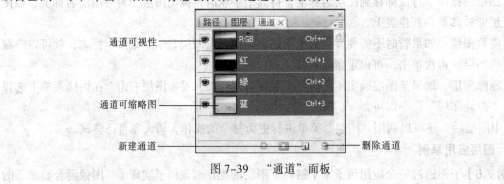

图 7-39　"通道"面板

7.4.5　滤镜的应用

Photoshop 的滤镜主要有 5 个方面的作用：优化印刷图像、优化 Web 图像、提高工作效率、提供创意滤镜和创建三维效果。滤镜的出现，极大地增强了 Photoshop 的功能，可以创造出十分"专业"的艺术效果。

Photoshop 的滤镜功能相当多，本节将通过一个例子来简要介绍滤镜的应用。

【例 7.7】突出图像的主题。

进行主题突出的处理，是将主题外的图像区域艺术化，而主题部分不受影响，如图 7-40 所示。它用到的工具有：钢笔工具的路径选择，图像区域的羽化，图层的复制以及径向模糊滤镜。下面详述实现的操作步骤。

（1）选择工具箱中钢笔工具组中的"自由钢笔工具"，在钢笔工具的参数栏（见图 7-41 所示）中选择"路径"工具，勾勒出图 7-40（a）中狮子的外形轮廓。

 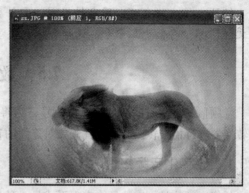

（a）原图像　　　　　　　　　　（b）主题突出后的图像

图 7-40　主题突出的效果比较

"路径"工具

图 7-41　选择钢笔"路径"工具

（2）选择"路径"面板，在面板中按下【Ctrl】键，并同时单击面板的工作路径，得到选择的区域。

（3）对选中的图像区域进行"羽化"处理，羽化半径为 2 个像素。

（4）选择"选择"→"反选"命令，反向选择主题的背景，并复制该背景为一个新建的图层（在背景区域右击选择"通过拷贝的图层"命令即可）。

（5）选择"滤镜"→"模糊"→"径向模糊"命令，在弹出的对话框中设置参数为：径向数量为 30；模糊方法为"旋转"；模糊品质为"好"，图 7-42 所示。单击【好】按钮便完成了图像主题的突出处理。

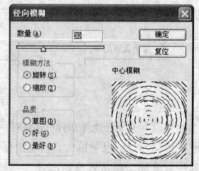

图 7-42　"径向模糊"对话框

技巧：滤镜功能强大，使用简单。大家可以打开一幅图像，直接应用各种滤镜试试，当然，也可以对选定的图像区域应用滤镜。

7.4.6　保存图像

前面已经讲了各种处理图像的方法，但 Photoshop 中保存图像和其他软件略有不同，可以选择各种图像类型。

一般来说，如果添加了其他图层，而希望下次打开时还能再编辑各个图层，可以将其保存为 Photoshop 格式（扩展名为.PSD）。一般选择"文件"→"存储"命令即可。

如果只是对图像做了简单处理，没有增加图层，也可以直接选择"文件"→"存储"命令保存为原来的格式。

如果已经对图片处理完毕，希望生成 JPG 或 BMP 格式的图片，可以选择"文件"→"存储为"命令，只是注意选择保存类型即可。该方法也可以用来转换图像文件类型。

技巧：该方法也可以用来转换图像文件类型。具体方法是首先打开一幅图像，然后选择"文件"→"存储为"命令，选择合适的类型即可。

7.5　数字化音频

音频信息是随时间变化的模拟信号，为将其变成计算机能够处理的数字信号，必须通过模/数转换器进行信号转换。转换首先要对连续的音频信号进行采样，然后再将其量化。

7.5.1　数字化音频知识

任何音频信号，它的最终表现形式是一种机械波。描述人耳听力范围内的音频质量，可以由音高、音量和音色来表达。音高指的是声音的最高振动频率，其单位是 Hz，声音频率范围在 20Hz ~ 20kHz 的声音才能为人耳听见；音量表现声音强弱，其衡量单位是分贝，一般人耳能够分辨的音量变化是 3 分贝；通过不同方式发出的声音，其音色也不相同，它指的是声音音高以外的谐波分量影响。

音频是由许许多多具有不同振幅和频率的正弦波组成的，正弦波随时间的变化而连续变化，所以计算机不能直接处理这样的原始音频信号，必须将其数字化。音频信息的计算机获取过程就是声音信号的数字化处理过程。经过数字化处理之后的数字声音信息能够像文字和图形信息一样进行存储、检索、编辑和其他处理。图 7-43 说明了音频信号数字化的过程。

原始音频信号 → 采 样 → 量 化 → 编 辑 → 数字化音频信号

图 7-43　音频的数字化过程

采样是指按一定的时间间隔对声音波形进行样本采集，获取一系列的样本值。因为声波是一种波形信号，信息量巨大，只能根据需要采集一定的样本输入计算机进行处理。采集的样本越多，其恢复音频会越接近原始声音。一般采样频率达到最高音频频率的两倍以上就能较精确地恢复原始声音。人耳听力范围是 20Hz ~ 20kHz，那么采样频率达到 40kHz 便能满足人耳的听力压缩。CD标准的采样率是 44.1kHz。

量化操作是将采样值用二进制数来表示，这样计算机才能处理采样后的音频信息。声音的量化类似于数字图像位于颜色的概念：量化精度越高，声音的品质越好。一般 CD 音质的标准就是16 位量化，高保真音响的量化为 24 位。

编辑操作实际上是对量化信息的编码与存储的过程。一般，数字音频技术采用 PCM 编码，即脉冲编码调制。经过编码处理后的音频，在计算机中存储成扩展名为.wav 的文件。

常见的音频文件格式有以下几种：

- 波形音频（.wav）。指数字化的声音波形。波形音频的文件需要大量的磁盘存储空间，其优点则是任何一种声卡都可以播放。利用 Windows 自带的录音机就可以录制.wav 格式的声音文件，一分钟大约为 1MB。

- MIDI 音频（.mid）。MIDI 是音乐设备数字接口（Musical Instrument Digital Interface）的英文缩写，它是一个国际通用的标准接口，是一种电子乐器之间以及电子乐器与计算机之间进行交流的标准协议。平常所说的"MIDI"通常只是指一种计算机音乐的文件格式。例如，以 MID、RMI 为扩展名的音乐文件都是在计算机上最常用的 MIDI 格式。它记录的不是声音信息，而是发音的音调、音量、音长等信息，发音时需要利用 MIDI 发生器合成声音。通常的声卡中大多含有内置的 MIDI 合成器，具有播放 MIDI 音频文件的能力。

- CD 音频。如果你的多媒体计算机中装有 CD-ROM 驱动器，则可以使用 CD 光盘来播放音乐，即所谓的 CD 音频。

- MP3 音频（.MP3）。目前最常见的是 MP3 格式的音频，压缩比很高，但质量损失较少。一张 CD 盘只能存放 16 首左右的歌曲，而一张 MP3 光盘则可以存放 100 多首歌曲。

7.5.2　Windows 录音机的使用

利用 Windows 提供的录音机工具，可以将由麦克风输入的原始声音进行数字化处理，并保存成.wav 格式的声音文件。

将麦克风连线插入声卡的 MIC 插口，然后选择"开始"→"所有程序"→"附件"→"娱乐"→"录音机"命令，即可打开 Windows 录音机工具，如图 7-44 所示。

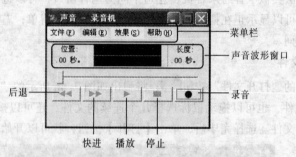

图 7-44　Windows 录音机

Windows 录音机的使用和普通录音机很相似，单击【录音】按钮便可以录音；单击【停止】按钮即可停止录音。依次选择"文件"→"保存"命令即可保存刚刚录制的信息。

其实，利用录音机还可以对声音文件进行裁剪等处理，只需利用"编辑"和"效果"菜单即可。例如，可以删除部分录音片断，或者在一个声音文件中插入另一个声音文件等。

不过 Windows 录音机只能录制.wav 格式的声音文件，不能录制目前流行的 MP3 格式的声音文件。但可以使用格式转化软件将.wav 格式转化为.MP3 格式。

7.5.3　播放音乐的常用软件 Winamp

Winamp 是目前最为流行的音频播放器，它支持几乎所有格式的声音文件，并且 Winamp 提供了多种音频播放的特殊效果和场景效果。不仅如此，通过 Winamp 可以制作自己喜爱歌曲的表单，以方便欣赏。

Winamp 的安装程序可以到 www.winamp.com 网站中下载，下载完毕后，双击安装文件即可开始安装，按照安装程序的默认设置，一直单击窗口中的【下一步】按钮，即可成功安装 Winamp 播放器。安装完成后，Winamp 将自动运行，其主界面如图 7-45 所示。

图 7-45　Winamp 的主界面

1. 认识 Winamp

　　Winamp 的主界面主要由 4 个窗口组成，左上方为主窗口，它具有一切最基本的控制歌曲播放的功能，使用方法类似于普通录音机；左边中间为调音窗口，可以进行细微的调节；左下方是播放清单编辑器，可以显示正在播放的歌曲，或用来编辑播放清单；右边为歌词窗口，用来显示正在播放歌曲的歌词。

2. 播放音乐文件

　　单击主窗口中的"打开文件"按钮 ，将弹出如图 7-46 所示的"打开文件"对话框，在其中选择要播放的文件，也可以拖动鼠标选择几个连续的文件，还可以按住【Ctrl】键然后用鼠标——选择不连续的文件。选择完毕后，单击【打开】按钮，就可以开始播放了。

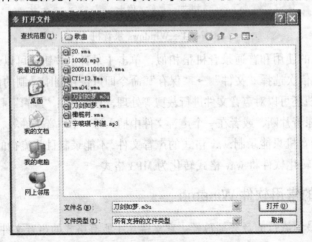

图 7-46　打开所要播放的音乐文件

3. 添加其他文件夹中的音乐文件

　　如果想在刚才选择的音乐文件下接着播放其他文件夹下的音乐文件，可单击图 7-45 中"播放清单编辑器"窗口左下方的 ADD 按钮，选择"ADD DIR"命令，在弹出的对话框中选择相应文件夹即可。这样新添加的文件就会出现在"播放清单编辑器"窗口中，如图 7-47 所示。"播放列表"中显示了音乐文件名以及播放时间的长度。

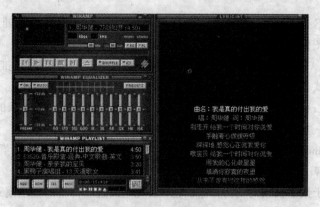

图 7-47　在 Winamp "播放清单编辑器" 中添加音乐文件

播放列表可以十分方便地让用户任意选择自己喜爱的音乐或者歌曲。在图 7-47 中，选择所要播放的文件，然后双击它，这样 Winamp 将结束当前播放的文件，开始播放用户选择的音乐文件。

4．保存音乐文件列表

如果以后还想播放同样的歌曲，不妨把以上所选择的音乐文件列表保存起来。单击 "播放清单编辑器" 窗口右下方的 按钮，选择 "SAVE LIST" 命令，将弹出 "保存播放列表" 对话框。在其中选择要存放文件的文件夹，在 "文件名" 文本框中输入列表文件名称 "经典" 后，单击【保存】按钮即可，Winamp 会自动添加扩展名.M3U。

再次开机时，只要双击 "经典.M3U" 文件，就可以听到刚才选择的那些歌曲了。

技巧：另外，千千静听也是时下流行的一款完全免费的播放软件，它集播放、音效、转换等众多功能于一身，且因其运行程序比较小、操作简捷并加入了自动搜索歌词的功能，深得广大用户的喜爱，也可以自行下载使用。

7.6　数字化视频

7.6.1　数字化视频知识

最常见的视频信息是日常家庭中电视画面传递的视频信息。目前，绝大部分的电视视频信息仍然是模拟的，它不能在计算机中应用。所以，大部分的视频信息需要经过与音频数字化相同的过程：采样、量化和编码。

视频是连续的画面，为了保证人眼的视觉感观，视频画面以一定的速率进行播放。一般，计算机上使用的数字视频的播放速度是每秒 25 帧以上。如果低于这个速度，人眼将会感觉到视频画面闪烁，不流畅。随着视频编码理论的不断发展，目前数字视频的画面质量越来越高。

常见的视频文件格式有如下几种：

- AVI（.avi）。AVI 是 Audio Video Interleave 的缩写，这是微软早期推出的视频格式。优点是兼容性好、使用方便、图像质量好，缺点是体积太大。
- MPEG。MPEG 是国际运动图像专家组（Moving Pictures Experts Group）制定的音/视频标准，它包括 MPEG-1、MPEG-2 和 MPEG-4 三个标准。目前广泛流行的 VCD 使用

的就是 MPEG-1 标准，开始流行的 DVD 采用的则是 MPEG-2 标准。由于该系列格式压缩率高、图像质量好，所以得到了广泛的使用。

- ASF（.asf）。ASF 是 Advanced Streaming Format 的缩写，这是微软推出的适应网络要求的流媒体格式。所谓流媒体，就是可以一边从网上下载一边播放。
- Real Video（.ra、.ram）。这是 RealNetworks 公司推出的适应网络要求的流媒体格式，也可以一边下载一边播放。它是目前比较流行的流媒体格式。
- QuickTime（.mov）。这是苹果公司发明的一种视频格式，原来只用于苹果的 MAC 机上，后来逐渐支持 Windows 平台。

Windows XP 对于数字视频的支持相当出色，首先它改进了传统的显示模式，使得视频的播放画面更加精细，富有质感；此外，Windows XP 还提供了强大的网络支持技术，能实时下载支持视频文件播放的插件，使得多媒体应用更加通俗、方便了大多数用户。

如果计算机中安装了视频采集卡，就可以将录像带或摄像机中的视频信息转换为计算机中的视频文件。也可以利用专业软件（如 SnagIt）将屏幕上的变化录制为视频文件。

7.6.2　媒体播放器 Windows Media Player

1．媒体播放器简介

Windows XP 的多媒体处理能力较 Windows 98 和 Windows 2000 有很大的提高。首先，Windows XP 安装了处理功能强大的 Windows Media Player 10.0 版本，并且支持实时的网上更新，下载最新的播放插件；其次，Windows Media Player 可以支持比以前更多格式的视频、音频文件。在视频播放方面，它支持.avi、.mpg、.asf 文件，并且支持 VCD、DVD 光盘播放，提供了一些基本的播放设置功能。在音频播放方面，它支持.MP3、.wav 以及 MIDI 文件，并且支持 CD 光盘播放。

单击如图 7-48 所示的 Windows 快速启动栏中的快捷图标，就可以运行 Windows Media Player 10.0，如图 7-49 所示。

图 7-47　Windows Media Player 的启动快捷键

图 7-49　Windows Media Player 的主界面

2. 播放 VCD/DVD 光盘以及视频文件

一般市面上出售的 VCD/DVD 光盘都可以用 Windows Media Player 来播放。如果是 DVD 盘片，需要有 DVD 光驱来支持，一般的 CD-ROM 光驱是不能读取 DVD 盘片的。启动 Windows Media Player 后，将盘片放入光驱中，盘片会自动进行播放。

若需要播放磁盘中的视频文件，选择"文件"→"打开"命令，在弹出的对话框中选择所要播放的文件，选定后单击【打开】按钮，这样就可以播放该视频文件了，如图 7-50 所示。

图 7-50　播放视频文件

在画面的下方，显示了文件播放的时间长度以及已播放的时间。用户可以拖动时间定位"滑块"，来任意指定文件的播放位置。此外，画面下方还有一个全屏按钮，单击此按钮能够全屏播放视频文件。

此外，Windows Media Player 10.0 还提供了"媒体库"工具，可以轻松地管理计算机存储的各种媒体文件；通过"媒体库"和"播放列表"工具，使得简单的媒体播放器成为了具有可交互性的媒体管理、编辑工具。

7.6.3　其他常用的视频播放工具

随着多媒体计算机的普及，出现了很多成熟的视频播放工具以适应用户的不同需求。RealPlayer 和豪杰超级解霸是目前最为流行的且实用的视频播放工具。它们提供了十分优秀的功能，且界面友好，容易为广大用户所接受。

1. RealPlayer

RealPlayer 是美国 Real 公司推出的产品，它适应了当前网络多媒体的应用，支持.rm 和.rmvb 等流媒体格式视频文件的播放，同时也提供了非常出色的网络视频播放功能。

目前，RealPlayer 的最新版本为 11.0，即 RealPlayer11 播放器。安装程序可以到 Real 公司的官方网站上下载（http://www.real.com）。其安装过程十分简单，只需按照安装程序的默认设置，一直单击【下一步】按钮，便能成功安装 RealPlayer 播放器。

安装成功后，启动 RealPlayer 播放器，如图 7-51 所示。

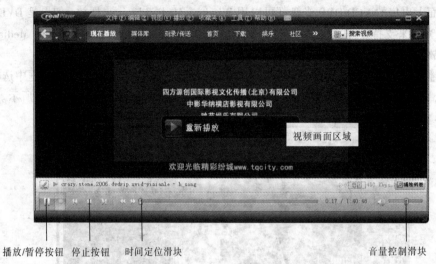

播放/暂停按钮　停止按钮　时间定位滑块　　　　　　　　　　　　音量控制滑块

图 7-51　RealPlay 播放器界面

利用 RealPlayer 播放器可以播放如 .rm 和 .rmvb 等格式的视频文件。选择"文件"→"打开"命令，在弹出的"打开"对话框中输入视频文件完整的路径名和文件名，如图 7-52 所示。也可以单击【浏览】按钮，查找所要播放的文件，然后单击【确定】按钮播放选择的视频文件。

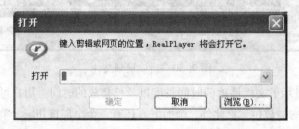

图 7-52　"打开"对话框

技巧：RealPlayer 经常用来播放在线视频，在网上点播视频文件时，一般会自动启动 RealPlayer。

2．豪杰超级解霸

豪杰超级解霸主要用于家庭用户播放 VCD/DVD 光盘，此外它还支持 CD、MP3 等上百种影音格式的播放，是一款功能强大的多媒体播放工具。安装程序可以到豪杰公司的官方网站上下载（http://www.haojie.cn/），其安装过程十分简单，只需按照安装程序的默认设置，一直单击【下一步】按钮，便能成功安装，安装成功后，启动豪杰超级解霸播放器，其界面如图 7-53 所示。

利用超级解霸可以播放各种类型的影音文件，如 VCD、DVCD、DVD、SVCD 等。选择"文件"→"打开"命令，在弹出的对话框中查找所要播放的文件，然后单击【打开】按钮即可播放选择的视频文件。

图 7-53 超级解霸播放器界面

在超级解霸播放影音文件的过程中，右击屏幕，会出现相应的快捷菜单，用户可以利用该快捷菜单控制播放和调整画面效果。

习 题 7

一、思考题

1. 简述多媒体的定义及其特性。

2. 媒体的表现形式可分为哪几种？

3. 简述多媒体计算机的硬件组成。

4. 如何数字化图像、音频和视频？

5. 什么是像素，它与图像分辨率的关系是什么？

6. 什么是图像的羽化？为什么要进行羽化？

7. 如何用自己的照片制作桌面背景？

8. 请列举将.bmp 格式的图片转化成.jpg 格式的方法。

9. 请思考如何自己录制一首 MP3 歌曲？

10. 举例说明自己身边的多媒体技术应用。

二、选择题

1. 多媒体的文件格式中,音频文件有多种格式,其中采样频率为 44.1kHz 的音频其音质属于(   )。

   A. CD 音质   B. 广播音质   C. 电话音质   D. MP3 音质

2. 文件格式为.rm 的视频文件选用 (   ) 播放器为佳。

   A. Windows Media Player B. RealPlayer   C. QuickTime   D. 超级解霸

3. (   ) 不是多媒体计算机所必须的。

   A. 显卡   B. 网卡   C. 数码相机   D. 立体声音卡

4. 关于像素与图像分辨率，下面哪种说法是正确的？(   )

   A. 分辨率越高，图像的像素点就越小

   B. 图像的亮度与像素值没有直接的关系

   C. 对尺寸相同的胶卷照片进行数字化，其存储空间是相同的

   D. 以上都不对

5. 利用 Windows XP 中的媒体播放器可以播放（　　）。

  A. 播放 CD、MP3 和 MIDI 音乐，但不能播放 VCD 或 DVD 影碟

  B. 几乎所有的音频、视频和混合型多媒体文件，都可以收听 Internet 广播

  C. 播放 VCD 或 DVD 影碟，但不能收听 Internet 广播

  D. 播放 WAVE、MIDI 和 MP3 音乐，但不能播放 CD 唱盘

三、填空题

1. 多媒体技术的基本特性是指＿＿＿＿＿、＿＿＿＿＿和 ＿＿＿＿＿。

2. 数字图像的最小组成单元是＿＿＿＿＿。

3. Photoshop 的羽化处理，其羽化半径越大，那么图像区域的边缘＿＿＿＿＿。

4. 在 Photoshop 应用中，构成图像的一个一个的单元层称为＿＿＿＿＿。

5. 在音频数字化的采样过程中，一般采样频率达到最高音频频率的＿＿＿＿就能较精确地恢复原始声音。

6. 在计算机中，静态图像可分为＿＿＿＿＿和＿＿＿＿＿两大类。

7. 如果计算机中安装了＿＿＿＿＿，就可以将录像带中的信息转换为计算机中的视频文件。

8. 用两个字节表示一个像素，就可以生成＿＿＿＿色的图像。

9. 目前大部分的扫描仪是通过＿＿＿＿＿接口与计算机连接在一起，也有一些扫描仪使用的是＿＿＿＿＿接口。

10. 按＿＿＿＿键，就可以将活动窗口的画面保存到剪贴板中，然后粘贴到 Word 或画图程序中。

11. 按＿＿＿＿键，就可以在 ACDSee 的图像观察器和图像浏览器之间切换。

12. 一般的图片都是 RGB 模式，含有＿＿＿＿、＿＿＿＿、＿＿＿＿3 个通道。

13. 在 Photoshop 中，如果希望下一次仍然再继续编辑，可以保存为扩展名是＿＿＿＿的 Photoshop 格式的图片。

14. 数字化音频一般要通过＿＿＿＿、＿＿＿＿和＿＿＿＿3 个步骤。

15. 用 Windows 自带的录音机录制的音频文件扩展名为＿＿＿＿。

16. Winamp 使用的 MP3 播放列表文件扩展名为＿＿＿＿。

17. VCD 采用的是＿＿＿＿标准，DVD 采用的是＿＿＿＿标准。

四、上机练习题

1. 利用 Windows XP 的画图工具，绘制一幅图像，并将其保存到我的文档中。然后利用 ACDSee 将其转换为.JPG 格式的图片。

2. 熟悉 ACDSee 的应用，并通过它改变 Windows XP 的桌面背景。

3. 上网查找一张风景图片，然后将自己的照片复制到该风景图片中，然后在该图片中添加一行说明文字。

4. 利用麦克风通过 Windows XP 的录音机录制一段自己的声音，并将其保存到我的文档中，然后想办法将其转化为 MP3 格式。

5. 利用 Winamp 播放 MP3 歌曲，并将自己喜欢的歌曲保存为一个音乐列表文件。

6. 练习使用 RealPlayer 播放器和 Windows 自带的媒体播放器。

第 **8** 章 Flash 动画制作

Flash 是 Macromedia 公司开发的一款应用软件，专门用来制作矢量图形和交互式动画。它所制作的动画扩展名为.swf，具有体积小、交互性强的特点，非常适合在网络上传播。Flash 8 是目前应用范围最广的版本，本章以 Flash 8 为例。

8.1 初识 Flash

人们通常把用 Flash 软件制作出来的 Flash 动画简称为 Flash，由于"Flash"这个单词的本义为"闪"，人们也就将 Flash 动画的作者称为"闪客"了。

8.1.1 Flash 8 的启动和退出

安装了 Flash 8 之后，选择"开始"→"所有程序"→"Micromedia"→"Flash 8"命令，即可打开如图 8-1 所示的 Flash 窗口。

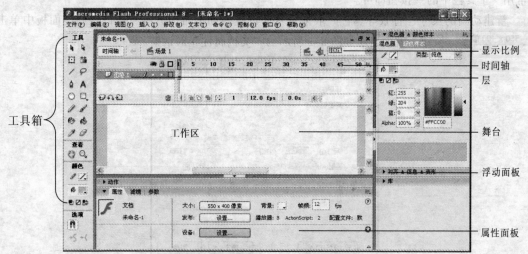

图 8-1 Flash 应用程序窗口

在 Flash 窗口中选择"文件"→"关闭"命令，或者单击窗口右上角的【关闭】按钮，即可退出该程序。

8.1.2 Flash 8 的窗口简介

如图 8-1 所示的 Flash 应用程序窗口同 Windows 中的其他窗口类似，可以选择"窗口"→"工具栏"命令来控制常用工具栏、状态栏、控制工具栏的显示和隐藏。

窗口左侧为工具箱，其中含有各种绘图工具以及相应的工具选项，可以用来在窗口中间的舞台上绘制图形。该工具箱与画图程序中的工具箱比较类似，使用方法也很相似。

窗口中间为工作区，工作区的上部为时间轴，这是进行动画制作的关键区域；工作区下部的白色矩形区域称为舞台，用来摆放各种动画对象，是用户进行绘图的主要区域。工作区的右上角为显示比例的下拉列表框，可以借此修改舞台的显示比例。

窗口右侧为浮动面板，主要用于有关内容的属性设置。用鼠标拖动浮动面板的标题栏可以随意移动这些面板的位置；单击面板标题栏右侧的按钮会出现一个下拉菜单，可以对当前显示的面板进行相应的操作。

在工作区下面的是属性面板，它用于显示当前选中对象的属性，单击属性面板左上角的下三角按钮可以将属性面板最小化，这样可以扩大工作区的显示区域。再次单击则将它最大化。

注意：显示浮动面板的方法通常为：选择"窗口"菜单中的"浮动面板名称"就可以显示相应的浮动面板，再次选择就可以取消显示。

8.2　Flash 的一些基本操作

8.2.1　新建一个 Flash 文件

通常在启动 Flash 之后，会自动生成一个空白 Flash 文件，名为"未命名-1"，可以直接在这个文件上进行操作。如果需要新创建一个文件，可以选择"文件"→"新建"命令，或直接单击"常用"工具栏中的 按钮即可。

新建动画的尺寸、背景等属性一般采用默认设置，如果希望修改，可以在属性面板中单击 550 x 400 像素 按钮，就会出现如图 8-2 所示的"文档属性"对话框。

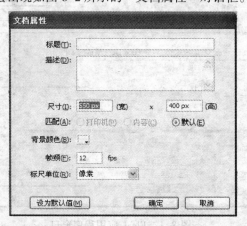

图 8-2　"文档属性"对话框

在图 8-2 中可以对帧的速率（Frame rate）、尺寸（Dimensions）、背景颜色（Background）、标尺单位（Ruler Units）等进行设置，设置完毕后单击【确定】按钮即可。

8.2.2　绘制和编辑一些基本的图形

在 Flash 中，主要利用工具箱中的各种工具在舞台中进行绘制，绘制好图形后将利用工具箱和各种浮动面板对图形进行编辑。工具箱的基本组成如图 8-3 所示。

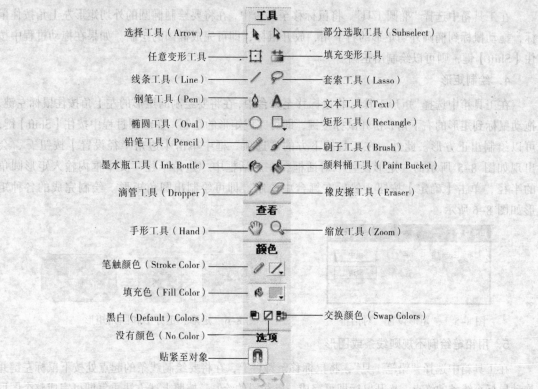

选择工具（Arrow）	—	部分选取工具（Subselect）
任意变形工具	—	填充变形工具
线条工具（Line）	—	套索工具（Lasso）
钢笔工具（Pen）	—	文本工具（Text）
椭圆工具（Oval）	—	矩形工具（Rectangle）
铅笔工具（Pencil）	—	刷子工具（Brush）
墨水瓶工具（Ink Bottle）	—	颜料桶工具（Paint Bucket）
滴管工具（Dropper）	—	橡皮擦工具（Eraser）

查看

手形工具（Hand）　　　缩放工具（Zoom）

颜色

笔触颜色（Stroke Color）
填充色（Fill Color）
黑白（Default）Colors　　　交换颜色（Swap Colors）
没有颜色（No Color）

选项

贴紧至对象

图 8-3　工具箱示意图

1．修改线条颜色和填充颜色

单击工具箱中"笔触颜色"中的颜色框，可以在如图 8-4 所示的下拉颜色面板中选择线条颜色。此时光标会变为吸管形状，在想要的颜色上单击，即可将该颜色设置为当前的线条颜色，"填充色"的设置与此类似。

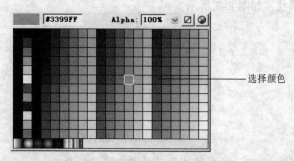

选择颜色

图 8-4　颜色面板

2．绘制直线

在工具箱中选择"直线工具"，将光标移到舞台上，单击直线的起点并拖动鼠标至直线的终点处，松开鼠标，即可完成直线的绘制。在绘制过程中若按住【Shift】键，则绘制出的直线将为水平、垂直或倾斜 45°的直线。

3．绘制椭圆

在工具箱中选择"椭圆工具"，将鼠标移至舞台中，在将要绘制椭圆的外切矩形左上角按住鼠标，拖动鼠标到椭圆外切矩形的右下角，放开鼠标，即可完成椭圆的绘制。如果在拖动过程中按住【Shift】键，则可以绘制出正圆。

4．绘制矩形

在工具箱中选择"矩形工具"，将鼠标移至舞台中，在将要绘制的矩形的左上角按住鼠标左键，拖动鼠标到矩形的右下角，松开鼠标按键，即可完成矩形的绘制。在绘制过程中按住【Shift】键，可以绘制出正方形。此外，在工具箱下方的"选项"框中单击【边角半径设置】按钮 ，会出现如图 8-5 所示的"矩形设置"对话框，在对话框中"边角半径"文本框内输入矩形圆角的半径，单击【确定】按钮，然后在舞台中绘制，即可绘制出圆角矩形。绘制完成的各种矩形如图 8-6 所示。

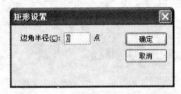

图 8-5　"矩形设置"对话框　　　　图 8-6　矩形、正方形和圆角矩形

5．用铅笔绘制不规则线条或图形

在工具箱中选择"铅笔工具"，将鼠标移至舞台上，在将要绘制线条的起点处按下鼠标左键并拖动鼠标至线条的终点，松开鼠标即可完成一条线段的绘制，按照上述方法重复即可完成整个图形的绘制。

其实，铅笔工具提供了 3 种不同的模式：Straight（伸直）、Smooth（平滑）、Ink（墨水笔），可以分别用以绘制不同的图形。单击工具箱下方"选项"框中的 按钮即可选择模式。下面逐一介绍铅笔的 3 种模式。

- 伸直。Flash 会自动将鼠标拖动出的线条变得平整，使其接近直线、椭圆、三角形、矩形等几何形状，如图 8-7 所示。

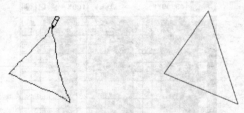

图 8-7　伸直模式

- 平滑。Flash 会自动将线条转变成平滑曲线，如图 8-8 所示。

图 8-8　平滑模式

- 墨水笔。绘制出的线条最接近鼠标拖动出的
  原本轨迹，可以进行精细的绘制，如图 8-9
  所示。

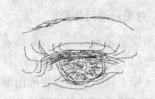

6. 用刷子工具进行绘制图形

刷子工具同实际生活中的刷子类似，同铅笔工
具相比，刷子工具的效果更柔和一些，也有更丰富
的工具选项。

图 8-9　在墨水笔模式下绘制的眉和眼

在工具箱中选择"刷子工具"并设置合适的填充颜色后，将鼠标移至舞台，即可开始图形的
绘制。绘制方法同铅笔工具类似，按住【Shift】键将只能绘制水平或垂直的直线。

如果希望改变刷子的大小和形状，可以在工具箱下方的"选项"框中单击"刷子大小"框 ●·
的下拉箭头按钮和"刷子形状"框 ●· 的下拉箭头按钮。

同铅笔工具类似，笔刷工具也有 5 种模式可供选择，单击"选项"框中的【刷子模式】按钮 ◔
即可，可以从列表中选择适当的模式用来绘图。下面逐一介绍 5 种刷子模式。

- 标准绘画。笔刷将直接在线条和填充区域上进行涂抹。
- 颜料填充。笔刷将只涂抹填充区域而不影响该区域内的线条颜色，如图 8-10 所示。

图 8-10　颜料填充模式

- 后面绘画。笔刷将涂抹图形的后方，即舞台的空白区域，而图形的线条和填充区域都不会
  受影响，如图 8-11 所示。

图 8-11　后面绘画模式

- 颜料选择。笔刷只会涂抹被选择的图形区域。（选择工具箱中的"选择工具"在舞台中按
  下鼠标并拖动出欲选取范围后，松开鼠标即可选定该区域内的图形）。
- 内部绘画。笔刷只会涂抹最先被笔刷选中的内部区域，即涂入某一封闭区域的内部，如图
  8-12 所示。注意，按鼠标左键起笔的地方必须位于封闭区域的内部，不能将笔刷涂抹到封
  闭区域的外部。

图 8-12　内部绘画模式

7．对图形进行编辑

图形绘制完成之后，可能还需要进行修改才能令人满意，可以利用浮动面板和墨水瓶、颜料桶、橡皮擦、选择、部分选取工具相结合来对图形进行编辑修改。

墨水瓶工具可以用来更改图形的线条。选中要修改的线条后，在工具箱中选择"墨水瓶工具"，在其属性面板中即可以设置线条的形状、颜色等效果，如图 8-13 所示。

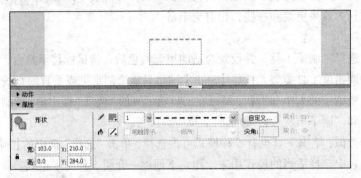

图 8-13　利用墨水瓶工具设置线条

颜料工具可以用来更改图形的填充颜色。在工具箱中选择"颜料桶工具"，然后在填充色中选择填充的样式，并在"混色器"面板对填充颜色的样式、颜色等效果进行更改，然后在舞台中单击要更改填充颜色的对象，即可更改该对象的填充颜色，如图 8-14 所示。

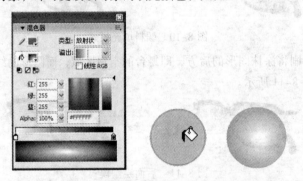

图 8-14　利用颜料桶更改图形的填充颜色

橡皮擦工具可以用来擦除多余的图形部分。在工具箱中选择"橡皮擦工具"，在"选项"框中选择适当的形状和大小，然后挑选合适的模式，橡皮擦的 5 种模式与笔刷的 5 种模式几乎完全一样，唯一不同的是这里只擦去部分而已。之后便可以在舞台中利用橡皮擦擦除多余的图形部分。

此外，在橡皮擦的"选项"框中还有【水龙头】按钮 ，可以方便地清除某个封闭区域的填充颜色。单击该按钮，然后在舞台中单击某一个封闭填充区域，该区域内的填充颜色将会全部清除。

选择工具可以用来选择、移动或改变图形的形状。单击"选择工具"，然后在舞台中单击图形的线条或某个封闭区域，即可选中该线条或封闭区域；双击该线条或区域，可以选定相连的所有线条和填充区域。选定图形后拖动鼠标即可将其移动到其他位置。选定某些对象后，利用"编辑"菜单中的命令可以实现图形的复制、剪切和粘贴，直接按【Delete】键可以删除该对象。

选择"选择工具"后，将鼠标移至舞台中图形的边缘，当光标变为如图 8-15 所示时，拖动鼠标可以调整线条的弯曲程度；当光标变为如图 8-16 所示时，拖动鼠标可以调整图形边角的形状。

拖动前　　　　　　　拖动后　　　　　　　　拖动前　　　　　　　拖动后

图 8-15　利用选择工具调整图形线条曲率　　　图 8-16　利用选择工具调整图形边角形状

8.2.3　导入其他图片

除了在 Flash 中自行绘制各种图形外，用户还可以在 Flash 中导入其他类型的图片。选择"文件"→"导入"→"导入到库"命令，就会出现如图 8-17 所示的"导入"对话框，在对话框中选择要导入的图片文件，单击【打开】按钮即可将其导入到当前动画文件中。

图 8-17　"导入"对话框

在导入的图片上右击，在快捷菜单中选择"任意变形"命令，就可以进入图片的缩放状态中了，用鼠标拖动图片四周的控点就可以改变图片的大小了；在工具箱中选择"选择工具"，就可以拖动图片将其移动位置。

8.3　Flash 中的动画

在开始用 Flash 制作动画之前，先要了解一些 Flash 的基本概念，如场景、层、帧、时间轴、元件和实例等。

8.3.1　基本术语

Flash 中每一个动画文件都分为若干场景（Scene），Flash 动画播放时通常是从第一场景播放到最后一个场景，启动 Flash 时默认只有第一场景（Scene 1）。

在每一场景中，动画都由若干层（layer）构成，层是透明的，每一层上都放置了不同的对象，但不同层的对象之间互不干扰，就像很多的透明幻灯片叠放在一起，只有上面的图形互相遮挡一样。

时间轴就是用来控制每一个对象的出现、消失和运动的，时间轴上的每一个小格子称为"帧"，动画的播放其实就是各个对象沿着时间轴顺序播放而已。

"帧"自身又可以分为 3 种：黑色的实心圆点表示该帧为"关键帧（Keyframe）"，即该帧上有内容或者存在内容的改变；白色的帧表示没有内容的关键帧；灰色的帧表示该帧有内容，但其内容与前面关键帧的内容相同；灰色帧的最后一个带有空心矩形的帧表示该帧是一系列相同帧的最后一个。

下面特别讲解一下元件和实例。在 Flash 中，元件（Symbol）是可以重复利用的图像、动画或按钮，它一般存储在相关动画的"库"面板中。实例（Instance）是元件在舞台上的具体体现，当将一个元件从"库"面板中拖到舞台上时，便已经创建了一个实例。同一个元件可以有很多个应用实例，当元件发生改变时，所有的实例都会自动更新，而实例的属性被更改时，并不会影响元件的属性。

在 8.2.3 节中导入的图片会自动成为当前动画的元件，它会自动出现在"库"面板。选择"窗口"→"库"命令，就会打开如图 8-18 所示的"库"面板，刚才导入的图片已经出现在图中。在需要再次使用该动画时，只要从"库"面板中将它拖到舞台上即可。

除了导入图片外，也可以手工创建元件：选择"插入"→"新建元件"命令就可以创建一个元件，创建完毕后单击工作区上面的场景按钮，就可以回到原来的界面，而"库"面板中也就会增加一个元件。

图 8-18 "库"面板

8.3.2 逐帧动画

逐帧动画是动画制作中最基本的方法，即将动画的连续动作单独绘制成一张张的图片，然后连续播放这一张张的图片。早期的动画片大多就是采用逐帧动画的方法制作出来的。

在 Flash 中，可以利用导入的多张图片制作动画，也可以在 Flash 中手工绘制多张图片来制作动画。下面就利用导入的多张图片制作动画。

【例 8.1】制作一个小动物运动的动画。具体操作步骤如下：

（1）首先利用 Photoshop、画笔程序等制作多张连续的图片。

（2）新建一个空白文件，用"导入到库"命令导入所有需要的图片，选择"窗口"→"库"命令打开"库"面板，导入的图片将会自动出现在"库"面板中。

（3）右击时间轴上图层 1 的第一帧，在快捷菜单中选择"插入关键帧"命令，或者按【F6】键，就可以在第一帧插入一个关键帧，然后从"库"面板中将连续图片的第一幅拖到舞台上来，如图 8-19 所示。

（4）单击时间轴上图层 1 的第二帧，插入一个关键帧，这时舞台上显示的仍是第一张图片，按【Delete】键将其删除，然后从"库"面板中拖动第二张图片到第二帧，如图 8-20 所示。

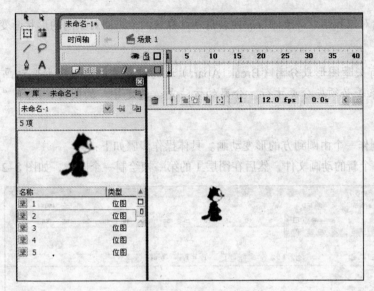

图 8-19　插入第一个关键帧

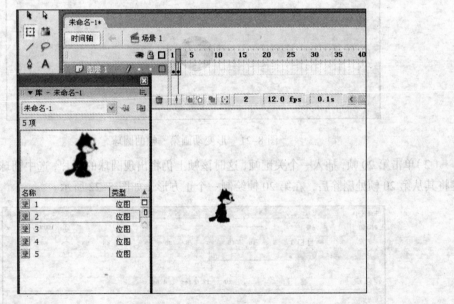

图 8-20　插入第二个关键帧

（5）重复上述步骤即可将以后各帧图片一一插入，直至完成。

（6）完成后，选择"控制"→"测试影片"命令，或者按【Ctrl＋Enter】组合键就可以测试逐帧动画的效果。

　　技巧：如果希望小动物动作变慢，可以加大关键帧的间隔。例如，可以在第 1 帧、第 5 帧等依次插入图片。

8.3.3　形变动画

　　逐帧动画虽然原理简单，但制作过程烦琐，形变动画则克服了这一问题。利用形变动画，用户只需给出起始对象和结束对象，Flash 便会自动计算这两个不同对象间的形状渐变过程并生成相应的渐变帧。

注意：只有矢量图形或分离（Break Apart）过的对象才能够进行形变动画。对于导入的图片或文字对象等必须先分离才行。分离的方法是：选定导入的图片，选择"修改"→"分离"命令即可。

【例 8.2】 制作一个由圆到方的形变动画。具体操作步骤如下：

（1）新建一个新的动画文件，然后在图层 1 的第一帧绘制一个圆球，如图 8-21 所示。

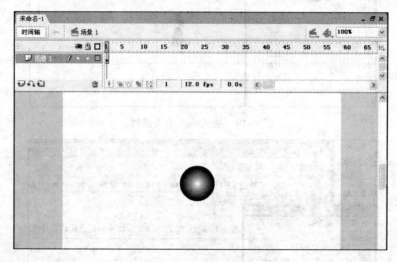

图 8-21　形变动画第一帧的圆球

（2）单击第 20 帧，插入一个关键帧，这时该帧上仍将出现圆球的图片，选中圆球并按【Delete】键将其从第 20 帧处删除后，在第 20 帧绘制一个正方形，如图 8-22 所示。

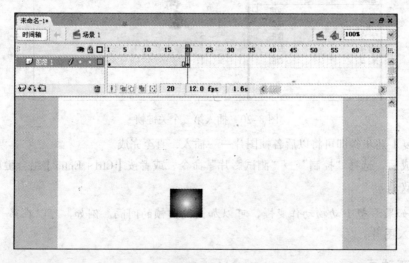

图 8-22　形变动画第 20 帧的正方形

（3）在时间轴上单击第一帧，在"属性"面板的补间下拉列表中选择"形状（Shape）"，这时在第 1帧与第 20 帧之间会出现实线箭头，同时帧底色变为浅绿色，表明为形变动画，如图 8-23 所示。

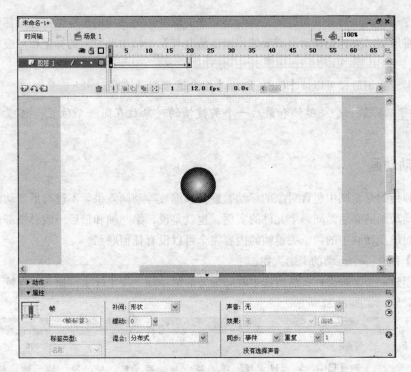

图 8-23　设置形变动画

（4）选择"控制"→"测试影片"命令，或者按【Ctrl + Enter】组合键预览动画效果，如图 8-24 所示。

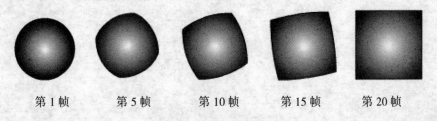

第 1 帧　　　第 5 帧　　　第 10 帧　　　第 15 帧　　　第 20 帧

图 8-24　形变动画效果

由于形变动画是由 Flash 自动计算渐变过程，因此有时难免会不够流畅或发生错误，这时就可以利用"形状提示（Shape Hint）"来对形变的对象进行标记，防止发生形变错误的情况。添加形变标记的方法如下：

选择形变动画中的第一帧，选择"修改"→"形状"→"添加形状提示"命令，即可添加第一个形变标记，如图 8-25 所示。将形变标记用鼠标移至需要的位置，并重复上述步骤添加其余的形变标记，添加完毕的第一帧图形如图 8-26 所示。

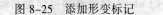

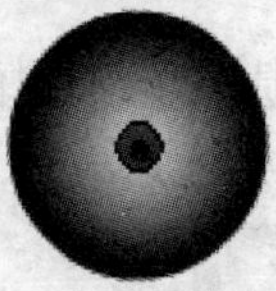

图 8-25　添加形变标记

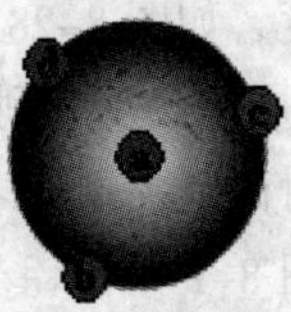

图 8-26　形变标记添加完毕

选中形变动画的最后一个关键帧，这时与添加的形变标记对应的形变结束标记都将出现在该关键帧上，将形变结束标记移动至需要的位置，使其与第一帧中对象上的标记相对应，从而控制对象的形变。

设置好形变标记后，可以按【Ctrl + Enter】组合键来测试效果。

技巧：可以将第一个关键帧和最后一个关键帧的对象放在同一个位置，也可以放在不同的位置。

8.3.4 运动动画

运动动画指的是动画中包含对象的移动、旋转和缩放等动画效果。不过与形变动画有区别的是，参与运动动画的必须是同一个元件的实例。也就是说，第一帧和最后一帧必须都是同一个元件的实例，而形变动画中的两个关键帧的内容完全可以没有任何联系。

【例 8.3】制作一个运动的卡通人物。

（1）先创建一个动画文件，然后选中时间轴上的第一帧，按【F6】键插入关键帧，并在这一帧绘制一个对象，如图 8-27 所示。

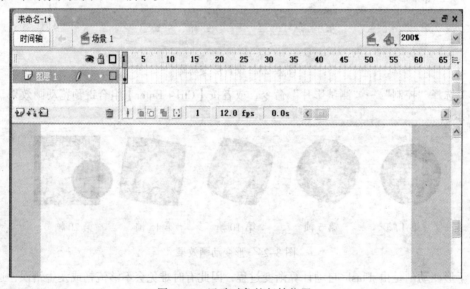

图 8-27　运动对象的起始位置

（2）在图 8-27 中选中第一个关键帧，按【F8】键就会弹出一个"元件"对话框，在其中单击【确定】按钮就可以将其转化为一个元件。

（3）选取时间轴上的第 40 帧，按【F6】键插入一个关键帧，此时显示的仍是第一帧上的图形，拖动它到运动的终点位置，右击，在弹出的快捷菜单中选择"任意变形"命令，将图形对象旋转一定的角度，如图 8-28 所示。

（4）在第一层的第 1 帧到第 40 帧之间单击鼠标右键，在弹出的快捷菜单中选择"创建补间动画"命令。这时两个关键帧之间会出现一条实线，同时时间轴的背景变为淡紫色，表明该动画为运动动画，如图 8-29 所示。

（5）选择"控制"→"测试影片"命令，或者按【Ctrl + Enter】组合键即可预览动画效果。

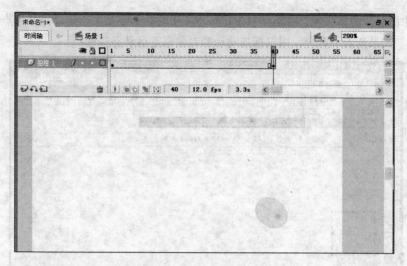

图 8-28　运动对象的终点位置

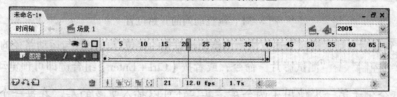

图 8-29　设置运动动画

8.3.5　沿路径运动的动画

上一节中的运动动画都是直线运动，其实也可以利用运动路径使对象沿某条曲线运动。所谓运动路径，就是通过新建一个"引导层（Guide Layer）"，在该层内绘制路径，然后让动画对象沿该路径运动。

【例 8.4】为 8-3-4 中的例子加上运动路径，使之成为沿路径运动的动画。

（1）在时间轴上的图层 1 上右击，在弹出的快捷菜单中选择"添加引导层"命令，即可在图层 1 上面加上一层引导层。

（2）选定引导层，用铅笔、直线或刷子等工具在该层内绘制一条曲线，如图 8-30 所示。

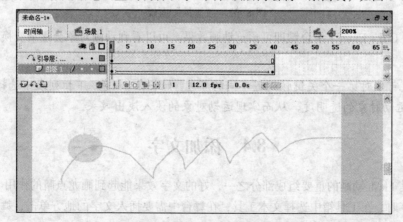

图 8-30　绘制运动路径

（3）选中图层 1 的第一帧，将运动对象定位点（中心的十字型）与运动路径起点相重合，如图 8-31 所示。如果两者不重合，用鼠标拖动动画对象靠近运动路径起点。

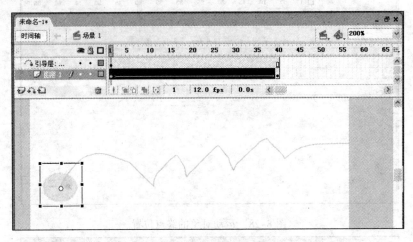

图 8-31　调整动画的开始位置

（4）定位到最后一帧，按照上述方法，调整动画对象的定位点，使其与运动路径的终点相重合。

（5）选择"控制"→"测试影片"命令，或者按【Ctrl + Enter】组合键即可预览动画效果。

注意：这个例子第一次使用了两个层，其实还可以插入更多的层，在每一个层上放置不同的对象。

8.3.6　颜色变化的动画

对于运动动画，如果能够使它的颜色随着运动而产生变化的话，将会使动画更加生动。

【例 8.5】 为 8-3-4 中的运动动画加上颜色变化。

（1）单击图层 1 上最后一帧，在"属性"面板的"颜色"下拉列表中选择"色调"，并设置一种合适的颜色，即可完成颜色变化的设置，如图 8-32 所示。

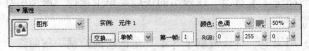

图 8-32　"属性"面板

（2）按【Ctrl + Enter】组合键即可预览动画效果。可以看到动画对象会逐渐变换到所选择的颜色效果。

提示：也可以对第一个关键帧设置不同的颜色。如果在"颜色"下拉列表中选择"Alpha"，就可以设置运动对象的透明度，从而实现运动对象的淡入淡出效果。

8.4　添加文字

文字也是 Flash 动画的重要组成部分之一，好的文字效果能起到画龙点睛的作用。

添加文字时，在工具箱中选择文本工具，在舞台中需要插入文字的地方单击，舞台中会自动出现文本框，可以直接向框中输入文字，如图 8-33 所示。

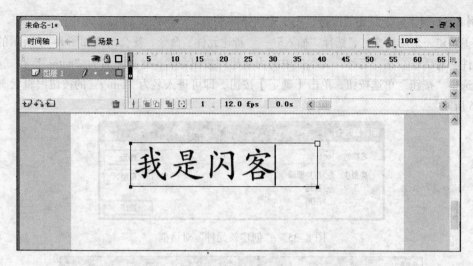

图 8-33 添加文字

选中文字后，可以利用"属性"面板来设置文字的字体、字号、字形、颜色、字符间距、文字位置等属性，如图 8-34 所示。

图 8-34 文字的"属性"面板

文字还有 3 种属性，它们是：

- 静态文本。是指当该文字被制作成动画后，文字的外形虽能改变，但内容就无法改变了。
- 动态文本。是指当该文字被制作成动画后，仍然可以通过程序或变量，改变文字的内容。
- 输入文本。是指可以由用户输入文字的文本框，可以用于制作网页上的表单或调查问卷。

技巧：大家可以尝试将文字分离后参与形变动画，如将文字变化为一个图形。分离的方法为：选定文字后，选择"修改"→"分离"命令即可。

8.5 添加按钮

所谓按钮，和 Windows 对话框中的按钮一样，当单击按钮时，会引发相应的动作，如打开一个链接、播放音乐或打开另一段动画等。

在 Flash 动画中，按钮必须是一个元件。通常的按钮在时间轴上包含 4 帧，每帧可以显示不同的内容，分别表示不同的鼠标状态。

- 弹起帧。表示鼠标指针不在按钮上时的显示。
- 指针经过帧。表示鼠标指针移动到按钮上时的显示。
- 按下帧。表示在按钮上按下鼠标时的显示。
- 点击帧。表示按钮对于鼠标单击的响应区域。

【例8.6】制作一个漂亮的按钮，用于重新播放动画。

（1）新建一个动画文件，选择"插入"→"新建元件"命令，就会出现如图 8-35 所示的"创建新元件"对话框。在"名称"文本框中的为新建的按钮命名，这里命名为"enter"，在"类型"区域中选中"按钮"单选按钮，单击【确定】按钮，即可进入名为"enter"的按钮编辑状态，如图 8-36 所示。

图 8-35　"创建新元件"对话框

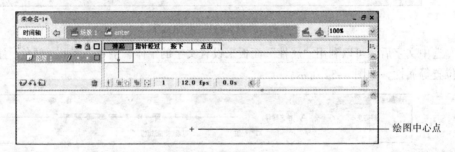

图 8-36　按钮编辑模式

（2）选择第 1 帧"弹起"，在中心点处绘制一个圆球，为其设置"放射状"填充效果，参与渐变效果的两种颜色分别为白色和淡紫色，如图 8-37 所示。

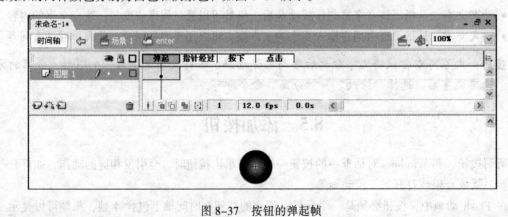

图 8-37　按钮的弹起帧

（3）选择第 2 帧"指针经过"，按【F6】键，插入一个关键帧，这时第 2 帧上的图形同第 1 帧相同。在工具箱中选择"文字工具"，在球体上中心处输入"Enter"，并将文字格式设置为 Arial、14 号字、字距为 0，颜色为#FFFFFF，如图 8-38 所示。

（4）选择第 3 帧"按下"，按【F6】键插入一个关键帧，这时第 3 帧上的图形同第 2 帧相同。删掉文字"Enter"，在第 3 帧上绘制一个比原来的圆球略小，填充颜色一样的正圆，如图 8-39 所示。

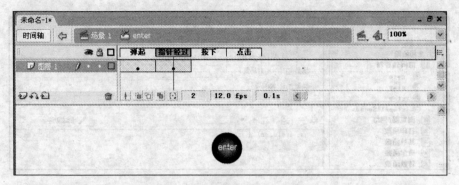

图 8-38　按钮的指针经过帧

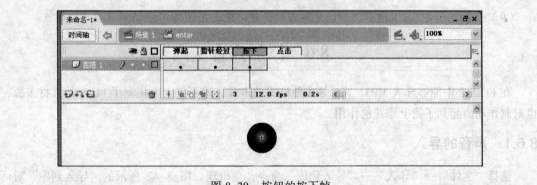

图 8-39　按钮的按下帧

（5）选择第 4 帧"点击"，按【F6】键插入一个关键帧，这时第 4 帧上的图形同第 3 帧相同，删掉小圆形，余下的大圆形作为该按钮对鼠标单击的响应区域。这一帧的图形并不会出现在动画中，因此这一帧的外观不重要。

（6）至此，按钮"Enter"已经制作完毕，单击左上角的"场景 1"标签，回到动画的编辑模式。

（7）从"库"面板中将按钮"Enter"拖入到动画中，如图 8-40 所示。按【Ctrl + Enter】键可以测试按钮的效果。

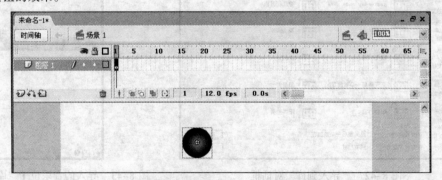

图 8-40　包含一个按钮的动画

（8）不过，还必须为按钮加上单击时的动作，这样才能发挥按钮应有的功能。在按钮上右击，在快捷菜单中选择"动作"命令，会出现如图 8-41 所示的动作对话框，在左侧选择合适的动作并双击，该动作将出现在右侧的动作框中，即可为该按钮加上动作。这里选择"时间轴控制"中的"goto"动作，表示播放动画。

图 8-41　"动作"面板

（9）按【Ctrl+Enter】键重新预览动画效果，此时单击按钮即可使动画重新开始播放。

8.6　添加声音

在 Flash 8 中能够导入 MP3、wav 等多种格式的声音，这不仅大大拓宽了 Flash 的素材来源，也对制作动画起到了锦上添花的作用。

8.6.1　声音的导入

选择"文件"→"导入"→"导入到库"命令，会出现如图 8-42 所示的"导入到库"对话框，在其中选择需要导入的声音文件，单击【打开】按钮，Flash 即可自动将其导入该影片的"库"面板中，如图 8-43 所示。如果需要使用这段音乐，只需要把音乐从"库"面板中拖到舞台上即可。

图 8-42　"导入到库"对话框

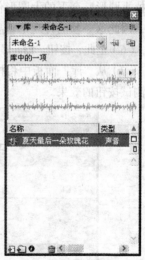

图 8-43　导入的音乐位于"库"面板中

8.6.2　声音的编辑

将声音拖到舞台上后，选中声音所在的图层 1，就可以在"属性"面板中对声音进行编辑，如图 8-44 所示。其中"声音"下拉列表框内会出现该音乐的名称和一些基本信息，在"效果"下拉列表中可以设置左右声道、淡入、淡出等效果。

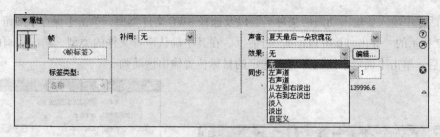

图 8-44　"效果"下拉列表

在"同步"下拉列表中可以选择声音的同步方式：

- 事件。表示可使声音与某一事件同步。
- 开始。当动画播放到导入声音的帧时开始播放声音。
- 停止。表示停止声音播放。
- 流。Flash 将强制声音与动画同步，当动画开始播放时，声音也随之播放，当动画停止时，声音也随之停止。

在"重复"文本框中可以设置声音循环的次数。

如果希望对声音效果进行个性化编辑，可以单击【编辑】按钮，在出现的"编辑封套"对话框中可以调整音量，也可以截取部分片断。

8.7　放映和输出动画

Flash 动画制作完成后，可以播放和输出动画，不仅可以将动画输出成 SWF 格式，还可以输出为常见的 AVI 格式。

8.7.1　放映动画

在前面的实例中已经知道，选择"控制"→"测试影片"命令，或者按【Ctrl + Enter】组合键即可以播放动画。如果希望在放映动画的过程中能够随时进行调试和中止，可以选择"窗口"→"工具栏"→"控制器"命令，显示如图 8-45 所示的"控制器"工具栏，然后利用该工具栏来控制动画的放映。

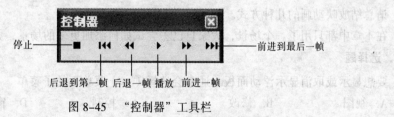

图 8-45　"控制器"工具栏

8.7.2　输出动画

动画制作完成之后，在输出之前是以 .fla 为扩展名保存的，该类型的文件可以再次打开并修改，但不能在网络上传播。如果希望直接作为动画在网络上传播或供人欣赏，就需要将动画输出成为 SWF 或者 AVI 等格式的动画文件。

选择"文件"→"导出"→"导出影片"命令，会出现如图 8-46 所示的"导出影片"对话框。在对话框中输入要输出动画的文件名，以及选择 SWF 文件类型，单击【保存】按钮，会出现如图 8-47 所示的"导出 Flash Player"对话框。在其中确认声音文件的类型、输出动画的版本等基本信息后，单击【确定】按钮即可在选定的目标位置输出该动画。

 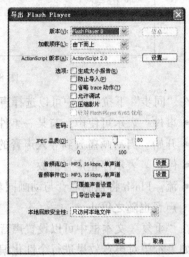

图 8-46　"导出影片"对话框　　　　　　图 8-47　"导出 Flash Player"对话框

习　题　8

一、思考题

1. 名词解释：动画（Movie）、场景（Scene）、层（Layer）、帧（Frame）、时间轴、元件、实例
2. 请总结工具箱中工具的基本用法，如铅笔工具。（提示：选择工具、设置颜色、设置工具选项，然后在舞台中绘制。）
3. 请思考如何显示和取消显示某个浮动面板？
4. 导入的图片、输入的文字可不可以直接参与形变动画？为什么？
5. 请思考对于导入的图片如果参与运动动画，还要转化为元件吗？
6. 运动动画的第一帧和最后一帧可不可以是不同的对象，例如一个是图片，一个是文字。
7. 请总结放映动画的几种方式。
8. 在本章中都只用了一个场景，大家自己去尝试如何添加更多的场景，并预览动画效果。

二、选择题

1. 要想显示或取消显示浮动面板，通常会选择（　　）菜单下的子菜单。
   A. 视图　　　　　　B. 修改　　　　　　C. 控制　　　　　　D. 窗口
2. 如果希望在舞台上画一个正圆，首先需要选择椭圆工具，然后按住（　　）键拖动鼠标。
   A. Ctrl　　　　　　B. Shift　　　　　　C. Alt　　　　　　D. 空格
3. 插入一个关键帧的快捷键是（　　）。
   A. F5　　　　　　　B. F6　　　　　　　C. F8　　　　　　　D. Ctrl+Enter
4. 在运动动画中，可以在（　　）下拉列表中设置透明度、颜色等。
   A. 补间　　　　　　B. 同步　　　　　　C. 颜色　　　　　　D. 效果

5. 测试动画文件的快捷键是（　　）。

    A．Enter   B．Ctrl+Enter   C．F6   D．Ctrl+Alt+Enter

三、填空题

1. Flash 作者也被称为_____。

2. 如果要用铅笔工具画一条平滑的曲线，应该选择_____模式。

3. 如果要导入一幅图片，应该选择"文件"菜单下的_____命令。

4. 导入的图片如果希望参与形变动画，首先应将其_____。

5. 如果希望形变动画更流畅，可以给动画对象添加_____。

6. 如果希望添加文本框，需要在文本的"属性"面板中设置_____。

7. 通常的按钮在时间轴上包含_____帧，其中_____帧表示在按钮上按下鼠标时的显示。

8. Flash 源文件的扩展名是_____。

9. 默认输出动画文件的扩展名是_____。

四、上机练习题

1. 练习 Flash 软件的启动和退出，熟悉 Flash 的界面，掌握 Flash 中各个菜单命令、工具箱中的各种工具、时间轴以及各个浮动面板的组成及基本用法。

2. 绘制一个小球，为其填充辐射状渐变色，由里到外从红色变为黄色。

3. 试做一个飞机飞过天空的简单运动动画，并要求选用一个适当的 MP3 音乐文件作为背景音乐。

4. 试做一个太阳落山的小动画。（提示：可以在一层里画一座山，在另外一层里画一个落山的太阳。）

第 **9** 章　计算机网络基础知识

早在 20 世纪 50 年代就有计算机网络的雏形,但计算机网络真正形成于 20 世纪 60 年代之后。它的诞生使计算机体系结构发生了巨大变化,并对人类的生活产生了深远的影响。从某种意义上讲,计算机网络的发展水平不仅反映了一个国家的计算机科学和通信技术水平,而且已经成为衡量其国力及现代化程度的重要标志之一。

9.1　计算机网络基础

所谓计算机网络,就是将分布在不同地理位置上的,具有独立工作能力的计算机、终端及其附属设备用通信设备和通信线路连接起来,并配置网络软件,以实现计算机资源共享的系统。

9.1.1　计算机网络的产生与发展

1946 年世界上第一台电子数字计算机 ENIAC 在美国诞生时,计算机技术与通信技术并没有直接的联系。但到了 20 世纪 50 年代初,由于美国军方的需要,美国半自动地面防空系统 SAGE 进行了计算机技术与通信技术相结合的尝试。它将远程雷达与其他测量设备测得的信息通过总长度达到 241 万 km 的通信线路与一台 IBM 计算机连接,进行集中的防空信息处理与控制,这便是计算机网络的第一次尝试。

后来,随着个人计算机的不断推广,计算机网络也经历了由简单到复杂、由低级到高级的发展过程。因此,从计算机网络产生至今,可以归纳为以下四个阶段。

1. 第一阶段——计算机技术与通信技术的结合

20 世纪 60 年代末是计算机网络发展的萌芽阶段。该系统又称为"终端—计算机"网络,是早期计算机网络的主要形式,它是将一台计算机通过通信线路与若干终端直接相连,如图 9-1 所示。其主要特征是将小型计算机连接成实验性的网络,提高计算能力和资源共享。

2. 第二阶段——计算机网络具有通信功能

随着计算机应用的发展,出现了多台计算机互联的需求。这种需求主要来自军事、科学研究、地区与国家经济信息分析决策、大型企业经营管理。他们希望将分布在不同地点的计算机通过通信线路互联成为"计算机—计算机"网络。

该网络有两种结构形式:一种是主计算机通过通信线路直

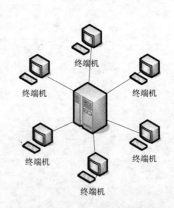

终端机　终端机
终端机　终端机
终端机　终端机
终端机

图 9-1　第一阶段计算机网络

接互联，其中主计算机同时承担数据处理和通信工作；另一种是通过通信线路控制处理机间接地把各主计算机互联，其中通信处理机和主计算机分工，前者负责网络上各主计算机间的通信处理和控制，后者负责数据处理工作，如图 9-2 所示。

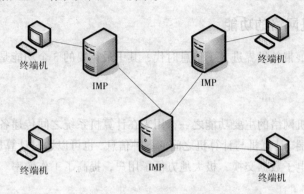

图 9-2　第二阶段计算机网络

第二阶段计算机间接连接是由接口报文处理机（IMP）转接后互联的。IMP 和它们之间互联的通信线路一起负责主机间的通信任务，构成了通信子网。通信子网互联的主机负责运行程序，提供资源共享，组成了资源子网。此时，两个主机间通信时对传送的信息内容的理解，信息表示形式以及各种情况下的应答信号都必须遵守一个共同的约定，该约定称为协议。

这一阶段研究的典型代表是美国国防部高级研究计划局（Advanced Research Projects Agency，ARPA）的 ARPAnet（通常称为 ARPA 网）。1969 年美国国防部高级研究计划局提出将多个大学、公司和研究所的多台计算机互联的课题，初期只有 4 个节点，1973 年发展到 40 个节点，1983 年已经达到 100 多个节点。ARPA 网通过有线、无线与卫星通信线路，使网络覆盖了从美国本土到欧洲与夏威夷的广阔地域。不过这个时期的网络产品是相对独立的，未有统一标准。

3. 第三阶段——计算机网络互联的标准化

计算机网络发展第二阶段所取得的成果对推动网络技术的成熟和应用有极其重要的作用，它研究的网络体系结构与网络协议的理论成果为以后网络理论的发展奠定了良好的基础，很多网络系统经过适当修改与充实后仍在广泛使用，例如目前国际上应用广泛的 Internet 网络就是在 ARPAnet 的基础上发展起来的。

但是，20 世纪 70 年代后期人们已经看到了计算机网络发展中出现的危机，那就是网络体系结构与协议标准的不统一限制了计算机网络自身的发展和应用。网络体系结构与网络协议标准必须走国际标准化的道路。为此，国际标准化组织（International Standard Organization，ISO）提出了开放式系统互联参考基本模型（Open System Interconnection /Reference Model，OSI/RM），简称 OSI，即著名的 OSI 七层模型。从此，网络产品有了统一标准，促进了企业的竞争，大大加速了计算机网络的发展。

4. 第四阶段——计算机网络高速和智能化发展

20 世纪 90 年代初至今是计算机网络飞速发展的阶段，并且也是计算机网络化协同计算能力发展以及全球互联网（Internet）的盛行阶段。Internet 网络具有高速度、综合化、全球化、智能化和个人化等特征。其中高速化是指网络具有高带宽和低延时；综合化是指将语音、数据、图像和视频等多种业务综合。

目前，计算机网络的发展正处在第四阶段。Internet 是覆盖世界范围的信息基础设施，用户可以利用它的电子邮件、信息查询与浏览、视频点播、远程教育、电子商务、网络游戏、文件传输、网上聊天等服务。

9.1.2　计算机网络的功能

计算机网络的发展带领世界进入了信息时代，其中最重要的 3 个功能是：数据通信、资源共享、分布处理。

1. 数据通信

数据通信是计算机网络的主要功能之一，用来在计算机系统之间传递各种信息。利用该功能可以传递计算机与终端、计算机与计算机之间的各种信息，也可以通过计算机网络传送电子邮件、发布新闻消息和进行电子数据交换，极大地方便了用户，提高了工作效率。

2. 资源共享

"资源"指的是网络中所有的软件、硬件和数据资源。资源共享是指网络中的用户能够访问其他计算机中的部分或者全部资源。例如，用户通过计算机网络查询火车票的车次信息、网上订票等。

3. 分布处理

分布处理是当某台计算机负担过重时，或者该计算机正在处理某一项工作时，网络可将新任务转交给空闲的计算机来完成。其特点是均衡各台计算机的负载；提高处理问题的实时性；对大型综合问题，可将问题各部分交给不同的计算机处理；充分利用网络资源，扩大计算机的处理能力，即增强实时性。

9.1.3　计算机网络的分类

计算机网络的种类很多，根据各种不同的联系原则，可以得到各种不同类型的计算机网络。一般来说，计算机网络通常是按照规模大小和分布范围来分类的，通常划分为：局域网（Local Area Network，LAN）、广域网（Wide Area Network，WAN）和城域网（Metropolitan Area Network，MAN）。

1. 局域网（LAN）

局域网是最常见的计算机网络，也是指在一个很小的范围内通过网络设备和计算机以及外部设备组成的网络。一般来说，局域网是处于同一建筑物、同一单位或部门或者是数平方千米地域内的专用计算机网络。局域网的主要特点如下：

（1）地理范围较小，一般为 10m ~ 10km。

（2）网络所连接的工作站点和设备的数目有限。所有的站点共享或独占较高的数据传输带宽，即较高的数据传输速率。一般情形下传输速率大于 10Mb/s，最高可达 1Gb/s。

（3）传输过程中的出错率低，在高负载情况下的稳定性、可靠性好，数据传输延迟低，约为几十个毫秒。

（4）连入局域网的数据通信设备是广义的，包括计算机、终端和各种外围设备等。

（5）连入局域网的数据通信设备能充分共享包括通信媒体在内的网络资源。

（6）决定局域网特性的主要技术要素是网络拓扑结构、传输介质与介质访问及其控制方法。

2. 广域网（WAN）

广域网，有时也称远程网，是覆盖地理范围相对较广的数据通信网络，可分布在一个城市、一个国家，或跨越多个国家分布到全球。广域网的通信线路大多借用公用通信网络（如：公用交换电话网、公共数字数据网、综合业务数字网等），传输速率比较低，这类网络的作用是实现远距离计算机之间的数据传输和共享。广域网的主要特点如下：

（1）覆盖区域大，通常在几千米、几万千米。

（2）广域网连接常借用公用网络。

（3）传输速率比较低，一般在 64Kbit/s~2Mbit/s，最高可以达到 45Mbit/s，但是随着广域网技术的发展，传输速率在不断提高，目前通过光纤介质，传输速率达到了 155Mbit/s，甚至更高。

（4）网络拓扑结构非常复杂。

注意：某种意义上说，Internet 可以看做世界上最大的广域网。

3. 城域网（MAN）

城域网其实就是一种大型的局域网，它的覆盖范围介于局域网和广域网之间，一般为几千米或几十千米，也就是说，城域网的覆盖范围大概是一个城市的范围。

现在很多的城域网采用 IP 协议，或称为 IP 局域网，为各种基于 IP 的数据业务和网络应用提供支持。为用户提供包括专线接入、10M/100M 宽带接入等在内的各种类型接入手段，对个人用户而言，城域网可提供 10M 甚至更高的 Internet 接入速率，比普通拨号上网速率快几十到几百倍。

9.1.4　网络通信协议

计算机网络中，为了实现网络中的通信或者数据交换而建立的规则、标准或者是规定即称为网络通信协议。它对网络信息传输过程中的传输速率、传输代码、代码结构、传输控制、出错控制等进行了详细的规定。例如，以两个人打电话为例来说明：甲要打电话给乙，首先甲拨通乙的号码，对方电话振铃，乙拿起电话，然后甲乙开始通话，通话完毕后，双方挂断电话。在这个过程中，甲乙双方都遵守了打电话的约定，这个约定就是协议。

网络通信协议定义了通信的内容是什么，通信如何进行以及何时进行，其中的关键是语法、语义和时序。

（1）语法：语法是指数据的结构或格式，指数据的表示顺序。例如，一个简单的协议可以定义数据的头部（前 8 个比特）是发送者的地址，中部（第二组 8 个比特）是接受者地址，而尾部就是消息本身。

（2）语义：语义是指比特流每一部分的含义。一个特定的比特模式该如何理解，基于这样的理解该采取何种动作，例如，一个地址指的是要经过路由器还是消息的目的地址，这些都是建立在语义的基础之上。

（3）时序：时序的特征是指数据何时发送以及以多快的速率发送。例如，发送方要以 100Mbit/s 的速率发送数据而接收方仅能处理 1Mbit/s 速率的数据，这样的传输会使接收者负载过重，并导致大量数据流失。

一个协议是一整套规则，既可以作为一个整体实施，也可以作为多个结构化实施。协议是复合的，可以比较方便地分成几部分，每个部分分别执行。

一台计算机只有在遵守网络协议的前提下，才能在网络上与其他计算机进行正常的通信。网络协议通常被分为几个层次，每层完成自己单独的功能，通信双方只有在共同的层次间才能互相联系。

常见的协议有 TCP/IP、IPX/SPX、NetBIOS 等。在互联网上被广泛采用的协议是 TCP/IP，在局域网中用的比较多的是 IPX/SPX。用户如果要访问 Internet，则必须在网络协议中添加 TCP/IP 协议。

9.1.5 网络的拓扑结构

网络的拓扑结构是指计算机网络连接使用的电缆所构成的几何形状，用来表示网络服务器、工作站的网络配置和相互之间的连接关系。目前大多数网络使用的拓扑结构有 3 类：总线型拓扑结构、环型拓扑结构、星型拓扑结构。

1. 总线型拓扑结构

总线结构采用一条称为总线的中央主电缆，将相互之间以线型方式连接的工作站连接起来，如图 9-3 所示。在总线结构中，所有的计算机都通过硬件接口直接连接在总线上，任何一个节点的信息都可以沿着总线向两个方向传输，并且能被总线任何一个节点所接收。因此，总线网络也被称为广播式网络。总线布局的特点如下：结构简单灵活，非常便于扩充；可靠性高，网络响应速度快（但是如果总线出现故障，则影响整个网络）；设备量少，价格低，安装使用方便；共享资源能力强，便于广播式工作；由于总线的负载能力是有限的，所以一条总线只能连接一定数量的节点。

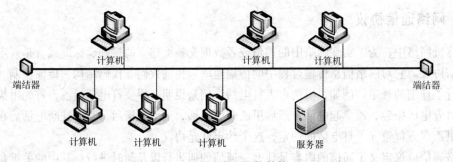

图 9-3 总线型拓扑结构

2. 环型拓扑结构

环形拓扑结构是由一些中继器通过点到点链路连接形成的一个闭合环，计算机连接到中继器上。中继器是比较简单的设备，无存储转发功能。它从一条链路上接收数据，以相同速率在另一条链路上输出。数据在环上是单向传输的。环路上任何一个节点都可以请求发送数据，请求一旦批准，便可以向环路发送信息。如图 9-4 所示是环型拓扑结构的示意图。

由于所有节点共享一个环路，因此要将计算机对环的访问进行控制。控制采用分布的办法，即每台计算机都有控制发送和接收的访问逻辑。环状拓扑的优点如下：点线长度较短，与总线拓扑结构相似；适于采用光缆连接，从而提供高数据速率。

而环状结构也有一些缺点：某段链路或某个中继器有故障会使全网不能工作；由于环路封闭，因此可扩充性较差。

3. 星型拓扑结构

星型拓扑结构是以中心节点（即公用的中心交换设备，例如，交换机、Hub 等）为中心并且每个节点与之连接而组成的。信息的传输是通过中心节点的存储转发技术实现的，并且只能通过中心节点与其他节点通信，如图 9-5 所示。

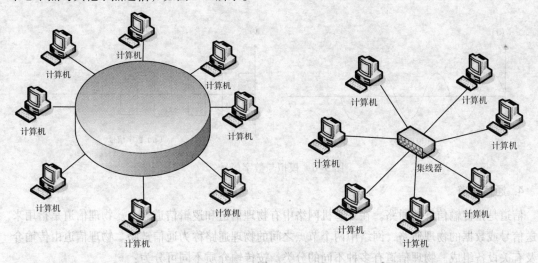

图 9-4　环型拓扑结构　　　　　　　　　　　　图 9-5　星型拓扑结构

星型结构的优点如下：组网容易，配置方便；每个连接的故障容易排除，不影响全网；控制协议相对简单。

当然，星型结构也有它自己的一些缺点：在同样的覆盖面积下，所用的电缆量最大；扩展不方便，需要预留或增设电缆；对中心节点的要求非常高，一旦中心节点产生故障，全网将不能工作。

星型结构是最古老的一种连接方式，也是目前使用最普遍的一种连接方式。

9.2　数据通信基础

9.2.1　数据通信技术基本概念

1. 数据

数据（Data）是传递信息的实体，信息（Information）则是数据的内容或解释。某种意义上说，计算机网络中传送的东西都是"数据"。从广义上说，"数据"一般是指在传输时可用离散的数字信号（0 和 1）逐一准确表示的文字、符号、数码等，几乎涉及一切最终能以离散的数字信号表示、可被送到计算机进行处理的各种信息。从狭义上说，"数据"就是由计算机输入、输出和处理的一种信息编码（或信息表示）形式。

2. 信息

信息是按照一定要求以一定格式组织起来的数据，凡经过加工处理或换算到人们想要得到的数据，即可称为信息。表示信息的形式可以是数值、文字、图形、声音、图像以及动画等。

3. 信号

信号（Signal）是数据的具体的物理表现，是为消息的传播而用来表达消息的一种载体（例如一种随时间变化的波形）。在电（光、声）通信中，消息的自然形式必须将它转换成电（光、声）信号形式后才能进行传递和识别。所谓"模拟信号"是一种随时间连续变化的量值波形，并以单向传输。"数字信号"则是那些不连续变化的离散量值波形，并以双向传输，如图 9-6 所示。使用模/数转换设备可以将模拟信号变换成数字信号。

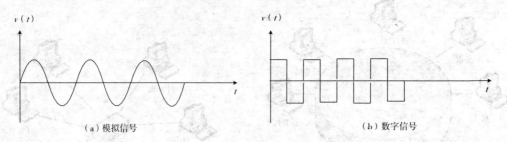

图 9-6 模拟与数字信号

4. 通信信道

信道是指传输信息的通路。在计算机网络中有物理信道和逻辑信道之分。物理信道是指用来传送信号或数据的物理通路，网络中两个节点之间的物理通路称为通信链路。物理信道由传输介质及有关设备组成。物理信道有多种不同的分类。按传输介质不同可分为：

有线信道：使用有形的媒体作为传输介质的信道称为有线信道，它包括双绞线、同轴电缆、光缆及电话线等。

无线信道：以电磁波在空间传播称为无线信道，它包括无线电、微波、红外线和卫星通信信道等。

信道上传送的信号还有基带和宽带之分。所谓基带信号就是将由不同电压表示的数字信号 1 或 0 直接送到线路上去传输，而宽带信号则是将数字信号调制后形成的模拟信号。

9.2.2 数据通信系统的主要技术指标

数据通信系统的技术指标主要从数据传输的质量和数量来体现。质量指信息传输的可靠性，一般用误码率来衡量。而数量指标包括两方面：一是信道的传输能力，用信道容量来衡量；另一方面指信道上传输信息的速度，相应的指标是数据传输速率。

1. 数据传输速率

数据传输速率有两种度量单位：波特率和比特率。

（1）波特率

波特率又称为波形速率或码元速率。指数据通信系统中，线路上每秒传送的波形个数。其单位是"波特（band）"。

（2）比特率

比特率又称为信息速率，反映一个数据通信系统每秒所传输的二进制位数，单位是每秒比特（位），以 bit/s 表示。

注意：这里以英文小写的 b（b = bit）代表数据传输的容量，而一般在存储数据的时候使用的是英文大写的 B（B=byte）。

2. 误码率

误码率是衡量通信系统线路质量的一个重要参数。它的定义为：二进制符号在传输系统中被传错的概率，近似等于被传错的二进制符号数与所传二进制符号总数的比值。计算机网络通信系统中，要求误码率低于 10^{-6}，即每传送一兆位，不能多于一个错误。

3. 信道带宽

信道带宽（Bandwidth）是指信道所能传送的信号的频率宽度，也就是可传送信号的最高频率与最低频率之差。例如，一条传输线可以接受从 300 Hz ~ 3kHz 的频率，则在这条传输线上传送频率的带宽就是 2.7Hz。信道的带宽由传输介质、接口部件、传输协议以及传输信息的特性等因素所决定。它在一定程度上体现了信道的传输性能，是衡量传输系统的一个重要指标。信道的容量、传输速率和抗干扰性等均与带宽有密切的联系。通常，信道的带宽大，信道的容量也大，其传输速率相应也高。

4. 信道容量

信道容量是衡量一个信道传输数字信号的重要参数，信道容量是指单位时间内信道上所能传输数据的最大容量，即信道的最大传输速率，单位是 bit/s。由于通信信道最大传输速率与信道带宽之间存在着明确的关系，所以人们可以用"带宽"去取代"信道容量"。因此"带宽"与"信道容量"或"最高传输速率"在网络技术的讨论中几乎成了同义词。

信道容量和传输速率之间应满足以下关系：信道容量 > 传输速率，否则高的传输速率在低信道上传输，其传输速率受信道容量所限制，肯定难以达到原有的指标。

9.2.3　数据通信技术

1. 并行和串行通信

并行通信是指数据以成组的方式在多个并行信道上同时进行传输，一般情况下并行传输中一次传送 8 个比特，如图 9-7 所示。并行通信的优点是速度快，但发送端与接收端之间有若干条线路，费用高，仅适合于近距离和高速率的通信。并行通信在计算机内部总线以及并行口通信中已得到广泛的应用。

串行通信是指数据以串行方式在一条信道上传输，如图 9-8 所示。由于计算机外部一般都采用串行通信，因此，数据在发送之前，要将计算机中的字符进行并/串转换，在接收端再通过串/行变换，还原成计算机的字符结构，这样才能实现串行通信。串行通信的优点是收、发双方只需要一条传输信道，易于实现，成本低。在远程通信中一般采用串行通信方式。

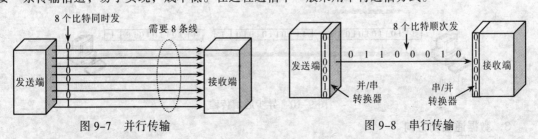

图 9-7　并行传输　　　　　　　图 9-8　串行传输

2. 数据传输的同步技术

在数据通信中，通信双方收发数据序列必须在时间上取得一致，这样才能保证接收的数据与发送的数据一致，这就是数据通信中的同步。如果不采用数据传输的同步技术则有可能产生数据传输的误差。在计算机网络中，实现数据传输的同步技术有以下两种方法：同步通信和异步通信。

（1）同步通信

同步通信就是使接收端接收的每一位数据块或一组字符都要和发送端准确地保持同步，在时间轴上，每个数据码字占据等长的固定时间间隔，码字之间一般不得留有空隙，前后码字接连传送，中间没有间断时间。收发双方不仅保持着码元（位）同步关系，而且保持着码字（群）同步关系。如果在某一期间确实无数据可发，则需用某一种无意义码字或位同步序列进行填充，以便始终保持不变的数据串格式和同步关系。否则，在下一串数据发送之前，必须发送同步序列（一般是在开始使用同步字符 SYN "01101000" 表示或一个同步字节 "01111110" 表示，并且在结束时使用同步字符或同步字节），以完成数据的同步传输过程，如图 9-9 所示。

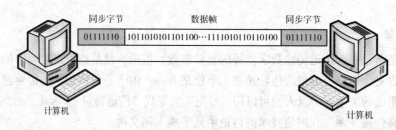

图 9-9　同步通信传输

（2）异步通信

所谓异步通信又称起止式传输。即指发送者和接收者之间不需要合作。也就是说，发送者可以在任何时候发送数据，只要被发送的数据已经是可以发送的状态的话。接收者则只要数据到达，就可以接受数据。它在每一个被传输的字符的前、后各增加一位起始位、一位停止位，用起始位和停止位来指示被传输字符的开始和结束，在接收端，去除起、止位，中间就是被传输的字符。这种传输技术由于增加了很多附加的起、止信号，因此传输效率不高，异步通信传输方式如图 9-10 所示。

在数据传输的同步技术中，一般串行通信广泛采用的同步方式有同步通信和异步通信两种；而并行通信则一般都是同步通信。

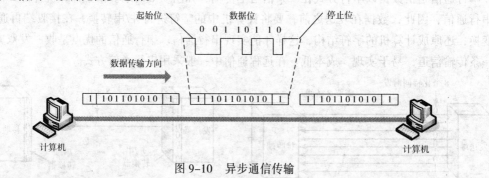

图 9-10　异步通信传输

3. 数据通信的方向

通信线路可由一个或多个信道组成，根据信道在某一时间信息传输的方向，可以是单工、半双工和全双工三种通信方式。

（1）单工通信

所谓单工（Simplex）通信是指传送的信息始终是一个方向的通信，对于单工通信，发送端把信息发往接收端，根据信息流向即可决定一端是发送端，而另一端就是接收端。例如，听广播和看电视就是单工通信的例子，信息只能从广播电台和电视台发射并传输到各家庭接收，而不能从用户传输到电台或电视台。

（2）半双工通信

所谓半双工（Half duplex）通信是指信息流可以在两个方向传输，但同一时刻只限于一个方向传输。对于半双工通信，通信的双方都具备发送和接收设备，即每一端可以是发送端也可以是接收端，信息流是轮流使用发送和接收设备的。例如，对讲机的通信就是半双工通信。

（3）全双工通信

所谓全双工（Full duplex）通信是指同时可以作双向的通信，即通信的一方在发送信息的同时也能接收信息。例如，电话的通信就是全双工通信。

9.2.4　数据交换技术

最初的数据通信是在物理上两端直接相连的设备间进行的，随着通信的设备的增多、设备间距离的扩大，这种每个设备都直连的方式是不现实的。两个设备间的通信需要一些中间节点来过渡，我们称这些中间节点为交换设备。这些交换设备并不需要处理经过它的数据的内容，只是简单地把数据从一个交换设备传到下一个交换设备，直到数据到达目的地。这些交换设备以某种方式互相连接成一个通信网络，从某个交换设备进入通信网络的数据通过从交换设备到交换设备的转接、交换被送达目的地。

通常使用三种交换技术，分别为：电路交换（线路交换）、报文交换和分组交换。

1. 电路交换

电路交换（Circuit Switching）技术即在通信两端设备间，通过一个一个交换设备中线路的连接，实际建立了一条专用的物理线路，在该连接被拆除前，这两端的设备单独占用该线路进行数据传输。

电话系统就采用了电路交换技术，通过一个一个交换机中的输入线与输出线的物理连接，在呼叫电话和接收电话间建立了一条物理线路，通话双方可以一直占有这条线路通话。通话结束后，这些交换机中的输入线与输出线断开，物理线路被切断。

电路交换的优点如下：连接建立后，数据以固定的传输率被传输，传输延迟小；由于物理线路被单独占用，因此不可能发生冲突；适用于实时大批量连续的数据传输。

电路交换的缺点如下：建立连接将跨多个设备或线缆，则会需要花费很长的时间；连接建立后，由于线路是专用的，即使空闲，也不能被其他设备使用造成一定的浪费；对通信双方而言，必须做到双方的收发速度、编码方法、信息格式和传输控制等一致才能完成通信。

2. 报文交换

报文交换（Message Switching）技术是一种存储转发技术，它没有在通信两端设备间建立一条物理线路。发送设备将发送的信息作为一个整体（又被称为报文），并附加上目的地地址，交给交换设备。交换设备接收该报文，暂时存储该报文，等到有合适的输出线路时把该报文转发给下一个交换设备。当路由器接收到报文以后会对报文进行处理，查看其目的地址，并计算出到达目的地的最佳路径，然后将报文送往下一个交换设备，经过若干个交换设备的存储、转发后，该报文到达目的地。报文交换技术适用于非实时的通信系统，如公共电报收发系统。

报文交换的优点如下：

（1）线路的利用率较高。许多报文可以分时共享交换设备间的线路。

（2）当接收端设备不可用时，可暂时由交换设备保存报文，报文在传输时对报文的大小没有限制。

（3）在线路交换网中，当通信量变得很大时，某些连接会被阻塞，即网络在其负荷降下来之前，不再接收更多的请求。而在报文交换网络中，却仍然可以接收报文，只是传送延迟会增加。

（4）能够建立报文优先级。可以把暂存在交换设备里的许多报文重新安排先后顺序，优先级高的报文先转发，减少高优先级报文的延迟。

（5）交换设备能够复制报文副本，并把每一个副本送到多个所需的目的地。

（6）报文交换网可以进行速率和码型的转换。利用交换设备的缓冲作用，可以解决不同数据传输率的设备的连接。交换设备也可以很容易地转换各种编码格式，如从 ASCII 码转换为 EBCDIC 码。

报文交换的缺点如下：数据的传输延迟比较长，而且延迟时间长短不一，因此不适用于实时或交互式的通信系统；当报文传输错误时，必须重传整个报文。

3. 分组交换

分组交换（Packet Switching）又称报文分组交换，或包交换，也是一种存储转发技术。在前面讲述的报文交换中，报文的长度不确定，交换设备的存储器容量大小如果按最长的报文计算，显然不经济。如果利用交换设备的外存容量，则内外存间交换数据会增加报文处理的时间。分组交换中，将报文分解成若干段，每一段报文加上交换时所需的地址、控制和差错校验信息，按规定的格式构成一个数据单位，通常被称为"报文分组"或"包"。

在分组交换网中，控制和管理通过网络的交换分组流，有两种方式：数据报（Datagram）和虚电路（Virtual Circuit）。

在数据报方式中，每个报文分组作为一个单独的信息单位来处理，每个报文分组又叫数据报。报文中的各个分组可以按照不同的路径，不同的顺序分别到达目的地，在接收端，再按原先的顺序将这些分组装配成一个完整的报文。如图 9-11 所示。

在虚电路方式中，发送分组前，首先必须在发送端和接收端之间建立一条路由。只是一条路由，而且是像电路交换那样的一条专用线路，报文分组在经过各个交换设备时仍然需要缓冲，并且需要等待排队输出。路由建立后，每个分组都由此路由到达目的地。

虚电路方式和数据报方式的区别为，数据报方式中，发送每个分组都要进行路由选样，每次选择的路由不尽相同。因此，各个分组不一定按照发送顺序到达目的地。而虚电路方式中，所有的分组的路由都是发送报文前建立的，各分组依发送顺序到达目的地。虚电路方式适用于大批量、长时间的数据交换。

与报文换相比，在分组交换中，交换设备以分组作为存储、处理、转发的单位，这将节省缓冲存储器容量，提高缓冲存储器容量的利用率。从而降低了交换设备的费用，缩短了处理时间，加快了信息的传输。此外，分组交换中，如果部分分组传输错误，只需要重传这些错误的分组，不必重传整个报文。

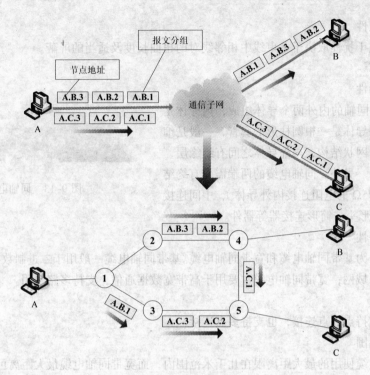

图 9-11　数据报交换

9.2.5　网络传输介质

网络中常用的传输介质有：双绞线、同轴电缆、光纤、无线与卫星通信信道。下面就简单介绍这几种常用的网络传输介质。

1. 双绞线

（1）物理特性

每一对双绞线由绞合在一起的相互绝缘的两根铜线组成，每根铜线的直径大约 1mm，如图 9-12 所示。

计算机局域网中经常使用的双绞线有屏蔽和非屏蔽之分，屏蔽双绞线（Shielded Twisted Pair，STP）：抗干扰性

图 9-12　屏蔽双绞线

好，性能高，用于远程中继线时，最大距离可以达到十几千米。但成本也较高，所以一直没有广泛使用；非屏蔽双绞线（Unshielded Twisted Pair，UTP）：非屏蔽双绞线的传输距离一般为 100m 由于它较好的性能价格比，目前被广泛使用。

（2）传输特性

在局域网中常用的双绞线可以分为五类。常用的是 3 类线和 5 类线，5 类线既可支持 100Mbit/s 的快速以太网连接，又可支持到 150Mbit/s 的 ATM 数据传输，是连接桌面设备的首选传输介质。

（3）连通性

双绞线既可用于点对点连接，也可用于多点连接。

（4）地理范围

在没有中继器时最大距离为 100m。

（5）抗干扰性

双绞线的抗干扰性取决于一束线中相邻线对的扭曲长度及适当的屏蔽。

2. 同轴电缆

（1）物理特性

同轴电缆由同轴的内外两个导体组成，内导体是一根金属线，外导体是一根圆柱形的套管，一般是细金属线编制成的网状结构，内外导体之间有绝缘层，如图 9-13 所示。另外，同轴电缆的两端需要有终结器（用 50Ω 或 75Ω 的电阻连接内外导体），中间连接需要收发器、T 形头、筒形连接器等器件。

图 9-13　同轴电缆

（2）传输特性

同轴电缆分为基带同轴电缆和宽带同轴电缆。基带同轴电缆一般用于二进制数据信号的传输，多用于计算机局域网；宽带同轴电缆主要用于高带宽数据通信，支持多路复用。

（3）连通性

同轴电缆支持点到点连接，也支持多点连接。

（4）地理范围

基带同轴电缆使用的最大距离限在几千米范围内，而宽带同轴电缆最大距离可达几十千米。

（5）抗干扰性

同轴电缆的最大优点是抗干扰性强。

3. 光纤

（1）物理特性

光纤即光导纤维，如图 9-14 所示。在它的中心部分包括了一根或多根玻璃纤维，通过从激光器或发光二极管发出的光波穿过中心纤维来进行数据传输。光纤是网络介质中最先进的技术，光纤维用于以极快的速度传输巨大的信息的场合。利用光导纤维作为光的传输介质，以光波为信号载体的光纤通信，只有几十年的历史。

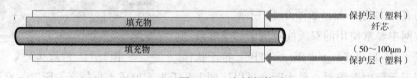

图 9-14　光纤的构造

（2）传输特性

光线由光密介质进入光疏介质时，在入射角足够大的情况下会发生全反射，即光波能量几乎全部反射，如图 9-15 所示，这样才可以达到长距离高速传输的目的。

光纤又可分为单膜光纤和多膜光纤。单模光纤指光纤做得极细，接近光波波长，光信号只能与光纤轴成单个可辨角度传输。多模光纤的纤芯比单模的粗，光信号与光纤轴成多个可辨角度传输。单模光纤成本较高，但性能很好，在几十 km 内能以几千 Mbit/s 的速率传输数据。多模光纤成本较低，但性能比单模光纤差一些。

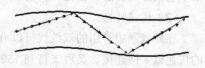

图 9-15　光纤的信号传输

（3）连通性

光纤最普遍的连接方法是点对点方式。

（4）地理范围

光纤信号衰减极小，可以在 6km～8km 的距离内，在不使用中继器的情况下，实现高速率的数据传输。

（5）抗干扰性

不受电磁信号的干扰，使用于长距离、高速率的信号传输。

9.3　网络体系结构

随着局域网和广域网规模地不断扩大对设备的要求更多，不同设备之间互联成为头等大事，为了解决网络之间的不能兼容和不能通信的问题，国际标准化组织（ISO）提出了网络模型的方案，以帮助厂商生产出可互操作的网络产品。其实在 20 世纪 80 年代早期，ISO 已经开始致力于制定一套普遍适用的规范集合，以使得全球范围的计算机平台可进行开放式的通信，在 1979 年初步创建了一个计算机通信模型，即开放式系统互联参考基本模型（Open System Interconnection /Reference Model，OSI/RM），简称 OSI 模型，于 1984 年正式发布。

9.3.1　OSI 七层模型

OSI 参考模型的逻辑结构如图 9–16 所示，它由 7 个协议层组成：即物理层、数据链路层、网络层、传输层、会话层、表示层和应用层。每一层均有自己的一套功能集，并与紧邻的上层和下层交互作用。在顶端，应用层与用户使用的软件（如字处理程序等）进行交互，在底端是携带信号的网络电缆和连接器。总的说来，在顶端与底端之间的每一层均能确保数据以一种可读、无错、排序正确的格式被发送。

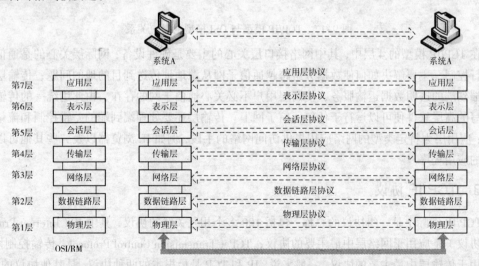

图 9–16　OSI 参考的模型逻辑结构

其中最低 3 层（1～3）是依赖网络的，涉及将两台通信计算机连接在一起所使用的数据通信网的相关协议，实现通信子网功能；高 3 层（5～7）是面向应用的，涉及允许两个终端用户应用进程交互作用的协议，通常是由本地操作系统提供的一套服务，实现资源子网功能；中间的传输层为面向应用的上 3 层遮蔽了跟网络有关的下 3 层的详细操作。从实质上讲，传输层建立在由下 3 层提供服务的基础上，为面向应用的高层提供与网络无关的信息交换服务。

9.3.2 TCP/IP 模型

尽管 OSI 模型被定义为全球计算机通信标准，但是或许它过于复杂，所以在实际应用中却并不广泛。相反，TCP/IP 模型却成了事实上的通信标准，该模型将 OSI 模型简化为了 4 层，分别是应用层、传输层、网际层和网络接口层。TCP/IP 模型和 OSI 模型的对应关系如图 9-17 所示。

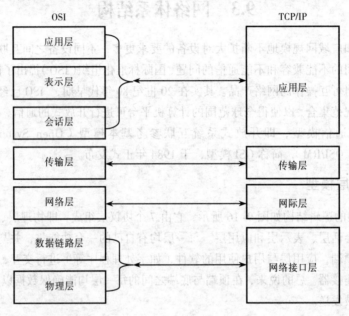

图 9-17　TCP/IP 模型与 OSI 模型的对应关系

在 TCP/IP 模型的 4 层中，其中网络接口层关心的主要是硬件设备；网际层关心的是通信子网的运行控制，主要解决如何使数据分组跨越通信子网从源地址传送到目的地的问题；传输层提供的是端到端的透明数据运输服务，使高层用户不必关心通信子网的存在，由此用统一的传输层语言书写的高层软件便可以运行于任何通信子网上。传输层还要处理端到端的差错控制和流量控制问题；应用层为特定类型的网络应用提供访问网络的手段，例如 IE 浏览器以及一些其他可以用来联网的应用程序。

9.3.3 TCP/IP 协议

TCP/IP 实际上是一组协议的总称，包括 100 多个相互关联的协议，其中 IP（Internet Protocol，网际协议）是应用于网络层中最主要的协议；TCP（Transmision Control Protocol，传输控制协议）是应用于传输层中最主要的协议。一般来说，IP 和 TCP 是最根本的两种协议，是其他协议的基础。

IP 协议定义了数据按照数据报（datagram）传输的格式和规则，负责将数据从一个节点传输到另一个节点。它有三个基本功能：第一是规定了数据的格式；第二是执行路由的功能，选择传送数据的路径；第三是确定主机和路由器如何处理分组的规则，以及产生差错报文后的处理方法。

TCP 协议是建立在 IP 协议之上（这正是 TCP/IP 的由来），目的是使数据传输和通信更可靠。它定义了网络端到端的数据传输的格式和规则，提供了数据报的传输确认、丢失数据报的重新请求，将收到的数据报按照其发送次序重组的机制。TCP 协议是面向连接的协议，类似于打电话，在开始传输数据之前，必须先建立明确的连接。

Internet 系列协议除了 TCP 和 IP 协议外，比较重要的还有 UDP（User DataGram Protocol，用户数据报协议）、ADP（Address Resolution Protocol，地址解析协议）、HTTP（Hyper Text Transfer Protocol，超文本传输协议）、FTP（File Transfer Protocol，文件传输协议）、SMTP（Simple Mail Transfer Protocol，简单邮件传输协议）、Telnet（Telecommunication Network Protocol，远程登录协议）等。其中 HTTP、FTP、SMTP、Telnet 都是作用于应用层的协议，用来提供 WWW、文件传输、电子邮件、远程登录等用户服务。

9.3.4　物理地址、IP 地址和域名

就像生活中每个人都有一个通信地址一样，为了使 Internet 成千上万的计算机能够准确的通信，就需要给每一台分配一个唯一的编号，这就是地址。在 TCP/IP 模型中，根据应用层次的不同，实际上可以分为物理地址、IP 地址和域名地址三类。

（1）物理地址

物理地址（MAC）也称为硬件地址，这是应用在网络接口层的地址，它是由网络设备制造商生产时直接写在硬件内部的地址。MAC 地址由 6 个字节（48 位）组成，前 3 个字节由 IEEE 协会分配，后 3 个字节由厂商自己决定，只是不可以重复。

用户如果希望查看自己计算机的 MAC 地址，可以在"命令提示行"中输入"ipconfig /all"命令，然后查看"Physical Address（物理地址）"后面的数字即可，如图 9-18 所示。

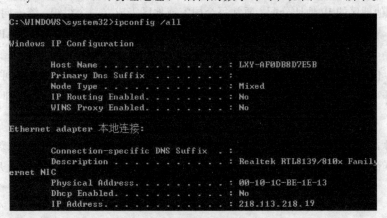

图 9-18　查看本机的 MAC 地址

（2）什么是 IP 地址

物理地址主要作用于网络接口层，而在网络层，还有另外一套编码方式，这就是 IP 地址。它是给每个连接在 Internet 上的计算机（或网络打印机等其他设备）分配的一个在全世界范围内唯一的 4 字节（32 位）地址。在 Internet 中，每一台计算机可以有一个或多个 IP 地址，但是两台或更多台计算机不可以共用同一个 IP 地址。

为了方便记忆和管理，将 32 位二进制位分为 4 段，每段包含有 8 个二进制位，并用十进制数

的形式来表示这 8 个地址比特位，而段与段之间通过符号 "." 来分割。例如北京大学网站的 IP 地址是 124.207.229.250。

就像电话号码一般分为区号和电话号码两部分一样，IP 地址也可以分为网络地址和主机地址两部分，例如上面的 IP 地址的网络地址为 124.207.0.0，主机地址是 0.0.229.250，合起来就是 124.207.229.250。

根据网络地址和主机地址的划分边界，IP 地址分为 A、B、C、D、E 五类，其中 A、B、C 类是主要的三类地址（见表 9-1）。

表 9-1 Internet 的 IP 地址表

IP 地址分类	网络地址范围	网络地址长度	主机地址长度
A 类 IP 地址	1.0.0.0 ~ 127.255.255.255	8 位	24 位
B 类 IP 地址	128.0.0.0 ~ 191.255.255.255	16 位	16 位
C 类 IP 地址	192.0.0.0 ~ 223.255.255.255	24 位	8 位

其中 A 类地址的第一个字节为网络地址，其他三个字节为本地计算机的地址，可容纳 1600 万台计算机；B 类地址的前两个字节为网络地址，后两个字节为本地计算机地址，可容纳 6 万多台计算机；C 类地址的前三个字节为网络地址，后一个字节为本地计算机地址，可容纳 254 台计算机。

在这些 IP 地址中，有些地址是不可以使用的，有些地址是用来做特殊用途的，例如 127.0.0.1 通常用来代表本机。

IP 地址由 Inter NIC（Internet 网络信息中心）统一负责全球地址的规划和管理，同时由 Inter NIC（负责美国及北美地区）、APNIC（负责亚太地区）、RIPE（负责欧洲地区）三大网络信息中心具体负责美国及其他地区的 IP 地址分配。通常每个国家或地区需成立一个组织，统一向有关国际组织申请 IP 地址，然后再分配给用户。我国 Internet 用户计算机的 IP 地址都是通过 APNIC 申请，然后进行分配的。

现在许多 IP 地址是动态分配的，用户如果希望查看自己计算机的 IP 地址，可以在 "命令提示行" 中输入 "ipconfig /all" 命令，然后查看 "IP Address（IP 地址）" 后面的数字即可，如图 9-18 所示。

注意：目前的 IP 地址由 4 个字节表示，称为 Ipv4 地址。由于 Internet 快速发展导致 IP 地址出现枯竭的情况，因此从 1994 年开始，人们开始研究 Ipv6 地址，也就是用 6 个字节来表示。

（3）域名

IP 地址虽然书写规范，但是不方便记忆，因此 TCP/IP 协议还定义了一套域名地址体系，这是作用在应用层的地址。例如北京大学网站的域名为 www.pku.edu.cn。

域名是按层次组织的，按照地理或机构进行分层，中间用 "." 将各个层隔开，例如 www.pku.edu.cn 中的 cn 代表中国，edu 代表教育，pku 代表北京大学，www 则一般用来表示提供的 WWW 服务。事实上，还可以有更多的层次，例如北京大学教育学院的域名是 www.gse.pku.edu.cn。

过去 Internet 域名体系中主要有两类顶级域名：一是地理顶级域名，共有 243 个国家和地区的代码。例如 .cn 代表中国，.jp 代表日本，.de 代表德国等；二是类别顶级域名，共有 7 个，如 com

代表商业，.edu 代表教育等。随着互联网的不断发展，新的顶级域名也根据实际需要不断被扩充到现有的域名体系中来，例如.biz（商业）、.coop（合作公司）、.info（信息行业）、.aero（航空业）、.pro（专业人士）、.museum（博物馆行业）和.name（个人）。另外，中国现在也申请了自己的顶级域名.cn，如百度搜索引擎的域名 www.baidu.cn。

在这些顶级域名下，还可以再根据需要定义次一级的域名，如在我国的顶级域名.cn 下又设立了.com、.net、.org、.gov 和.edu，以及我国各个行政区划的字母代表如.bj 代表北京、.wh 代表武汉等。

表 9-2 中列出了网络域名以及一些国家或地区的 Internet 代码。

表 9-2　网络域名含义及国家或地区代码

域　名	意　义	国家或地区代码	国家或地区
com	商业组织	ca	加拿大
edu	教育部门	cn	中国
gov	政府部门	de	德国
mil	军事部门	jp	日本
net	网络组织	uk	英国
int	国际组织	fr	法国
org	非盈利组织	…	…

需要说明的是由于网络发源于美国，所以 7 个类别顶级域名主要供美国使用。当然，其他国家的人也可以去注册.com、.net、.org 等域名，只不过由美国负责管理。

以上三类地址分别作用于网络接口层、网络层和应用层，它们既互相独立，又有一定联系。一般来说，物理地址和 IP 地址是一一对应的，可以相互转换，而域名地址和 IP 地址是通过域名服务器（DNS）转换的。域名服务器上存有大量的 Internet 主机的地址，Internet 主机可以自动地访问域名服务器，以完成"IP 地址—域名"间的双向查找功能。

9.3.5　计算机网络设备

在计算机网络中要用到网卡、调制解调器、集线器（Hub）、交换机、路由器、网桥等各种设备，下面介绍最常用和最重要的几种。

1. 集线器

集线器的主要功能是对接收到的信号进行再生、整形、放大，以延长网络的传输距离，如图 9-19 所示。集线器应用于 OSI 参考模型的第一层（物理层）。

集线器是组建网络的常用设备。在局域网中，它被广泛应用于星型和树状网络结构中，就像树的主干一样，是连接计算机及其他设备的汇集点。此外，数据信号在

图 9-19　集线器示意图（8 口）

传输过程中会因电磁波干扰等原因产生衰减，当传输距离过长时，甚至导致信号失真。因此集线器接收到信号后，为了保证信号的正确性，需要对是真的信号再生（恢复）到发送时的状态，然后再对数据信号进行传输。

2．交换机

交换机是一种基于 MAC 地址识别，能够封装、转发数据包的网络设备，如图 9-20 所示。交换机通过分析数据包中的的 MAC（网卡硬件地址）信息，可以在数据始发者和目标接收者间建立临时通信路径，是数据包在不影响其他端口正常工作的情况下从源地址直接到达目的地址。交换机改变了集线器向所有端口广播数据的传输模式，从而节约网络带宽，并提高网络执行效率。

交换机工作于 OSI 模型中的第二层，主要用于完成数据链路层和物理层的工作。交换机的主要功能包括物理编址、网络拓扑结构、错误校验、数据帧序列以及流量控制等。

图 9-20　网络交换机

3．路由器

路由是指把数据从一个地方传送到另一个地方的行为和动作，而路由器（Router）正是执行这种行为动作的机器，是一种连接多个网络或网段的网络设备，它能将不同网络或网段之间的数据信息进行"翻译"，使它们能够相互"读懂"对方的数据，从而构成一个更大的网络。路由器是一种多端口设备，它可以连接不同传输速率并运行于各种环境的局域网和广域网，也可以采用不同的协议，如图 9-21 所示。

路由器工作于 OSI 模型的第三层，主要完成网络层的工作。

技巧：现在很多家庭利用小型的无线路由器就可以在家中搭建无线局域网。

图 9-21　路由器示意图

9.4　Internet 概述

前面各节实际上已经多次提到了 Internet，本节再系统介绍一下。

9.4.1　Internet 发展简介

Internet 最早起源于美国国防部高级研究计划署于 1969 年建立的 ARPAnet 网。1986 年，美国国家科学基金会（NSF）认识到计算机网络对科学研究的重要性，建立了国家科学基金网 NSFnet，覆盖了美国主要的大学和研究院。后来 NSFnet 接管了 ARPAnet，并将网络改称为 Internet，利用 TCP/IP 协议将各地不同的局域网、广域网连接到了一起。

NSFnet 对 Internet 的最大贡献是使 Internet 向全社会开放，而不像以往那样仅仅是从事计算机研究等的专业人员使用。在 1991 年，Internet 上的主机已经超过了 1 万台，目前 Internet 上注册的主机超过了 3 000 万台，上网用户达到了数十亿，且仍在快速增长中。

Internet 在中国发展至今只有不到 20 年的历史，但是却取得了令人鼓舞的成就，1986 年，由北京市计算机应用研究所和原西德的卡尔斯鲁厄（Karlsruhe）大学合作，启动了 CANET（Chinese Academic Network）国际联网项目，1987 年 9 月，CANET 正式建成中国第一个国际互联网电子邮件节点，并于 9 月 14 日由钱天白教授发出中国第一封电子邮件："Across the Great Wall we can reach every corner in the world.（越过长城，走向世界）"，打开了中国人使用互联网的序幕。

从 1987~1993 年间，以中国科学院高能物理所为首的一批科研院所开始了与 Internet 互联的科研课题和合作。1989 年 10 月，中关村地区教育与科研示范网络（National Computing and networking Facility of China，NCFC）正式立项，11 月正式启动。项目由中国科学院主持，联合北京大学、清华大学共同实施。1990 年 11 月 28 日，钱天白教授代表中国正式注册了中国的顶级域名 cn，从此开通了使用中国顶级域名 cn 的国际电子邮件服务，从此中国的网络有了自己的身份标志。

1994 年 4 月 20 日，中关村地区教育与科研示范网络（NCFC）通过美国 Sprint 公司连入 Internet 的 64K 国际专线开通，实现了与 Internet 的全功能连接。从此我国被国际上正式承认为有 Internet 的国家。

1995 年以来，Internet 在中国发展非常迅速，目前中国已经建成了如下几大骨干网络：中国科技网（CSTNET）、中国公用计算机互联网（CHINANET）、中国教育和科研计算机网（CERNET）、中国金桥信息网（ChinaGBN）、中国移动互联网（CMNET）、中国网通公用互联网（CNCNET）、中国联通互联网（UNINET）、中国国际经济贸易互联网（CIETNET）、中国长城互联网（CGWNET）、中国卫星集团互联网（CSNET）等。

根据中国互联网络信息中心（CNNIC）发布的统计报告，截止 2007 年 12 月，中国网民数已增至 2.1 亿人，网民人数居世界第二位，且增长迅速，2007 年一年就增加了 7 300 万人，年增长率达到了 53.3%。其中使用宽带和手机上网的人数增长很快，宽带网民数达到 1.63 亿人，手机网民数达到 5 040 万人。目前，中国拥有 IPv4 地址 135 274 752 个，域名 11 931 277 个，网站 1 503 800 个，国际出口总带宽达到了 368 927Mbit/s。从以上数据可以看出，Internet 在中国正处于快速普及中，事实上，截止 2007 年 12 月，中国仅家庭上网计算机数已经达到了 7 800 万台，平均每一百户拥有 20.6 台。

从目前情况来看，Internet 在很长一段时间内仍然会快速发展，其提供的方便而广泛的互联，必将对未来社会生活的各个方面带来深刻的影响。而随着中国经济的快速发展，中国在 Internet 中的地位也会越来越重要。

9.4.2　Internet 的主要功能

Internet 的最大特点在于它的资源共享。从功能上说，Internet 提供了十分广阔的应用。其中传统的 Internet 服务有万维网（WWW）、电子邮件（E-mail）、文件传输（FTP）、电子公告板（BBS）、远程登录（Telenet）、新闻组服务（News Group）等。随着多媒体网络技术的快速发展，目前利用 Internet 开展的服务有网络教育、电子商务、远程医疗、网络游戏、博客、视频点播、网络电视、即时通信（聊天）、网络电话、网上银行等各种服务。下面简要介绍几种比较传统和重要的服务。

1. 万维网（WWW）

万维网（World Wide Web，WWW）是 Internet 上集文本、声音、图像、视频等多媒体信息于一身的全球信息资源网络，是 Internet 上的重要组成部分。

WWW 的网页文件是用超文件标记语言 HTML 编写，并在超文件传输协议 HTTP 支持下运行的。超文本中不仅含有文本信息，还包括图形、声音、图像、视频等多媒体信息（故超文本又称超媒体），更重要的是超文本中隐含着指向其他超文本的链接，这种链接称为超链接。利用超链接，用户能轻松地从一个网页链接到其他相关内容的网页上，而不必关心这些网页分散在何处的主机中。

由于 WWW 容易使用，所以迅速在 Internet 中普及开了，极大地推动了 Internet 的发展，在许多普通用户看来，WWW 就成了 Internet 的代名词。目前，越来越多的服务和 WWW 结合了起来，例如基于 Web 的网上银行、免费信箱等。

WWW 开创了 B/S（Browser/Server，浏览器/服务器）结构的时代，利用客户端浏览器就可以方便地访问 WWW 资源了。目前常用的浏览器有 IE、Firefox 等。

2．电子邮件（E-mail）

E-mail 是 Internet 上使用最广泛的一种服务。利用它，远在天边的两个人也可以方便快速地联系。电子邮件中除文本外，还可包含声音、图像、应用程序等各类文件。此外，用户还可以以邮件的方式在网上订阅电子杂志、获取所需文件、参与有关的公告和讨论组，甚至还可浏览 WWW 资源。

收发电子邮件一般需要有相应的软件支持，常用的软件有 Outlook Express 和 Foxmail 等，这些软件提供邮件的接收、编辑、发送及管理功能。不过，目前许多邮件服务器也都提供了 WWW 的访问方式。

3．文件传输协议（FTP）

FTP（File Transfer Protocol）是一种 Internet 服务形式，利用它可以将一台计算机上的文件传输到另一台计算机上，就好像在 Internet 上执行文件复制命令一样。

Internet 专门用来保存文件的服务器就称为 FTP 服务器。很多大学都会提供这样的服务器，使学生可以方便地上传和下载文件，从而达到资源共享的目的。

要访问 FTP 服务器通常需要用户名和密码，不过 Internet 也有很多匿名服务器，它们不需要专用的用户名和密码即可登录，只要用 "anonymous"（匿名）作为用户名、以自己的 E-mail 地址作为密码即可登录，例如北京大学提供的 FTP 服务器（ftp.pku.edu.cn）。

访问 FTP 服务器一般也需要专用的软件，如 WinFTP、CuteFTP、LeapFTP、FlashFxp 等软件。不过，一般也可以用浏览器软件访问 FTP。

注意：事实上，FTP 是一种文件传输协议，而基于这种协议的服务称为 FTP 服务。通常说的 FTP 指的是这种文件传输服务。

4．电子公告板（BBS）

电子公告板（BBS）是一个由众多趣味相投的用户共同组织起来的各种专题讨论组的集合。它用于发布公告、新闻、评论及各种文章供网上用户使用和讨论。讨论内容按不同的专题分类组织，每一类为一个专题组，其内部还可以分出更多的子专题。

BBS 目前已经成为在校大学生重要的交流渠道，本书在 10.4.1 节会详细介绍 BBS 站点和访问方式。

5．远程登录（Telnet）

Telnet 允许用户在一台联网的计算机上登录到一个远程分时系统中，然后像使用自己的计算机一样使用该远程系统。要使用远程登录服务，必须在本地计算机上启动一个客户应用程序，指定远程计算机的名字，并通过 Internet 与之建立连接。一旦连接成功，本地计算机就像通常的终端一样，直接访问远程计算机系统的资源。

在 Windows XP 系统中，Microsoft 公司购买了 Symentic 公司的 PC Anywhere 软件，并将它嵌入

到 Windows 中，称为"远程桌面连接"。通过该工具可以实现计算机的远程控制，并且更具安全性。

9.4.3 用户接入方式

所谓用户接入方式是指用户以何种方式连接到 Internet 上，不同的接入方式，其网络速度与网络服务均有所不同。拨号上网对大家来说应该是最为熟悉的方式了，但是，随着网络技术的发展，不同的网络接入方式逐渐为人所知，例如，综合业务数字网（ISDN）接入方式、线缆调制解调器（Cable Modem）接入方式、ADSL 接入方式、xDSL（数字用户线路）接入方式、通过局域网接入方式、无线接入方式，下面就介绍常见和常用的接入方式。

1．拨号上网

拨号上网是通过普通 Modem（调制解调器）和电话线上网，其传输速率最高只能达到 56Kb/s，这也是模拟方式接入所能达到的极限。

这种方式传输速率低，不过上网最为方便，理论上说只要有电话的地方就可以上网。因此尽管近年来使用的人越来越少，但是在未来一段时间仍将是一种重要的接入方式。

2．ADSL 宽带接入方式

ADSL（Asymmetrical Digital Subscriber Loop）技术即非对称数字用户环路技术，它是运行在原有普通电话线上的一种新的高速宽带技术，同时实现了电话和通信数据业务互不干扰的传递方式。所谓非对称主要体现在上行（从用户到网络）为低速的传输，速率一般为 16Kbit/s~1Mbit/s；下行（从网络到用户）为高速传输，速率可达 1.5~8Mbit/s。

由于不需要重新布线，比较简单，而且，它不影响电话使用，传输速率也比较高，费用也较低廉，因此很受普通用户欢迎。不过客观地说，ADSL 技术并不是最终的宽带上网的解决方案，它只是宽带上网的过渡技术，但是考虑到现实情况，在未来较长时间内可能仍然会是普通用户上网的首选接入方式。

3．通过局域网接入方式

对具有局域网的用户，特别是教育网内用户，一般采用在局域网上设立专门的计算机作为接入 Internet 的代理服务器。局域网用户都通过代理服务器间接连接到 Internet，由于代理服务器与 Internet 之间采用特殊的高速线路传输信息，因而这种上网方式一般较前几种方式要快，一般用户桌面带宽可以达到 10Mbit/s 甚至更高。

4．无线接入方式

近年来，无线接入方式开始流行，它一般应用在笔记本电脑或其他移动设备上，不需要网线即可通过无线网络连接到 Internet。

严格地说，用户并不是将自己的计算机直接连接到 Internet 上，而是连接到其中的某个网络上，再由该网络通过网络干线与其他网络相连。网络干线之间通过路由器互联，使得各个网络上的计算机都能相互进行数据和信息传输。例如，用户的计算机通过拨号上网，连接到本地的某个 Internet 服务提供商（ISP）的主机上。而 ISP 的主机通过高速干线与本国及世界各国或地区的无数主机相连，这样，用户仅通过一个 ISP 的主机，便可遍访 Internet。因此也可以说，Internet 是分布在全球的 ISP 通过高速通信干线连接而成的网络。

9.5 如何接入因特网

通常意义上的"上网"大部分是指浏览网页。本节将主要介绍三种最常用的上网方式：拨号上网、通过局域网上网和 ADSL 上网。

9.5.1 通过电话线拨号上网

过去长时间内，很多普通用户都是通过电话线拨号上网的。当然，要使用电话线拨号上网，首先要确保计算机已经安装了调制解调器，并且已经安装好了驱动程序，之后建立网络连接和上网的步骤如下所示。

1．建立网络连接

（1）依次选择"开始"→"所有程序"→"附件"→"通讯"→"新建连接向导"命令，就会弹出"新建连接向导"对话框，在其中直接单击【下一步】按钮。

（2）在弹出的对话框中选中"连接到我的工作场所的网络"，如图 9-22 所示，然后单击【下一步】按钮。

（3）然后选择"拨号连接"单选按钮，单击【下一步】按钮；

（4）在弹出的对话框中输入一个连接名，如图 9-23 所示，用户可以自己定义连接名，例如"我的 95963"之类的名字。填写好连接名后，单击【下一步】按钮。

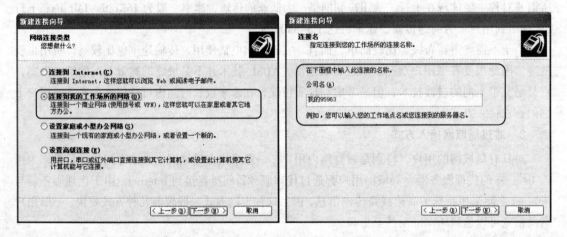

图 9-22 选中"连接到我的工作场所的网络"单选按钮　　　图 9-23 输入连接名

（5）在弹出的对话框中输入需要拨号的电话号码，如图 9-24 所示，即网络服务商提供的拨号号码，这里填入 263 公司提供的拨号号码 95963。填写完之后，单击【下一步】按钮。

技巧：很多单位的电话打外线需要先拨 0，那么这里就要在电话号码前先输入 0 和逗号，如"0，95963"。

（6）在最后弹出的对话框中，选中"在我的桌面上添加一个到此连接的快捷方式"复选框，并单击【Finish】按钮，至此完成网络连接的建立。

完成上述步骤后，依次选择"开始"→"控制面板"→"网络和 Internet 连接"→"网络连接"，打开"网络连接"窗口，将看到刚才设置好的网络连接方式，如图 9-25 所示。

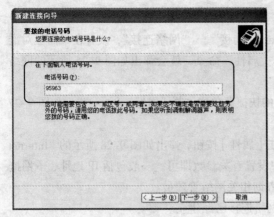

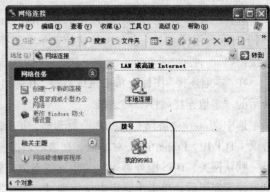

图 9-24 填写要拨的电话号码   图 9-25 "网络连接"窗口

2. 上网

以后需要上网时, 双击图 9-25 中拨号连接的图标, 或者双击桌面上的快捷方式"我的 95963", 就会弹出如图 9-26 所示的连接对话框, 在其中输入用户名和密码, 然后单击【拨号】按钮即可开始拨号。如果需要设置有关的属性, 单击【属性】按钮即可。

图 9-26 拨号连接登录

拨号成功后, 网络服务商将会为该计算机动态分配一个 IP 地址, 在屏幕右下角一般会出现一个计算机连接图标, 表示计算机已经成功地连接到 Internet 上, 现在就可以打开 IE 浏览器上网或收发 E-mail 了。

9.5.2 通过局域网连接 Internet

如果是学校或宽带网用户, 一般通过局域网连接 Internet, 当然, 这就要求首先安装好网卡, 并且安装好了驱动程序, 之后建立网络连接和上网的步骤如下所示。

1．建立网络连接

选择"开始"→"控制面板"→"网络和 Internet 连接"→"网络连接"，或者在桌面上对准"网上邻居"图标右击，在弹出的快捷菜单中选择"属性"命令，就会弹出如图 9-25 所示的网络连接窗口。

在"本地连接"图标上单击鼠标右键，在弹出的快捷菜单中选择"属性"命令，弹出如图 9-27 所示的"本地连接属性"对话框。

选中"Internet 协议（TCP/IP）"复选框，并单击【属性】按钮，弹出如图 9-28 所示的"Internet 协议（TCP/IP）Properties"对话框。在该对话框中设置有关参数即可，一般包括 IP 地址、子网掩码、默认网关、DNS 服务器等，关于这些参数请咨询相关网络管理员。

设置完毕后，单击【确定】按钮即可，至此网络连接已经建立。

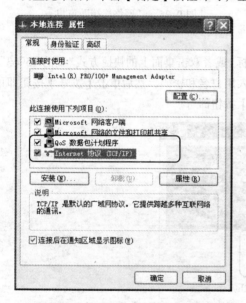
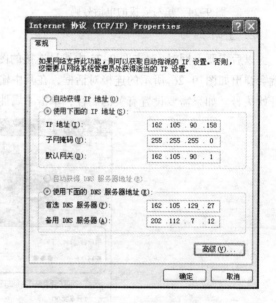

图 9-27 "本地连接属性"对话框   图 9-28 设置地址参数

2．上网

以后需要上网时，只要插上网线就可以了。打开 IE 浏览器，在地址栏输入所要访问网站的网址，如 http://www.chinaren.com，按回车键，便可以打开网站的主页了。

3．访问网上邻居

利用该方式还可以方便地访问同一个局域网上其他计算机的共享资源。依次选择"开始"→"网上邻居"→"查看工作组计算机"就可以打开如图 9-30 所示的"网上邻居"窗口，在窗口中双击某一个计算机图标就可以访问该计算机的资源了（前提是该计算机允许您访问）。

当然，也可以将本机的资源共享，让其他的局域网用户访问。方法如下：

选中准备共享的文件夹，右击，在弹出的快捷菜单中选择"共享和安全"命令，就会弹出如图 9-30 所示的共享对话框。

图 9-29　访问网上邻居

用户可以单击图 9-30 对话框中有下画线的文字，并在弹出的提示框中选择直接共享，即可出现如图 9-31 所示的对话框。在其中选中 "在网络上共享这个文件夹" 复选框，并在 "共享名" 文本框中输入该文件夹在网络上的名称，单击【确定】按钮，即可在网络上共享该文件夹。

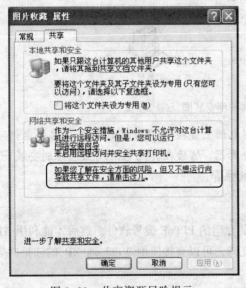

图 9-30　共享资源风险提示

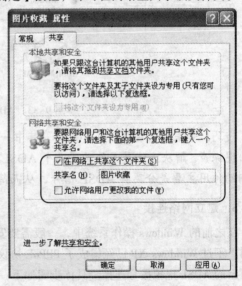

图 9-31　共享资源

9.3.3　通过 ADSL 上网

目前许多家庭都是通过 ADSL 上网，这首先要求计算机中已经安装了网卡，此外，还要向电信部门申请 ADSL 用户，具体步骤如下：

1. 申请 ADSL 用户

首先，要向当地电信部门申请 ADSL 用户。申请以后，电信部门会开通 ADSL，并且提供相应的设备，如 ADSL Modem、ADSL 分离器（见图 9-32）等，并会提供一个用户名和密码。

图 9-32　ADSL Modem 和 ADSL 分离器

2. ADSL 的硬件安装

ADSL 的硬件安装也十分简单，如图 9-33 所示。

第 1 步：将 ADSL 分离器的 Line 口连接电话线，将 Phone 口连接电话机，这样电话机就可以继续使用了。

第 2 步：将 ADSL 分离器的 Modem 口连接 ADSL Modem。

第 3 步：将 ADSL Modem 的网线连接到电脑的网卡接口中。

至此，硬件就安装完毕了。

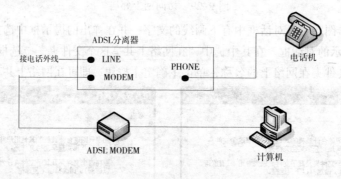

图 9-33　ADSL 硬件安装图

技巧：如果家里安装了多部电话，其中一部电话上连接 ADSL Modem 后，其他电话可能会出现噪声。解决方法是另外购买几个 ADSL 分离器，然后在其他电话线上也分别安装一个，它们的作用主要是分离掉 ADSL 信号，从而降低噪音。

3. 建立网络连接

在之前的 Windows 操作系统中，一般需要安装专门的 PPPoE 拨号软件，然后才能利用 ADSL 上网。不过 Windows XP 已经集成了 PPPoE 协议支持，可以直接使用 Windows XP 的连接向导建立自己的 ADSL 虚拟拨号连接。具体步骤如下：

（1）依次选择"开始"→"所有程序"→"附件"→"通讯"→"新建连接向导"命令，就会弹出"新建连接向导"对话框，在其中直接单击【下一步】按钮。

（2）保持默认选中"连接到 Internet"单选按钮，单击【下一步】按钮。

（3）然后选中"手动设置我的连接"单选按钮，单击【下一步】按钮。

（4）然后选中"用要求用户名和密码的宽带连接来连接"单选按钮，单击【下一步】按钮。

（5）然后出现如图 9-34 所示的对话框，提示输入连接名称，这里只是一个连接的名称，可以随便输入，例如，"我的 ADSL"，然后单击【下一步】按钮。

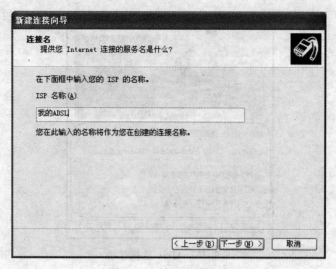

图 9-34 输入连接名称

（6）然后会出现如图 9-35 所示的对话框，在其中输入电信部门提供的 ADSL 用户名和密码（一定要注意用户名和密码的格式和字母的大小写)，并根据向导的提示对这个上网连接进行的其他一些安全方面的设置，然后单击【下一步】按钮。

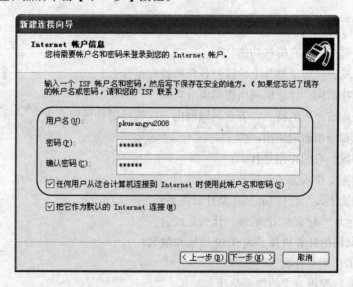

图 9-35 输入 ADSL 用户名和密码

（7）在接下来出现的对话框中注意选中"在我的桌面上添加一个到此链接的快捷方式"复选框，然后单击【完成】按钮，至此连接就建立完毕了，大家可以注意到桌面上出现了一个快捷图标。

4．上网

以后需要上网时，双击桌面上建立的 ADSL 连接快捷图标，就会弹出如图 9-36 所示的连接对话框，在其中输入用户名和密码后，单击【连接】按钮即可开始连接。

图 9-36　ADSL 连接登录

　　连接成功后，网络服务商一般会为该计算机动态分配一个 IP 地址，在屏幕右下角一般会出现一个计算机连接图标，表示计算机已经成功地连接到 Internet 上了。

习　题　9

一、简答题

1. 什么是计算机网络？它有哪些功能？

2. 计算机网络的发展经历了哪几个阶段？各自的特点是什么？

3. 按照网络的拓扑结构，计算机网络应如何分类？

4. 简述各种网络传输介质的特点。若在局域网内，应选择哪种传输介质？

5. 请简述交换机和路由器的作用。

6. 什么是网络协议？它的作用是什么？

7. 计算机网络的主要接入方式有哪几种？

8. WWW 的全称是什么？它和 Internet 是什么关系？

9. 什么是 MAC 地址？什么是 IP 地址？什么是域名？

10. 是否每一台联网的计算机都必须有 IP 地址和域名？

11. DNS 服务器的作用是什么？

12. 虚电路方式和数据报方式的区别是什么？

二、选择题

1. 早期的计算机网络是由（　　）组成的系统。

　　A. 计算机—通信线路—计算机　　　　　B. 终端—通信线路—终端

　　C. 通信线路—终端—计算机　　　　　　D. 计算机—通信线路—终端

2. 第二代以通信子网为中心的计算机通信网络的典型代表是（　　）。

　　A. OCTOPUS 网　　　　　　　　　　　B. ARPA 网

　　C. 公用数据网 PDN　　　　　　　　　　D. 国际气象监测网 WWWN

3. 浏览器处在 TCP/IP 协议层次中的哪一层（   ）。

    A. 网络接口　　　　　　B. 传输层　　　　　　C. 应用层　　　　　　D. 网络层

4. Internet 上 IP 地址和域名的关系是（   ）。

    A. 每台联网主机必须有 IP 地址，不一定有域名

    B. 每台联网主机必须同时有 IP 地址和域名

    C. 一个域名可以对应多个 IP 地址

    D. 每台联网主机必须有域名，不一定有 IP 地址

5. 如果一个 WWW 站点的域名地址是 www.sjtu.edu.cn，则它是（   ）的站点。

    A. 中国　　　　　　　　B. 日本　　　　　　　C. 英国　　　　　　　D. 美国

6. 在下列 IP 地址中，可能正确的是（   ）。

    A. 202.112.37　　　　　　　　　　　　　　B. 202.112.37.47

    C. 256.112.234.12　　　　　　　　　　　　D. 202.112.258.100.234

7. 拨号上网的最大传输率是（   ）。

    A. 33.6Kbit/s　　　　　B. 112Kbit/s　　　　　C. 256Kbit/s　　　　D. 56Kbit/s

8. 在计算机网络中，通常把提供并管理共享资源的计算机称为（   ）。

    A. 服务器　　　　　　　B. 工作站　　　　　　C. 网关　　　　　　　D. 路由器

9. 调制解调器（Modem）的作用是（   ）。

    A. 将计算机的数字信号转换成模拟信号，以便发送

    B. 将计算机的模拟信号转换成数字信号，以便接收

    C. 将计算机的数字信号与模拟信号互相转换，以便传输

    D. 将计算机内部的各种数字信号转换成模拟信号，便于计算机进行处理

10. TCP/IP 协议的含义是（   ）。

    A. 局域网传输协议　　　　　　　　　　　B. 拨号入网传输协议

    C. 传输控制协议和网际协议　　　　　　　D. 网际协议

11. 下面的（   ）上网是不借助普通电话线上网的。

    A. 拨号方式　　　　　B. ADSL 方式　　　　C. Cable Modem 方式　　D. ISDN 方式

12. WWW 的网页文件是在（   ）传输协议支持下运行的。

    A. FTP　　　　　　　　B. HTTP　　　　　　　C. SMTP　　　　　　D. IP

13. 调制解调器安装成功后，却无法上网，那么还需要下面的（   ）操作。

    A. 安装一块网卡　　　　　　　　　　　　B. 完成拨号程序，然后便可以上网了

    C. 重新安装一遍调制解调器　　　　　　　D. 建立新的网络连接，然后拨号

14. 要想访问局域网内部某一台计算机的共享资源，但是却无法打开相应的文件夹，可能的原因是（   ）。

    A. 没有安装所需的网络协议

    B. 没有正确配置网络协议的参数

    C. 对方没有为你开启访问的用户及相应的权限

    D. 没有拨号上网

15. 有关电路交换描述正确的是（　　）

    A. 采用专用线路　　　　　　　　　　　　B. 浪费线路资源

    C. 建立链路时间长　　　　　　　　　　　D. 不易产生冲突

16. 数据以成组的方式进行传输是（　　）

    A. 串行通信　　　　　B. 并行通信　　　　　C. 数字传输　　　　　D. 模拟传输

17. IP 地址作用于（　　）

    A. 网络接口层　　　　B. 网络层　　　　　C. 传输层　　　　　D. 应用层

三、填空题

1. 按照计算机网络的规模和分布范围来分类，可划分为：_____、_____和____。

2. 常用的网络传输介质有：_____、_____、_____和_____。

3. 局域网所使用的网络设备包括有：网卡（NIC）、_____和交换机（Switch）。

4. 在 Internet 上，最基础的协议是_____。

5. TCP/IP 模型的四个层次分别为：网络接口层、_____、_____、_____。

6. .cn 是_____顶级域名。

7. 文件传输协议（FTP）的主要作用是_____。

四、上机练习题

1. 正确安装内置或外置调制解调器后，建立一个自己的拨号上网连接，完成拨号接入到 Internet。接入后，在浏览器地址栏输入：http://www.google.com，使用该网络搜索工具搜索感兴趣的内容。

2. 在条件允许的情况下（例如宿舍已接入校园网），自己安装并正确配置网卡后，设置完协议参数。在浏览器地址栏中输入：http://www.edu.cn，访问中国教育科研网了。

3. 如果自己申请了 ADSL 用户，请尝试自己建立 ADSL 连接。

4. （选作题）自己研究一下无线路由器的作用，然后在自己家里或宿舍搭建一个无线局域网。

第 10 章 网络应用

Internet 是一个资源极其丰富的网络，人们可以通过它来浏览信息，进行文化交流、联络通信等。本章将讲解上网的基本操作，让大家能高效、自如地使用丰富的 Internet 网络资源。

10.1 用 IE 浏览器漫游世界

Internet 的信息浩瀚无边，需要用 Web 浏览器或其他远程登录软件来获取。其中，最常见的 Web 浏览器是 Microsoft Internet Explorer（简称 IE），下面将对它的浏览功能做简单介绍。

10.1.1 IE 浏览器界面

Internet Explorer 是微软公司捆绑到其 Windows 操作系统中，用来查找和浏览 Internet 信息的工具软件。在 Windows XP 系统中，IE 的版本号为 6.0 版本。

桌面上一般有 IE 的图标，只要双击该图标，或者单击任务栏中的 IE 快捷按钮 也可以启动 IE 浏览器，如图 10-1 所示。

图 10-1　IE 浏览器

除了通常的标题栏（显示网页的标题）、菜单栏、滚动条和状态栏外，需要注意的还有：

（1）标准按钮栏提供了常用的 IE 6.0 命令的快捷方式，从左到右有几个非常常用的按钮，分别表示：

- 后退。在访问过的网页中退回到前面一页。
- 前进。在访问过的网页中前进到下一页。

- 停止。如果在访问一个网站时，位于 Internet Explorer 浏览器工具栏右上方的"飞行 Windows 标志"飘动了很长时间，说明此网站正忙着，访问的人太多或无法连接，此时可以单击工具栏中的"停止"按钮，切断与该网站的连接。
- 刷新。更新页面的内容，其实就是重新连接一次页面。
- 主页。连接到预先设定的起始 Web 页，如上例中的默认主页为北京大学网站。

（2）地址栏 IE 浏览器中最为重要的就是地址栏了。Internet 上的每一张网页都有自己的地址，称为统一资源定位符（URL），也可以简称为网址。在地址栏中输入某网页的 URL 地址，然后按【Enter】键就可以显示相应的网页。

URL（Uniform Resource Locator）的一般形式如下：

协议://计算机域名或 IP 地址/路径/文件名

其中，协议是用于文件传输的 Internet 协议，有超文本传输协议（HTTP）、文件传送协议（FTP）等，一般上网用的是（HTTP）协议。以下是几个实际例子：

- http://www.jjshang.com/aboutme/index.htm：这是一个标准的 URL。
- http://www.sina.com.cn：这个 URL 省略了路径和文件名，默认为该网站的首页。
- ftp://ftp.pku.edu.cn：这是一个访问 FTP 的 URL。
- http://162.105.142.128/index.htm：这是一个通过 IP 地址表示的 URL

在地址栏里输入以上 URL，按【Enter】键就可以打开相应页面了。

（3）链接栏通常位于地址栏下方或地址栏右边，单击其中的名称就可以快速访问相应的网站。

10.1.2　浏览 Web 网站信息

所谓 Web 网站，就是上一节讲到的 Internet 网站。但是，在学习访问 Web 网站之前，需要先学习一下超链接的概念。

1. 什么是超链接

超链接是"超文本链接"的缩略语。超文本具有的链接能力可层层相连相关文件，所以这种具有超链接能力的操作，即称为超链接。超链接除了可链接文本外，也可链接各种媒体，如声音、图像、动画，通过它们我们可享受丰富多彩的多媒体世界。

网页中的超链接可以是文字或者图片，但一般来说会有比较明显的表示。当把光标移动到超链接上时，一般光标会变成一个小手，单击就可以访问该超链接指向的资源。

2. 访问网站

打开 IE，在地址栏中输入所要访问网站的网址（URL）。例如，中国教育和科研计算机网的地址：http://www.edu.cn，然后按【Enter】键，则 IE 开始下载并显示中国教育和科研计算机网的主页，如图 10-2 所示。

将鼠标移至"教育资源"处，鼠标立即变成一个小手的形状，可以看出它是该主页上的一个超链接。单击"教育资源"，就可以打开如图 10-3 所示的"教育资源"网页，包括了著名大学链接、考研、论文、计算机等级考试等和教育相关的资源。

图 10-2 中国教育和科研计算机网的主页　　　　　图 10-3 "教育资源"页面

技巧：浏览网页时，大家可以试试标准按钮栏中的前进、后退、停止、刷新、主页按钮。

3．收藏夹的使用

现在网站的数目很多，不可能全部记住，而且每次在地址栏中输入网址也有些麻烦。所以，可以将常用的网址收藏起来。

（1）简单收藏

首先在 IE 中打开北京大学的网站（http://www.pku.edu.cn），然后依次选择"收藏"→"添加到收藏夹"命令，就会出现如图 10-4 所示的 "添加到收藏夹"对话框，在"名称"文本框中输入一个名字"北京大学"，然后单击【确定】按钮即可将其添加到收藏夹中。

以后再想访问北京大学网站时只需选择"收藏"→"北京大学"命令即可。

（2）分门别类收藏

上面的方法只是简单收藏网站，其实还可以分门别类地收藏，例如将大学网站都收藏到"教育类"中。

在图 10-4 中单击【创建到】按钮，并在出现的新对话框中单击【新建文件夹】按钮，然后在"文件夹名"文本框中输入"教育类"，单击【确定】按钮即可，如图 10-5 所示。这样，就将北京大学收藏到了"教育类"文件夹中。

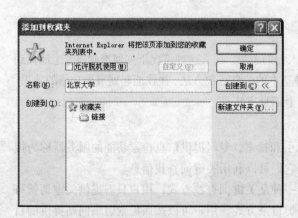
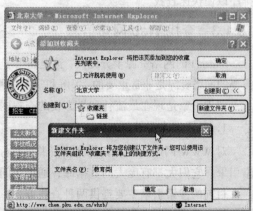

图 10-4 "添加到收藏夹"对话框　　　　　图 10-5 新建收藏文件夹

当然，如果将来再保存其他的大学信息时，就不必再新建"教育类"，在图 10-5 中选择相应的文件夹保存即可。

（3）保存内容，脱机浏览

前面讲的两种收藏方法都只是将网址保存起来，并没有将网页内容保存起来。如果希望在不联网的情况下也能浏览网页，就需要在图 10-4 中选中"允许脱机使用"复选框，单击【自定义】按钮还可以定义脱机链接层数，即在脱机情况下能看到多少层页面，大家可自行尝试。

技巧：这里的收藏夹管理类似于资源管理器中的文件和文件夹管理，选择"收藏"→"整理收藏夹"命令就可以自由整理收藏夹。

4．历史记录的使用

在 IE 中，利用历史记录可以快速访问过去几天、几小时内曾经浏览过的网页和网站。

在标准按钮栏上单击【历史记录】按钮，就会出现如图 10-6 左侧所示的历史记录栏，列出了最近访问过的网页和网站的链接，单击就可以访问相应的网页。

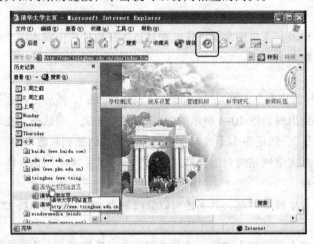

图 10-6　历史记录的使用

单击历史记录栏顶端的【查看】和【搜索】按钮，还可以对历史记录按"日期"、"访问次数"排序以便快速查找。

10.1.3　查找 Web 网站信息

Internet 的网络资源十分庞大，甚至超出了人们的想象。那么这种情况下如何准确、迅速地找到需要的网络资源是非常重要的。了解和掌握几种基本的信息查找方法，往往能起到事半功倍的效果。

搜索引擎是现在最流行和最方便的查找网上信息方法。

1．关于搜索引擎

对 WWW 网站资源和其他网络资源进行标引和检索，专门提供信息检索功能的服务器称为搜索引擎。它们大都有庞大的数据库，通过访问它们可以利用关键词查找信息。

目前的搜索引擎主要提供两种查找方式，一种是关键词查找方式，用户只需提供关键词就可以将符合要求的网页查找出来；另外一种是分类目录方式，用户可以按照搜索引擎网站提供的目录查找网页。但大部分的搜索引擎现在都提供这两种搜索方式。

2. 使用 Google 搜索引擎（http://www.google.com）

Google 搜索引擎是目前全世界使用人数和使用率最高的网络搜索引擎，它由两个斯坦福大学博士生 Larry Page 和 Sergey Brin 于 1998 年 9 月发明。

虽然 Google 提供的主页界面十分简单，但是它的功能却非常强大，并且 Google 的更新速度十分快，通过 Google 往往可以查找到最新最快的网络信息。此外，Google 支持多种语言，使其搜索的范围几乎遍布全世界。

【例 10.1】查找一些关于"钱钟书"先生的小说"围城"的资料。

（1）首先，在 IE 中打开 Google 网站，在主页上的文本框中输入"围城"，然后单击【Google 搜索】按钮，如图 10-7 所示。

（2）Google 将按照一定的顺序罗列出查找到的相关信息的超链接，如图 10-8 所示。

图 10-7　Google 搜索引擎　　　　　图 10-8　Google 搜索"围城"的结果

可以看到，Google 搜索到了很多项结果，这其中有许多项是与钱钟书先生小说"围城"没有直接关系的。为了排除众多不必要的结果，还必须告诉 Google 所查找的"围城"指的是钱钟书先生的小说。所以，应该在围城后面加上"钱钟书"和"小说"两个关键词，然后单击【Google 搜索】按钮，如图 10-9 所示。

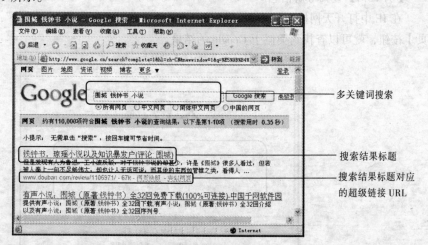

图 10-9　多个关键词的查找结果

注意：所有类似于 Google 的搜索引擎，在文本框里都可以输入多个关键词，但中间要用空格隔开。

（3）用户若需要访问 Google 查找到的网络资源，只需要将鼠标移至"搜索结果标题处"（见图 10-9），单击该超链即可。

3. 使用百度搜索引擎（http://www.baidu.com）

目前，国内的搜索引擎也发展得非常快，其中比较显著的代表是百度搜索引擎。

【例 10.2】查找关于"大学生就业"的信息。

（1）在 IE 中打开如图 10-10 所示的百度主页，在文本框中输入"大学生　就业"，然后单击【百度一下】按钮即可得到如图 10-11 所示的搜索结果。

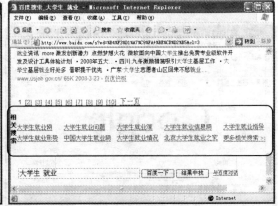

　　图 10-10　百度搜索引擎　　　　　　　　图 10-11　百度搜索推荐的关键词组合

（2）仔细注意一下图 10-11 下面的内容，百度提供了一个很好的"相关搜索"的功能，给出了大量的关于大学生就业的组合，单击这些相关搜索可以进一步查找相关信息。

4. 使用天网搜索引擎（http://e.pku.edu.cn）

天网搜索引擎是北京大学开发的一个搜索引擎，在教育网内使用尤其方便。

【例 10.3】查找考研信息。

在 IE 中打开天网搜索网站，如图 10-12 所示，在文本框中输入"考研"，然后单击【搜索网页】按钮，就可以查找到类似于 Google 的结果。

图 10-12　北大天网搜索引擎

天网搜索引擎的一个突出特点是可以在若干 FTP 网站中搜索资源。例如，要查找 "菊花台" 的歌曲，则在图 10-12 中输入 "菊花台"，然后单击【搜索文件】按钮，就可以得到如图 10-13 所示的查找结果，单击即可下载歌曲文件。

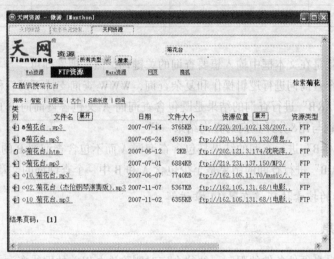

图 10-13 搜索 FTP 资源

5. 使用搜狗搜索引擎（http://www.sogou.com）

这是搜狐提供的搜索引擎，在 IE 中打开该搜索引擎，就会出现如图 10-14 所示的界面，基本操作同 Google 和百度。

图 10-14 搜狗搜索引擎

不过，需要指出的是搜狗除了基于关键字的搜索方式外，还提供了分类目录的搜索方式，在图 10-14 中单击 "更多" 超链接，然后选择 "分类目录"，就可以按照需要查看相应的资源。

6. 其他搜索引擎列表

除了上述介绍的搜索引擎外，许多网站都会提供网络搜索功能。表 10-1 列举了一些常用的网络搜索工具。

表 10-1　常用的搜索引擎

名　　　称	网　　　址	名　　　称	网　　　址
雅虎（中文）	cn.yahoo.com	网易公司	www.163.com
新浪网	www.sina.com.cn	搜搜	www.soso.com

7．搜索技巧

最简单的查询就是在文本框中输入想要查询的关键词，然后搜索即可。

用户可以对多个查询词进行逻辑操作和复杂查询，WWW 查询支持下面三种逻辑操作：

- "&"：用 "A&B" 进行查询的结果是既包含查询词 A 又包含查询词 B 的文章。对于空格分开的查询词与用&分开查询的查询结果一样。
- "–"：用 "A–B" 进行查询的结果是包含查询词 A 而不包含查询词 B 的文章。
- "|"：用 "A|B" 进行查询的结果是至少包含 A 和 B 中一个查询词的文章。

注意：更复杂的搜索技巧将在第 11 章讲解。

10.1.4　保存信息

不少网站由于自身硬件条件的限制，往往会定时删除许久以前的网络资源，包括网页、文字信息等。遇到这种情况，即使网络搜索引擎搜索到该网站，但却无法及时获取该网站的信息与资源。那么，对于那些十分重要的网页或文字信息，用户在第一次成功打开之后应该及时将它们保存到本机上，以备不时之需。

1．保存纯文字信息

对于纯文字信息，方法很简单：拖动鼠标选中文字，在选择区域中右击，在弹出的快捷菜单中选择"复制"命令，如图 10-15 所示，就可以将内容保存到 Windows 的剪贴板中，然后打开记事本或 Word 粘贴即可。

图 10-15　复制选定的网页文字信息

2．保存内嵌图片或背景

对准要保存的图片右击，在弹出的快捷菜单中选择"图片另存为"命令，即可将图片保存。在网页空白处右击，在弹出的快捷菜单中选择"背景另存为"命令，即可将背景保存（假如有背景图片的话）。

另外，在图片的快捷菜单中选择"复制"命令，在 Word 中选择"粘贴"命令，就可以将图片直接复制到 Word 中或画图程序中。

3．保存整个网页

有时候希望将整个网页完整保存下来，其操作步骤如下：

（1）首先在 IE 中打开"中国书法艺术网"（http://www.china-shufa.com），然后依次选择"文件"→"另存为"命令。

（2）在弹出的"保存网页"对话框中指定网页保存的路径，如图 10-16 所示，网页将默认保存在"我的文档"中，也可自行设置网页保存的文件名，然后单击【确定】按钮即可。

（3）保存完成后，到"我的文档"中可以看到一个名为"中国书法艺术网.htm"的网页文件，以及一个名为"中国书法艺术网.files"的文件夹，如图 10-17 所示。一般来说，.files 文件夹中保存的是该网页中用到的图片、音乐文件等，不能随便删除。

图 10-16　指定保存目录并确定网页名称

图 10-17　完成网页的保存

（4）当需要重新欣赏该网页的内容时，找到网页保存的目录，然后双击"中国书法艺术网.htm"文件的图标，IE 便可打开该网页。

技巧：也可以用收藏夹收藏网页，但是对于非常宝贵的资源，最好利用该方法保存网页。另外，如果希望一下子保存整个网站的资源，可以利用 Webzip 软件。

10.1.5　IE 浏览器的设置

在 IE 浏览器中单击【主页】按钮，就可以打开默认的起始页，图 10-1 中默认为北京大学主页，那么如果想改成别的网站怎么办呢？其实，在 IE 浏览器中还有其他更多的设置，下面一并进行讲解。

1．设置主页

打开 IE，依次选择"工具"→"Internet 选项"命令，就会弹出如图 10-18 所示的"Internet

选项"对话框。在其中选择"常规"选项卡，就会看到"主页"一栏，在"地址"文本框中输入网址 http://www.sina.com.cn ，然后单击【OK】按钮。这样，每次启动 IE 时就可以直接进入新浪网站。

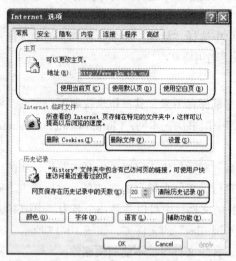

图 10-18　"Internet 选项"对话框

2．删除 Internet 临时文件

IE 会将所访问过的网页以 Internet 临时文件的形式存放在本机上，这样可以提高上网速度。但是，如果过多地存放这些临时文件会使得 Windows XP 系统盘磁盘空间被大量占用，可以通过定时删除 Internet 临时文件的方法进行解决。

若要手动删除 Internet 临时文件，则单击图 10-18 中的【删除文件】按钮即可。

3．删除历史记录

在 10.1.2 节中讲过，利用历史记录可以快速访问以前访问过的网站，但是有时就希望将历史记录清空，方法为：在如图 10-18 所示的对话框中单击【清除历史记录】按钮，就可以将访问过的网站的历史记录清空。

4．设置代理服务器

对于大多数教育网用户来说，有时必须设置代理服务器才能访问国外的网站，具体方法如下：在图 10-18 中选择"连接"选项卡，如图 10-19 所示。

在图 10-19 中单击【局域网设置】按钮，就会出现如图 10-20 所示的"局域网（LAN）设置"对话框，在其中输入代理服务器的地址和端口号，然后单击【确定】按钮即可。

注意：当不需要使用代理服务器时，要注意及时将其去掉。

5．其他设置

在图 10-18 的其他的选项卡中，还有一些高级功能。

在"高级"选项卡中可以设置显示内容；在"安全"选项卡中可以设置安全级别；在"内容"选项卡中可以设置显示的内容级别；在"程序"选项卡中可以设置收取、发送 E-mail 等的默认程序。

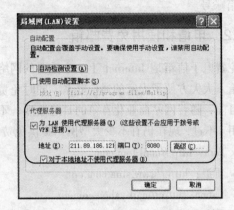

图 10-19　设置代理服务器　　　　图 10-20　"局域网（LAN）设置"对话框

10.2　收发电子邮件

Internet 的另一个重要应用是收发电子邮件，它没有距离之分，可以在短暂的时间内将邮件送达电子邮件信箱，这项应用给人们带来了极大的便利。

10.2.1　电子邮件简介

所谓电子邮件（E-mail），就是利用计算机网络交换的电子媒体信件。它是 Internet 提供的最普通、最常用的服务之一，它的特点是传送速度快、使用方便、功能多、价格低廉，不仅可以传送文本信件，还可以传送多媒体信件。

电子邮件的工作方式与传统的邮政服务系统相似。每一个使用电子邮件服务的用户必须要在一个邮件服务器上申请一个电子邮箱，这个邮箱就像邮局中的小信箱。每一个邮件服务器就像邮局，管理着众多的客户邮箱。

电子邮件的传送过程比较复杂，其中有多个协议，简单概括如下：

首先要有一个邮件服务器，由这个服务器给用户分发账号（邮箱地址），邮件服务器具有存储功能，它保存了用户发出去和接收到的信件。用户在任意地方任意一个联网的计算机上打开信箱看信，连接到该邮件服务器时，就可以接收电子信件了。

用户从邮件服务器邮箱中读取电子邮件所采用的协议称为邮局协议 POP3（Post Office Protocol），它具有用户登录、退出、读取消息、删除消息的命令。POP3 的关键之处在于从远程邮箱中读取电子邮件，并将它存在用户本地的计算机上以便以后读取。

邮件在发件人和收件人之间传递采用的协议是简单邮件传输协议 SMTP（Simple Mail Transfer Protocol），它可以将信件由源计算机传送到目的计算机。

注意：POP3 协议有时简称为收信服务器，SMTP 协议有时也简称为发信服务器，在讲授 Outlook Express 时会用到。

简单地说，要想使用电子邮件，就必须在某一个邮件服务器上有一个邮箱地址。所谓邮箱地址，是由两部分组成，即用户名和邮件服务器域名，中间用"@"符号相隔。如小王的信箱地址为：conari_bj@yahoo.com.cn。这就表示小王在 yahoo 邮件服务器上有一个名为 conari_bj 的邮箱账号。

10.2.2 申请和使用免费邮箱

免费电子信箱是 Internet 上一个重要的网络资源。许多网站在创办的初中期均提供了免费电子信箱，大大方便了大家的通信联系，同时免费措施也使得网络得到迅速的发展。

目前，随着网站商业化竞争的日趋激烈，不少网站公司均取消或者限制免费电子信箱的申请和使用。不过，现在仍有不少大型网站提供免费电子信箱服务，下面列出了几个常用的免费邮箱：

- Tom：http://mail.tom.com
- 新浪：http://www.sina.com.cn
- Yahoo：http://mail.yahoo.com.cn
- Hotmail：http://www.hotmail.com
- Gmail: http://mail.google.com

各免费邮箱的申请和使用操作大同小异，下面就以 Tom 为例，介绍如何申请和使用免费电子邮箱。

1. 申请免费邮箱

（1）在 IE 浏览器中打开 Tom 邮箱网站（http://mail.tom.com），然后单击【免费注册】按钮，如图 10-21 所示。

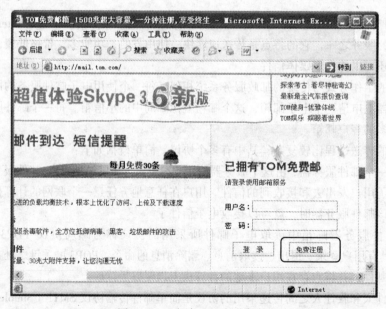

图 10-21　申请 Tom 免费邮箱

（2）随之就会出现如图 10-22 的个人信息窗口，根据提示输入有关信息即可。填写完毕后，单击【下一步】按钮即可。

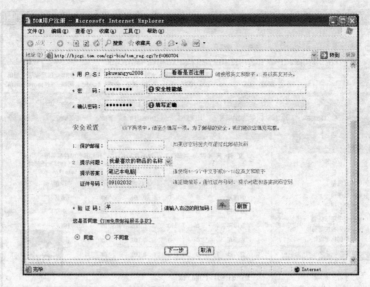

图 10-22　个人信息窗口

（3）然后会出现一个窗口，要求你填入更详细的个人资料，可以直接单击【下一步】按钮。

（4）然后就会出现如图 10-23 所示的窗口，表示注册成功，现在就拥有了一个邮箱。

图 10-23　注册成功

2．登录邮箱

　　申请成功后，回到如图 10-21 所示的首页，在左侧输入用户名和密码，然后单击【登录】按钮即可。登录成功后，大家可以看到如图 10-24 所示的电子邮箱主界面，里面显示了一些提示信息。一般有收件箱（用来存放接受到的电子邮件）、草稿箱（用来存放用户没有完成的要发送邮件）、发件箱（用来存放用户成功发送的邮件）和垃圾箱（用来暂时保存用户删除的邮件）等文件夹，并有收邮件、发邮件等功能按钮。

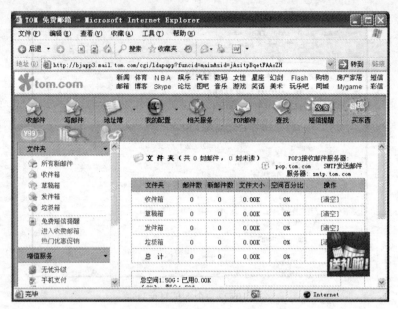

图 10-24　电子邮箱主界面

3．收发信件

（1）收信。在图 10-24 中单击【收件箱】按钮，即可出现如图 10-25 所示的"收件箱"窗口，在其中列出了自己接收到的信件。单击邮件主题就可以查看信件内容；察看信件时单击【回复】按钮即可给发信人回信，单击【删除】按钮即可删除信件。

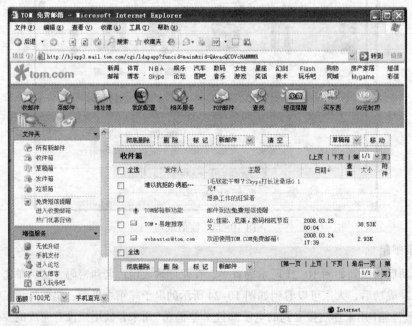

图 10-25　收件箱

（2）发信。单击图 10-24 中上方的【写邮件】按钮，就会出现如图 10-26 所示的"写邮件"窗口。在其中输入收件人的 E-mail 地址和邮件主题。收件人的地址格式为：用户名@邮件服务器地址。写好信件主题和内容后，单击【发送】按钮即可。

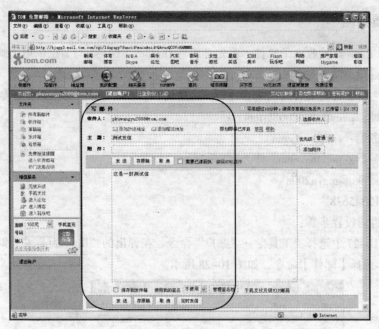

图 10-26　发送电子邮件

技巧：如果同时给多个人发信，可以在"收件人"文本框中输入多个电子邮件地址，中间用分号或逗号隔开。如果想把其他文件发送给别人，可以单击【添加附件】按钮。

10.2.3　Outlook Express 简介

除了在 Web 页面上收发信件外，还可以利用专门的收发 E-mail 的软件，如 Outlook Express 和 Foxmail。Outlook Express 是微软提供的一个收发 E-mail 的软件，利用它就可以将信件保存到本地计算机上。Windows XP 已经内置了 Outlook Express 软件。

依次选择"开始"→"所有程序"→"Outlook Express"命令，就可以打开如图 10-27 所示的 Outlook Express 窗口。

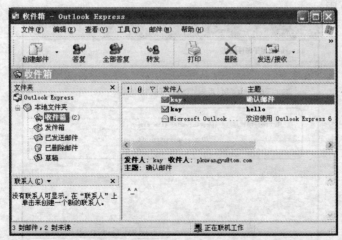

图 10-27　Outlook Express 主界面

10.2.4 设置账号

用 Outlook Express 接收电子邮件，首先必须将 Outlook Express 与自己的电子邮箱连接起来，即为 Outlook Express 设置一个账号。

设置账号之前，首先要咨询网络管理员，这里从 mail.tom.com 网站得到如下参数：

- 邮件地址：pkuwangyu2008@tom.com
- 发信服务器：smtp.tom.com
- 收信服务器：pop.tom.com
- 用户名：pkuwangyu2008
- 密码：12345678

下面具体讲解设置步骤：

（1）在图 10-27 中选择"工具"→"账户"命令，在弹出的"Internet 账户"对话框中，单击【添加】按钮，选择【邮件】命令，如图 10-28 所示。

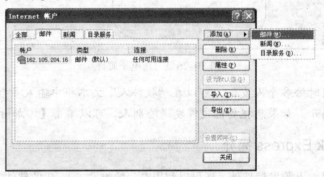

图 10-28 "Internet 账户"对话框

（2）在随之出现的对话框中输入希望在电子信件中显示的名称，例如输入"王宇"然后单击【下一步】按钮。

（3）在随之出现的对话框中输入电子邮件地址：pkuwangyu2008@tom.com，然后单击【下一步】按钮，如图 10-29 所示。

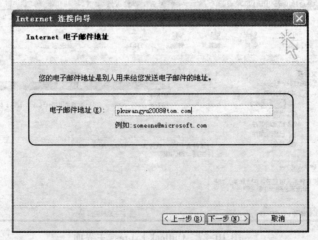

图 10-29 填写电子邮件地址

（4）在随之出现的对话框中输入接收邮件服务器 pop.tom.com 和发送邮件服务器 smtp.tom.com，并选择接收邮件服务器类型，然后单击【下一步】按钮，如图 10-30 所示。

注意：一般来说，接收邮件服务器和发送邮件服务器就是@后面的内容，但有的时候也不一定，具体是什么，还需要上相应的网站查看其具体信息。

（5）在随之出现的对话框中输入账户名 pkuwangyu2008 和密码 12345678，然后单击【下一步】按钮即可，如图 10-31 所示。至此，添加账号过程完毕。

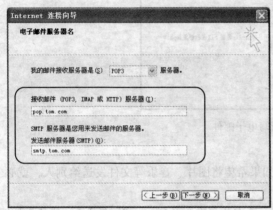

图 10-30　填写电子邮件服务器

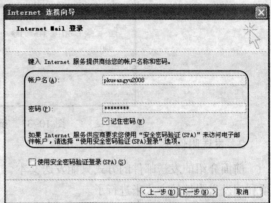

图 10-31　填写账户名和密码

（6）经过上面几步的设置，就可以收取邮件了，但是还不能发送邮件，因为现在免费邮箱发信时一般需要验证。其验证方法如下：

在图 10-28 中左侧选择账户后，单击右侧的【属性】按钮，就会出现如图 10-32 所示的邮箱属性对话框。在下方选中"我的服务器要求身份验证"复选框，然后单击【设置】按钮，在新对话框中选择"使用与接受邮件服务器相同的设置"即可。

技巧：在 Outlook Express 中可以添加多个邮件地址，重复以上步骤即可。

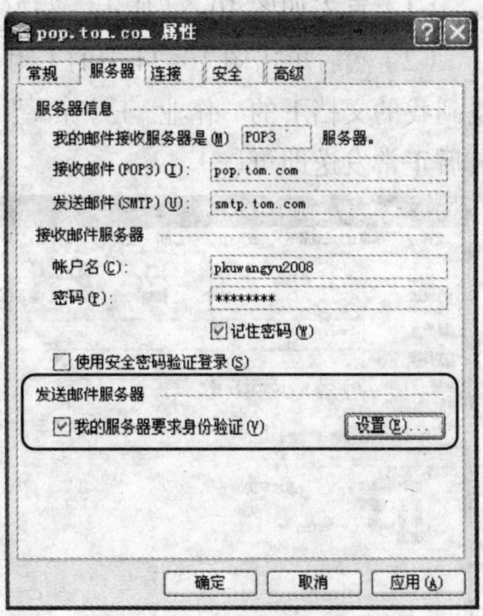

10.2.5　发送电子邮件

在平时学习中，可以利用电子邮件和同学进行交流，现在就逐一讲解各种发送电子邮件的方法。

1．发送邮件

【例 10.4】想向老师询问一些问题，就可以通过发一封电子邮件来进行。

（1）打开 Outlook Express，单击工具栏中的【创建邮件】按钮，或者依次选择"文件"→"新建"→"邮件"命令，就会出现如图 10-33 所示的撰写电子邮件窗口。

图 10-32　邮箱属性对话框

（2）在"收件人"文本框中输入收件人的邮件地址"shangjj@263.net"，输入主题"答疑"，在邮件内容框中输入信的内容，然后单击【发送】按钮就可以了。

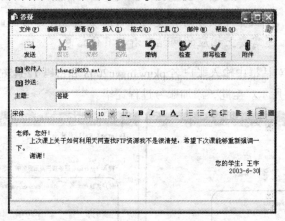

图 10-33　撰写电子邮件

2．发送附件

前面介绍的发送邮件的方式只能发送文本，如果希望将图片、音乐等文件发送给别人，就必须利用发送附件的方式来进行了。

【例 10.5】假如按老师的要求写好了一篇论文，命名为"作业 王宇.doc"，存放在"我的文档"中，就可以用附件的方式发给老师。

（1）首先如图 10-34 所示，写好收件人地址、主题和信的内容。

（2）然后单击图 10-34 中的【附件】按钮，就会弹出如图 10-35 所示的"插入附件"对话框，找到我的文档下的"作业 王宇.doc"文件，单击【附件】按钮，即可将该文章附加在这封信中。最后正常发送即可。

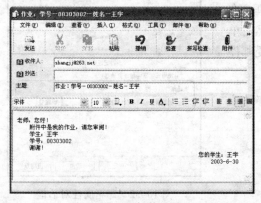

图 10-34　写邮件界面

图 10-35　"插入附件"对话框

10.2.6　接收电子邮件

使用电子邮件时，由于你的电子信箱是存放在邮件服务器上的，所以必须先接入 Internet，然后到邮件服务器上把自己信箱中的邮件取回到计算机里才能阅读。这就好比在传统的邮政系统中，通常你的信会被邮递员只投递到你所在的学校或班级，而你必须定期到学校传达室或班级管理员那里询问、取信一样。

1. 阅读邮件

每次打开 Outlook Express，它一般会自动接收所有邮件账号的邮件，如图 10-36 所示。

收件箱
附件

未读
已读

邮件预览框

图 10-36 "收件箱"窗口

在图 10-36 中可以看到，未阅读过的邮件会以黑体字显示。单击邮件标题，就会在邮件预览框中显示邮件内容；双击邮件标题，就可以打开如图 10-37 所示的窗口，在该窗口中也可以详细查看。

2. 回复邮件

如果需要回复邮件，在图 10-36 或图 10-37 中单击【答复】按钮，即可回复。系统会自动把发件人的地址变成收件人地址，此时只要输入信件内容即可。

有人还注意到【全部答复】按钮。如果老师给所有同学发了一封信，那么单击【全部答复】按钮就不仅可以给老师回信，而且所有的同学也收到了回信。

3. 转发邮件

在阅读邮件时，如果需要转发别人，选中信件后，单击【转发】按钮，在弹出的对话框中输入收件人地址就可以了。

4. 删除邮件

选定某个邮件后，单击工具栏中的【删除】按钮即可将该信件删除。同样的操作也可以用在"发件箱"、"草稿"等中。

5. 打开和保存附件

在图 10-36 中，带有附件的邮件前面会有一个曲别针标志，双击邮件标题就会显示如图 10-38 所示的窗口。在其中双击附件名称就可以打开附件；在右键菜单中还可以直接保存。

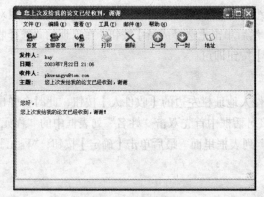

图 10-37 查看邮件

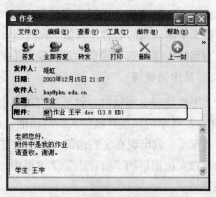

图 10-38 查看带有附件的邮件

10.2.7　通讯簿的使用

在 Outlook Express 中，一个常用的功能是"通讯簿"，可以将自己好友的地址存放到通讯簿里面，这样以后发信时，就可以直接从通讯簿中导入地址，而不必每次都逐一输入地址了。

1．新建联系人

在 Outlook Express 中依次选择"工具"→"通讯簿"命令，或者在工具栏中单击【地址】按钮，就会弹出如图 10-39 所示的"通讯簿"窗口。

在图 10-39 中选择"文件"→"新建联系人"命令，就会弹出如图 10-40 所示的添加联系人对话框。在其中输入姓名、电子邮件地址、住宅信息、个人信息以及许多其他可用的信息后，单击【确定】按钮即可。

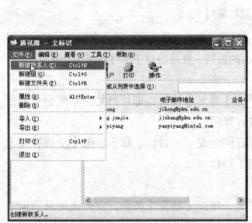

图 10-39　"通讯簿"窗口

图 10-40　填写联系人信息

添加完毕后，如果希望修改联系人信息，只需在图 10-39 中双击选定的联系人，在弹出的对话框中就可以修改了。

2．新建组

联系人还可以实现分组管理，这样，每次发信时直接选择一个组，就可以给该组的所有人发一封信了。方法如下：

在图 10-39 中依次选择"文件"→"新建组"命令，就会出现如图 10-41 所示的添加组对话框。在其中输入组的名称，例如"我的朋友"，然后单击【选择成员】按钮，在出现的"选择收件人"对话框中逐一选择成员，最后单击【确定】按钮即可。

3．使用通讯簿

当下次给好友写信时，就可以直接单击收件人地址栏左边的【收件人】按钮，此时会弹出如图 10-42 所示的"选择收件人"对话框，在该对话框中首先双击"姓名"列表框中的"程元"，此时"程元"就出现在了右边的"邮件收件人"列表框里面。最后单击【确定】按钮，"程元"就会出现在发信窗口的"收件人"文本框中。

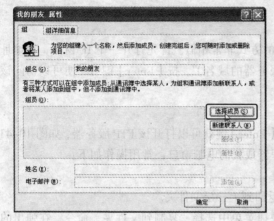

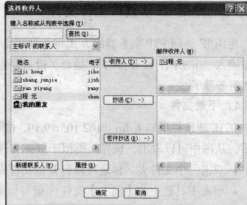

图 10-41 新建联系人组   图 10-42 "选择收件人"对话框

10.3 FTP 文件传输

除了从 Internet 上收取信息以外，用户还有可能将自己的文件传输到网络服务器中，这种传输方式称为 FTP 文件传输。

10.3.1 FTP 简介

FTP 是英文 File Transfer Protocol（文件传输协议）的缩写，是专门用来传输文件的协议，FTP 的作用是把文件从一台计算机传送到另一台计算机，人们也常把它称为"文件下载"。当启动 FTP 从远程计算机复制文件时，同时也启动了两个程序：一个是本地机上的 FTP 客户端程序，它提出复制文件的请求；另一个是运行在远程计算机上的 FTP 服务器程序，它响应该请求并把指定的文件传送到相应的计算机上。

目前网上有很多这样的 FTP 服务器，这些服务器一般都存放了大量的软件、音乐等资源，大家可以方便地下载和上传，表 10-2 列出了教育网内一些常用的 FTP 地址。

表 10-2 常用的匿名 FTP 服务器列表

服务器名称	服务器域名	服务器名称	服务器域名
北京大学	ftp.pku.edu.cn	清华大学	ftp.tsinghua.edu.cn
北大图书馆	ftp.lib.pku.edu.cn	北京大学教育学院	ftp.gse.edu.cn
北京邮电大学	ftp.bupt.edu.cn	华中科技大学	ftp.whnet.edu.cn
上海交通大学	mssite.sjtu.edu.cn	浙江大学	ftp.zju.edu.cn
中国科大	ftp.ustc.edu.cn	西安交通大学	ftp.xjtu.edu.cn

大部分 FTP 服务器提供了匿名登录的方式，允许普通用户以匿名（Anonymons）方式访问，也有一部分 FTP 服务器需要用户输入用户名和密码才能访问，这就需要用户事先在该服务器上申请账号才行。

注意：FTP 地址可以是一个域名，也可以是一个 IP 地址。

10.3.2 使用 IE 下载或上传文件

使用 IE 访问 FTP 服务器的方式与上网浏览的方式非常相似。首先打开一个 IE 窗口，在地址栏中输入"ftp://FTP 服务器的 IP 地址（或者是服务器的域名）"，按【Enter】键后，便可以访问该 FTP 服务器了。

1. 下载文件

在 IE 地址栏里输入 ftp:// 162.105.19.19，按【Enter】键就可以打开该 FTP 服务器，如图 10-43 所示，从图中可以看出，该界面类似于资源管理器或我的电脑窗口，常用操作如下：

- 双击一个文件夹名称就可以打开该文件夹。
- 单击工具栏中的【向上】按钮 就可以返回到上一层文件夹。
- 对准文件夹名称或者文件名称右击，在快捷菜单中选择"复制到文件夹"命令，在弹出的对话框中，选好文件的下载文件夹，单击【确定】按钮，即可将文件下载到指定的文件夹中。也可以先复制到本地计算机上再粘贴。

图 10-43　访问 FTP 服务器

2. 上传文件

上传文件操作和资源管理器中的复制操作类似，首先选择要上传的本地文件或文件夹，将其复制，然后在图 10-43 中打开上传的目标文件夹，最后粘贴即可。

注意：一般 FTP 服务器为匿名用户提供了文件下载功能，但未必提供上传功能。所以一般情况下匿名服务器只能下载，不能上传。

3. 利用用户名和密码登录 FTP 服务器

前面讲的是针对匿名 FTP 服务器的，如果 FTP 服务器需要用户名和密码，则操作步骤如下：

首先在 IE 地址栏里输入 ftp://162.105.19.19，然后在图 10-43 中右侧的空白处单击鼠标右键，在弹出的快捷菜单中选择"登录"命令，就会出现如图 10-44 所示的"登录身份"对话框。在其中输入用户名和密码，然后单击【登录】按钮即可。

登录以后，下载文件和上传文件的操作就和前面讲的一样了。

技巧：一般情况下，FTP 服务器的 incoming 文件夹主要是用来上传文件的，Pub 文件夹主要用来提供下载文件的。

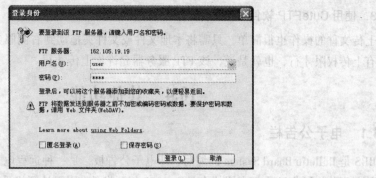

图 10-44 "登录身份"对话框

10.3.3 使用工具软件下载或上传文件

利用 IE 下载和上传文件虽然方便，但是这种方式不支持断点续传功能。在下载或上传的过程中，若出现网络断线的问题，那么必须重新下载或上传该文件。而利用专门的文件传输软件支持的断点续传功能则会在网络重新连接后，只下载或上传未完成的部分，而整个文件仍可用。最常用的文件传输软件是 CuteFTP，该软件可以通过很多网站下载。

1．安装 CuteFTP

双击安装文件 CuteFTPPro2.01.exe，然后按照安装程序的默认设置，一直单击【下一步】按钮便可完成软件的安装。

2．使用 CuteFTP 软件下载文件

（1）双击桌面上的快捷方式图标即可启动 CuteFTP 软件，如图 10-45 所示。窗口大致分为 4 个主要区域：上方主要用来输入 FTP 地址、用户名和密码；左侧是本地文件夹；右侧是服务器内的文件夹；下方是信息提示窗口。

（2）在"主机"栏中输入 FTP 服务器的地址（这里就不用输入 ftp:// 了），如果有该服务器的用户名和密码则填入其中，如果没有则不填，即利用匿名访问。

（3）首先在左侧选择准备存放下载文件的文件夹，这里选择了"我的文档"文件夹；然后在右侧服务器文件列表中选择要下载的文件或文件夹，将其拖动到本地的文件夹即可。传输过程中下端窗口内将显示下载进度和状态。待进程条达到 100% 时，则下载结束。

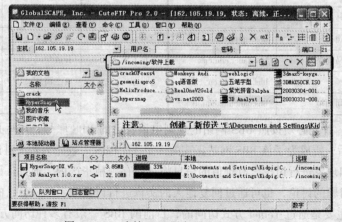

图 10-45 连接 FTP 服务器下载/上传文件

3. 使用 CuteFTP 软件上传文件

上传文件的操作也很简单，只需将本地文件或文件夹拖动到右侧服务器文件夹中即可。只是必须有上传权限才行，也就是说，该 FTP 服务器允许你上传才行。

10.4 其他功能

10.4.1 电子公告栏

BBS 是 Bulletin Board System 的缩写，即电子公告板，是一种远程电子通讯手段。最早的 BBS 系统是美国芝加哥电脑爱好者团体会员于 1978 年开发的，用于计算机爱好者的信息交换。如今的 BBS 内容已经丰富，大家可以通过 BBS 阅读新闻、交流心得体会、租房、买卖商品等。

BBS 也是大学生进行网上交流的重要方式，目前很多大学都有自己的 BBS 网站，表 10-3 列举了部分高校的 BBS 网站网址。

表 10-3　部分高校 BBS 网站

学　校	站　名	域名或服务器 IP	学　校	站　名	域名或服务器 IP
清华大学	水木清华	bbs.tsinghua.edu.cn	南开大学	我爱南开	bbs.nankai.edu.cn
北京大学	北大未名	bbs.pku.edu.cn	河北大学	燕赵 bbs	bbs.hbu.edu.cn
北京大学	一塌糊涂	bbs.ytht.net	复旦大学	日月光华	bbs.fudan.sh.cn
北邮	真情流露	202.112.103.235	上海交大	饮水思源	bbs.sjtu.edu.cn
北航	未来花园	202.112.136.2	浙江大学	西子浣纱	bbs.zju.edu.cn
北方交大	可爱的家	bbs.njtu.edu.cn	东南大学	虎踞龙盘	cag.seu.edu.cn
对外经贸	小天鹅	www.uibe.edu.cn	中国科大	瀚海星云	bbs.ustc.edu.cn
北京理工	京工飞鸿	202.204.80.4	南京大学	小百合	bbs.nju.edu.cn
北京师大	京师网事	202.112.103.234	厦门大学	鼓浪听涛	bbs.xmu.edu.cn
人民大学	紫藤园	ecolab.ruc.edu.cn	华中科大	白云黄鹤	bbs.whnet.edu.cn
华中师大	桂子山庄	bbs.ccnu.edu.cn	武汉大学	珞珈山水	bbs.whu.edu.cn
中山大学	逸仙时空	bbs.zsu.edu.cn	华南理工	木棉站	bbs.gznet.edu.cn
深圳大学	荔园站	bbs.szu.edu.cn	电子科大	一网情深	bbs.uestc.edu.cn
四川大学	竹林幽趣	bbs.scu.edu.cn	重庆大学	三峡情	bbs.cqu.edu.cn
重庆邮电	黄桷兰	bbs.cqupt.edu.c	广西大学	青山灵水	bbs.gxu.edu.cn
西安交大	兵马俑站	bbs.xanet.edu.cn	西北工大	开放空间	bbs.nwpu.dhs.org
西北大学		bbs.nwu.edu.cn	昆明理工	红土高原	bbs.kmust.net
香港中文大学	人间仙境	bbs.oal.cuhk.edu.hk	—	—	—

登录 BBS 后，首先必须按照 BBS 网站的规则申请自己的 BBS 账号，填写必要的个人信息。待 BBS 站长批准后，便成为了该 BBS 网站正式的一员了。BBS 一般分为若干讨论区，不同的讨论区对相应的问题和现象进行讨论，有价值的信息将被保存到精华区内。通过认证的用户可以发表个人见解、发起问题的讨论，也可通过回复他人的文章进行讨论或者加入自己的 BBS 好友等。

最初的 BBS 主要是通过 Telnet 方式访问的，目前的 BBS 一般有多种访问方式，如通过 IE 浏览器、利用 Telnet 方式、使用专门软件 CTerm。

1. 使用 IE 访问 BBS

打开 IE 窗口，在地址栏里输入 http://bbs.pku.edu.cn，就可以打开北大未名 BBS 网站了，如图 10-46 所示，其中的操作和普通上网一样。大家可以先注册一个用户名，然后就可以发表文章、阅读文章了。

图 10-46 北大未名 BBS 网站

2. 使用专门软件 CTerm 访问 BBS

访问 BBS 的工具软件很多，最常用的是 CTerm 网络快车。该软件是共享软件，其下载与安装步骤与 CuteFTP 相仿。安装完成后，运行 CTerm 网络快车，依次选择"文件"→"地址簿"命令，在弹出的对话框中选择所要访问的 BBS 网站，如图 10-47 所示，单击【连接站点】按钮，便能打开"水木清华"BBS 网站了。具体使用方法请参考 CTerm 的帮助。

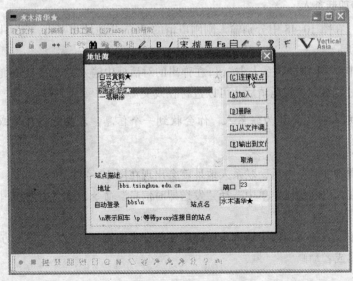

图 10-47 登录"水木清华"BBS 网站

3. 使用 Telnet 方式访问 BBS

最初的 BBS 都是使用 Telnet（远程登录）方式访问的，不过目前已经不常用，有兴趣的同学可以自己去研究。

10.4.2 即时通信软件

即时通信软件（英文简称 IM，全称 Instant Messaging）可以进行在线多媒体交流，利用它可以实现诸如网络教学、网上视频会议、网络视频电话的功能。例如远在世界各地的老师和同学可以通过即时通信软件实现基于文字、语音、图像的在线交流，并可以在线传送文件、共享桌面和应用程序。

目前在国内流行的即时通信软件主要有 QQ 和 MSN，此外，还有雅虎通、淘宝旺旺、网易泡泡等软件。不过，它们的功能和使用方法都大同小异，下面就以 MSN 为例简单讲解即时通信软件的基本操作方法。

1. MSN 的下载与安装

首次运行必须安装，安装软件可以从 MSN 官方网站（cn.msn.com 或 im.live.cn）或其他软件下载网站下载。该软件的最新版本被微软命名为 Windows Live Messenger（习惯上仍然称为 MSN）。

下载完毕后，双击安装文件，按照提示，即可一步步安装完毕。安装完毕后，默认会自动启动 MSN 登录界面，如图 10-48 所示。

2. 申请用户

如果已经申请了 Hotmail 免费邮箱，可以直接在图 10-48 中输入 E-mail 地址和密码登录。如果还没有申请，可以单击图 10-48 下方的"注册 Windows Live ID"超链接申请账户。

申请过程非常简单，按照要求输入你希望使用的用户名、密码等有关信息即可。

注意： 申请 MSN 用户的同时实际上也同时申请了一个 hotmail 免费信箱。

3. 登录和添加联系人

申请用户后，在图 10-48 中分别输入刚刚申请的 E-mail 地址和密码，就可以登录 MSN 主界面，如图 10-49 所示。

在图 10-49 中单击【添加联系人】按钮，在弹出的对话框中输入对方的 MSN 地址（也是 E-mail 地址）即可，不过要对方接受邀请后才可以进行在线交流。

注意： 如果别人将你添加为联系人，你会收到一个信息，只要选择接受或拒绝就可以了。

4. 在线交流

仿照上面步骤添加联系人后，联系人地址就会出现在图 10-49 的主界面中，在其中对准某联系人右击，然后在弹出的快捷菜单中选择"发送即时信息"命令，就会出现如图 10-50 所示的在线交流主界面。

在图 10-50 中下方的文本框中输入文字即可在线文字交流，利用文本框上方的一排按钮可以在文字中插入图像或者动画。

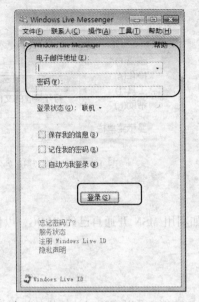

图 10-48　MSN 的主界面

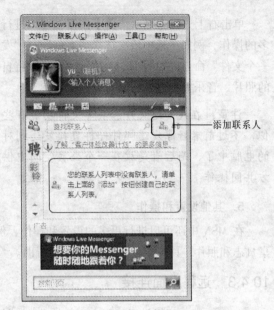

图 10-49　MSN 的登录界面

图 10-50　在线交流主界面

　　单击上方的【呼叫联系人】按钮或【开始或停止视频通话】按钮就可以实现语音聊天或视频通话，当然，前提是双方都安装了麦克风和摄像头。

　　单击上方的【邀请某人到此对话】按钮就可以实现多人在线交流。

　　单击上方的【共享文件】按钮就可以打开共享文件夹，放在其中的文件可以和联系人在线共享，例如一起编辑同一个文件。

单击右上方的【显示菜单】按钮就可以进行更多的操作，例如在其中依次选择"文件"→"发送一个文件"命令，如图 10-51 所示，就可以将自己的照片、音乐等文件发送给对方。

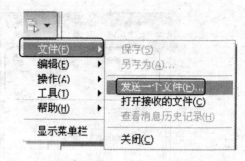

注意：在线发送文件和共享文件功能有些类似，不过前者好像发送邮件一样直接发送到对方的电脑中了，而后者是放在一个公共空间中供双方共同操作。

图 10-51　在线发送文件

5. 其他设置和操作

在 MSN 中还可以进行更多的设置和操作，例如利用 MSN 开通自己的 BLOG，以便和朋友共享日志和照片，具体方法请参考 MSN 的帮助。

10.4.3　远程桌面连接

Windows XP 还提供了远程桌面连接功能，利用该功能，可以实现对计算机的远程控制。例如，如果你的计算机有点小问题，网络管理员可以通过远程桌面连接登录到你的计算机，直接操作你的计算机，为你排除故障。

1. 开启远程桌面连接

如果你希望别人通过远程桌面连接控制你的计算机，就需要先开启你的计算机的远程桌面连接服务。方法如下：

在桌面上对准"我的电脑"右击，在快捷菜单中选择"属性"命令，就会弹出如图 10-52 所示的"系统属性"对话框。在其中选择"远程"选项卡，然后选中"允许用户远程连接到这台计算机"复选框，最后单击【确定】按钮即可。

注意：为了安全起见，请勿随便开启你的远程桌面连接。

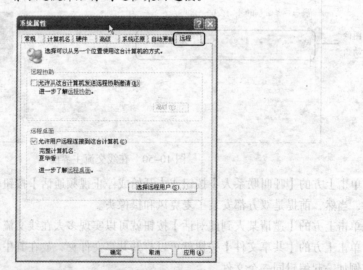

图 10-52　"系统属性"对话框

2．进行远程桌面连接

如果别人允许你通过远程桌面连接来进行远程登录，可以按如下方法登录到对方的计算机。

依次选择"开始"→"所有程序"→"附件"→"通讯"→"远程桌面连接"命令，就会出现如图 10-53 所示的"远程桌面连接"对话框，在其中输入远程主机的 IP 地址后，然后单击【连接】按钮。

图 10-53　"远程桌面连接"对话框

随后输入合法的用户名和密码后，就可以登录远程的计算机，建立远程桌面连接。

建立连接后，就可以像操作自己的计算机一样操作远程计算机了。

10.4.4　博客

博客即 BLOG 或 Weblog，Web 指网络，log 原意为"航海日志"，后指任何类型的流水记录，Weblog 就是在网络上的一种流水记录，英文原意为网络日志，不过一般直译为博客。博客是继 E-mail、BBS 和 IM 之后的又一种颇为流行的网络出版和交流方式，一个博客就是一个或若干个网页，通常由简短且经常更新的帖子（Post）组成，这些帖子一般都按年份和日期有序排列。

BLOG 非常简单实用，事实上，"简单"就是 BLOG 最重要的特点，任何人只要会上网，就可以登录到新浪、搜狐等博客网站，像申请 E-mail 一样申请一个真正属于自己的 BLOG，整个过程很简单，只需要几分钟即可完成，完成后马上就可以发表帖子、添加链接，在其中记录自己的生活，与世界各地的朋友分享自己的知识和想法。与过去较为流行的"个人主页"相比，BLOG 的技术门槛非常低，也不需要租用服务器，几乎可以说是"零技术含量和零成本"，所以很受普通大众的欢迎。

当然，博客的重要意义并不仅仅是它的简单性给普通大众提供了一个方便快捷的网络出版和交流方式，最重要的是它在知识积累、知识共用方面的贡献。人们在撰写 BLOG 的时候会对自己头脑中的知识和想法进行反思和整理，这样就可以将"隐性知识"通过网络转变成"显性知识"，有利于知识的积累；而通过互相访问 BLOG，大家就可以充分的进行"知识共用"，更为重要的是，由于 BLOG 是属于个人的，可以比较深入的反映 BLOG 主人的所思所想，所以就可以达到"思想共用"的目的。总而言之，BLOG 的简单性、开放性、互动性、个人性、全民性等特点使得它充当了知识和资讯的"筛检程序"，而且通过网络形成了一个很好的知识积累方式，形成了一个巨大的学习空间。

下面以新浪博客为例简单讲解如何开通自己的博客。

1．申请用户

在 IE 地址栏中输入 http://blog.sina.com.cn，就可以打开如图 10-54 所示的博客网站首页。

在图 10-54 中单击【开通博客】按钮，就可以打开注册页面，在其中就像申请 E-mail 地址一样输入有关信息，就可以申请到新浪博客。

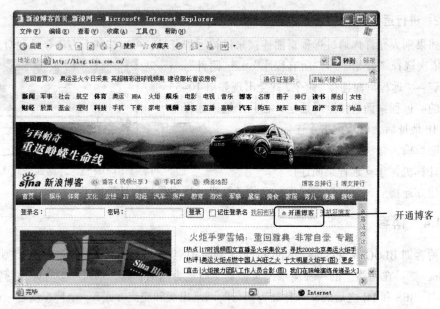

图 10-54　新浪博客网站首页

申请完成后会出现如图 10-55 所示的页面。从其中可以看出，BLOG 空间地址为：http://blog.sina.com.cn/pkuwangyu2008，以后就可以用这个地址访问自己的 BLOG 了。

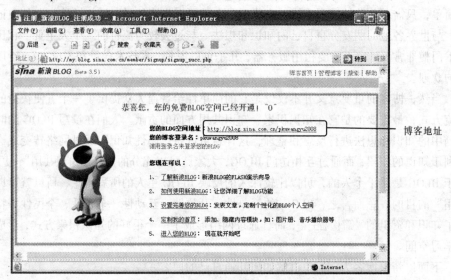

图 10-54　开通 BLOG 空间

2. 登录和管理 BLOG

在 IE 地址栏中输入自己的 BLOG 地址 http://blog.sina.com.cn/pkuwangyu2008，就可以打开如图 10-55 所示的页面。在其中可以浏览已经发表的文章，登录以后就可以发表文章和管理博客了。

图 10-55　自己申请的 BLOG 首页

3. 发表文章

在图 10-55 中单击右侧的"发表文章"超链接，就可以打开如图 10-56 所示的发表文章页面。

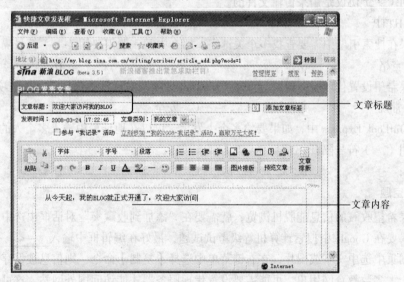

图 10-56　发表文章页面

在图 10-56 中输入文章标题和文章内容，然后单击该页面下方的"发表文章"超链接，就可以发表文章了。不过要注意，在发表文章时可以像在 Word 中一样使用图片、表格等元素，并可以在下方设置该文章的关键词（方便别人查找）。

习 题 10

一、思考题

1. 什么是 URL 地址？

2. 收藏夹的作用是什么？它与保存网页是一样的吗？

3. 如何使用 Google 搜索引擎进行多关键词查找？

4. 完成网页保存后，其保存结果一般有哪些？

5. 如果你是班长，希望给所有人发一封通知，你准备怎么办？

6. 什么是 FTP 服务器？FTP 服务器都可以下载和上传文件吗？

7. 你制作了一个漂亮的 word 文档，希望能让远在南京大学的好友看看，请列举可能的基于网络的方法？

二、选择题

1. 使用电子邮件，其电子邮件地址为：stutemp@pop.etc.pku.edu.cn。对这个地址的正确解释是（　　）。
   A. @后面部分是电子邮件服务器的地址，收信时必须通过它才能收到电子邮件
   B. @前面部分是邮件地址的账号名称，在发信时可以随意设置
   C. @后面部分是收信的计算机地址
   D. @后面部分是发信的计算机地址

2. 下列（　　）协议是用来传输文件的。
   A. HTTP　　　　　B. FTP　　　　　C. Telnet　　　　　D. BBS

3. 如果在搜索引擎中需要查找多个关键字，那么中间一般需要用（　　）符号隔开。
   A. 空格　　　　　B. /　　　　　C. \　　　　　D. *

4. 如果希望设置代理服务器，应该在"Internet 选项"对话框中选择（　　）选项卡。
   A. 常规　　　　　B. 内容　　　　　C. 安全　　　　　D. 高级

5. 在 OutLook Express 中，如果要给多个人发信，可以在地址栏中输入多个人的 E-mail 地址，中间用（　　）符号隔开。
   A. ;　　　　　B. /　　　　　C. \　　　　　D. *

三、填空题

1. 如果希望收藏的信息能脱机浏览，就需要在"添加到收藏夹"对话框中选中_____。

2. 如果要在 Google 中搜索计算机等级考试试题，最好在编辑框中输入_____。

3. 在网页中选中文字或图片，在右键菜单中选择【复制】命令，则信息被保存到_____。

4. 对于大多数教育网用户，可能需要设置代理服务器才能访问国外网站。这可以在"Internet 选项"对话框中选择_____选项卡设置，并且需要输入代理服务器地址和_____。

5. 对于一个 FTP 服务器，如果没有特定的用户名和密码，要想访问，可选择_____。

6. 因为邮件正文最初被设计只用来传输纯文本文件，利用_____方式可以把图形文件、声音文件等各种类型的文件发出。

7. 在 OutLook Express 中，如果要给所有收到信的人回复，需要在图 Outlook Express 主界面单击_____按钮。

8. 如果要用 IE 访问清华大学 FTP 网站（ftp.tsinghua.edu.cn），则需要在地址栏中输入_____。

9. 目前的 BBS 一般有多种访问方式，如通过 IE、使用专门软件 Cterm 和_____。

四、上机练习题

1. 请打开 IE 浏览器，搜索计算机等级考试历年试题，将搜索到的优秀的相关网站保存到收藏夹中的"计算机等级考试类别"文件夹中，同时将搜到的试题保存到"我的文档"中。

2. 请将自己的 IE 主页设置为中国教育网主页（http://www.edu.cn），并设法找一个免费的代理服务器，利用它访问微软主页（http://www.microsoft.com）。

3. 找到你所在学校的主页，充分利用网上的资源做一个宣传你们学校的演示文稿。

4. 利用搜索引擎找到 CuteFTP 软件，下载并安装；然后再利用搜索引擎找到一些有用的 FTP 服务器地址，并练习文件下载和上传。

5. 访问 Tom、新浪或 Hotmail 网站，申请一个免费信箱，然后练习收发信件和发送附件的操作。

6. 在 Outlook Express 中设置账号，利用 Outlook Express 来收发信件和发送附件。

7. 在 Outlook Express 地址簿中建立一个"朋友"组，将自己好朋友的 E-mail 地址加入到其中，然后给这个组发一封信。

8. 利用 IE 访问一个 BBS 网站，注册一个用户名并发表自己的文章。

9. 请和同学测试 MSN 或 QQ，要实现语音和文字聊天。

10. 请大家申请开通自己的 BLOG，并至少发表一篇图文并茂的文章。

第 11 章 信息检索

21 世纪是信息时代，信息数量正在以几何数增多，面对如此浩如烟海的信息资源，怎样才能快速、准确地获取到需要的信息呢，这就要求大家对信息检索知识有所了解和掌握。

11.1 信息检索概论

在第 1 章简单介绍过信息，事实上，"信息"已成为当今使用频率最高的词汇之一，在报刊、广播、电视、计算机网络等传媒以及人们日常的交流中，都离不开"信息"，因此了解一些关于信息和信息检索的基础知识，是当今大学生应该必备的素质。

11.1.1 信息检索的基本概念

1. 信息的概念

信息作为一个科学概念，在不同的领域有着不同的表述，但是总的来说，信息主要包含两个层次：一是广义内涵，即信息是一种客观存在的现象，是事物的运动状态及其变化方式。二是狭义内涵，即信息就是主体所感知或所表述的事物运动状态及其变化方式，是反映出来的客观事物的属性。

2. 信息检索的定义、原理

信息检索是指将信息按一定的方式组织和保存起来，并根据信息用户的需要找出有关信息的过程。所以，它的全称又叫信息存储与检索（Information storage and retrieval），这是广义的信息检索。狭义的信息检索则仅指该过程的后半部分，即根据课题的需要，主要借助于检索工具，从信息集合中找出所需信息的过程，通常人们所说的信息检索主要指狭义的信息检索（Information Search），即信息查找过程。

信息检索原理，就是将特定的用户信息需求与检索系统中的信息资源进行有无、异同及大小的比较与匹配，选取两者相符或部分相符的内容予以输出的过程。

3. 信息素养

随着人们对"信息"的重视，"信息素养"一词也被人们频繁地使用着。那么什么是信息素养呢？

所谓信息素养，就是指能清楚地意识到何时需要信息，并能确定、评价、有效利用信息以及利用各种形式交流信息的能力。由此看到，信息素养不仅要求人们有见地地选择自己需要的信息，而且能够有效地利用信息，还要评价资源信息，共享信息资源，发挥信息效益。

可见，信息素养是学习知识的基础，是所有学科、所有学习环境和所有教育水平共有的，所以，我们每个人都应该注重信息素养的不断提高。

11.1.2 信息检索的类型

根据不同的划分标准，信息检索可以有不同的划分类型。

1. 按检索对象的性质划分

从检索对象的性质来看，存在有三种类型的信息检索，即文献检索、数据检索和事实检索。

（1）文献检索（Document Retrieval）是指查找用户所需文献的线索或者原文的检索。文献检索是一种相关性性检索，检索结果是某一专题的文献检索（文摘、题录），一般要经过阅读文摘后才能决定取舍。文献检索主要是利用二次文献进行，如目录、题录、文摘、索引等。文献索引是信息索引中最基本、最重要的类型。

（2）数据检索（Data Retrieval）是以数据为检索对象，直接查找用户所需数据的检索，如各种统计数据、参数、市场行情、财政信息、科技常数、公式等，它也是一种确定性检索，主要利用各种词典、百科全书、年鉴、手册、名录、书目指南等参考工具书进行，也可以利用专门的数据库进行检索。例如查找"今日各大股市股票和基金指数的升跌"。

（3）事实检索（Fact Retrieval）是获取以事物的实际情况为基础而集合生成新的分析结果的一类信息检索，以从文献中抽取的事物为检索内容，包括事物的基本概念、基本情况，事物发生的时间、地点、相关事实与过程等。针对查询要求，事实检索的结果需要经检索系统或人工分析、比较、评价、推理后再得出，因此是一种不确定的检索。例如，查找"2008 年房价的涨跌情况"、"国内做的最好的电子杂志是哪一本"等均属于事实检索。当然，在事实检索的对象中既包括非数值信息，也包括一些数据信息，因此很多时候，会将数据检索工具与事实检索工具统称为事实数据检索工具。

2. 按检索方式划分

按检索方式分为手工检索和计算机检索两种。

（1）手工检索（Manual Retrieval）简称手检，是人们在长期的文献信息检索实践中沿用的传统方法，是人们直接凭头脑进行判断，借助简单的机械工具对记录在普通载体上的资料进行检索的各种方法的通称，是由检索者通过书本式目录、卡片式目录以及后来出现的穿孔卡片目录等检索工具查找文献线索的过程。手工检索是由人的手工操作完成的，其匹配是人脑的思考、比较和选择，手检的特点是方便、灵活、直观、不需要辅助设备，但速度慢，漏检严重，查全率受信息资源储备数量的限制。其最常见、最基本的方法是追溯法、工具法、混合交替法。

（2）计算机检索（Computer-based Retrieval）简称机检，是指利用计算机通过各种数据库查找所需文献信息的方法，检索过程是由人操纵计算机完成的，其匹配是由计算机进行的。在检索过程中，人是整个检索方案的设计者和操纵者。计算机检索是在计算机技术、通信技术和网络技术迅猛发展的基础上建立起来的，在信息服务领域具有划时代的意义。与手工检索相比，计算机检索速度快，效率高，查全率高，不受时空限制，检索结果的输出方式多样，但查准率与网络及数据库质量的高低直接相关。随着 Internet 的普及，计算机检索是人们获取信息主要利用的检索方式。目前，广泛使用的计算机检索包括联机检索系统、光盘检索系统和网络检索系统。

11.1.3 信息检索的途径

信息检索途径是信息检索系统和检索工具所提供的检索入口或检索点。根据信息源的不同，检索途径也有相应不同的分类。在进行信息检索时，利用频率比较高的信息源主要有：印刷型文献信息源、计算机数据库信息源和 Internet 网络信息源。

对于印刷型信息检索工具而言，常用的检索途径主要有分类途径、主题途径、著者途径；计算机数据库信息检索系统的检索途径主要有关键词检索、浏览数据库记录、索引检索、词典检索和分类检索；Internet 网络信息检索的途径主要有漫游法、网络地址法和搜索引擎法。下面分别加以简单介绍。

1. 印刷型手工信息检索工具的检索途径

（1）分类途径

目次表（或目录）→起始页码→检索正文→文献出处→馆藏目录→原始文献

分类途径主要按照信息内容的学科属性，运用概念划分与归纳的方法形成各级类，从而组织信息形成一种有序化的知识体系，以这种方式组织信息的方法称为分类法，用分类法组织的信息为用户提供从学科属性查找的途径就是分类途径。

因此，利用分类途径检索，关键在于掌握分类法。目前我国出版的许多信息检索工具的正文部分都是按照学科分类编排的。检索时，分析研究课题，确定课题所属类目或者分类号，利用"目次表"查找到被检课题所在的相关类目及起始页码，然后按照起始页码在正文中逐条浏览，选择所需文献线索，根据文献线索查馆藏获取原始文献。

目前我国主要有三种通用的分类法：《中国图书馆分类法》（简称《中图法》）、《中国科学院图书馆图书分类法》（简称科图法）和《中国人民大学图书分类法》（简称《人大法》）。其中《中图法》是国家推荐统一使用的分类法，使用范围最广泛。国外较有影响的是《杜威十进制分类法》、《国际十进分类法》等。

（2）主题途径

主题词→主题索引→顺序号→检索正文→文献出处→馆藏目录→原始文献

主题途径是按照文献信息的主题内容进行信息检索的一种途径。它是检索文献信息的主要途径，也是人们常用的一种信息检索途径。使用主题途径检索文献信息时，关键是确定主题词（或者关键词）。主题词是用来表述文章主题内容的规范化词，关键词是用来表述文章主题内容的非规范化词。检索时，首先分析研究课题，选择确定主题词或者关键词，查主题索引获得顺序号，根据顺序号在正文中查找文献题录（或者文摘）的文献线索，再根据文献线索查馆藏获取原始文献。主题途径检索文献快速、准确、专指性强，特别适合单篇文献信息的特性检索。

（3）著者途径

著者姓名→著者索引→顺序号→检索正文→文献出处→馆藏目录→原始文献

著者途径是根据文献著者的名称来查找文献信息的一种检索途径。检索时，将已知著者姓名按照姓前名后排列，然后按照字顺查找"著者索引"的该著者所著文献的顺序号，再根据顺序号在正文中查找文献线索后，查馆藏获取原始文献。从著者途径查找文献准确、方便，但必须先已知著者姓名。

2. 数据库信息检索系统的检索途径

（1）命令检索：命令检索是使用一些特定的操作命令来实现信息检索的方法。不同的系统一般有不同的检索命令表达方式，各个命令的综合应用可以精确地表达检索提问式，灵活地进行各种检索策略的比较，简捷快速得到比较理想的检索效果。一些大型的信息检索系统都提供命令检索方式检索信息。

（2）菜单检索：菜单检索是一种方便、易掌握的检索方式。普通用户只需要根据菜单的指引，通过确定适当的选项和功能键便能够完成信息检索。大多数数据库都提供菜单方式检索。这种方式的缺点是操作步骤繁多，检索时间长，检索费用高，检索功能不如命令检索好。

（3）分类检索：检索工具按照事物的某一属性将所收集的文献信息进行分类组织，为用户提供分类途径供用户检索数据库。

（4）关键词检索：几乎所有的计算机数据库信息检索系统的数据库检索都提供有这种方法。用户可以根据检索课题需要，选择检索词，制定检索式（检索策略），检索者直接输入检索式进行信息检索。如万方数据库的"自由词检索"、网络搜索引擎的关键词方式检索等均属于此类。

另外，根据数据库自身的特点，还有索引检索、直接浏览数据库检索等方式，恰当地利用好这些检索途径，都将会提高检索速度和质量。

3. Internet 网络信息检索的途径

（1）浏览法：在网上通过网络浏览器，从某一个网页上通过感兴趣的条目链接到另一网页上，在整个 Internet 上无固定目的进行浏览。

（2）网络地址法：用户已知要查信息可能存在的地址信息，利用网络浏览器直接连到该网址的主页上进行浏览查找。例如，可借助网址之家（http://www.hao123.com）来查询到所需网络地址。

（3）搜索引擎法：这是 Internet 网络提供的最主要的一种信息检索途径。搜索引擎一般都提供有分类途径和关键词途径检索。

（4）其他方法：如 FTP 文件传输、Telnet 远程登录、E-mail 电子邮件、BBS、新闻组等。

11.1.4　信息检索的方法

信息检索工作是一项实践性和经验性很强的工作，对于不同的项目，可能采取不同的检索方法，因此要提高检索效率与质量，就需要大家掌握一些基本的检索方法，下面是利用手工检索和计算机检索时经常用到的一些方法，主要有常规法、追溯法、综合法。

1. 常规法

常规法又称直接法，是指直接利用检索工具检索文献信息的方法，这是文献检索中最常用的一种方法。它又分为顺查法、倒查法和抽查法。

（1）顺查法

顺查法指以检索课题的起始年代为起点，按照时间的顺序，由远及近地利用检索工具进行文献信息检索的方法。这种方法能收集到某一课题的系统文献，它适用于较大课题的文献检索。例如，已知某课题的起始年代，现在需要了解其发展的全过程，就可以用顺查法从最初的年代开始，逐渐向近期查找。优点是漏检和误检率低，但劳动量较大。

（2）倒查法

倒查法是由近及远，从新到旧，逆着时间的顺序利用检索工具进行文献信息检索的方法。此法的重点是放在近期文献，只需查到基本满足需要时为止。使用这种方法可以最快地获得最新资料，因此可用于新课题立项前的调研。使用这种方法劳动量较小，但是容易造成漏检。

（3）抽查法

抽查法是针对检索课题的特点，选择有关该课题的文献信息最可能出现或最多出现的时间段，利用检索工具进行重点检索的方法。它适合于检索某一领域研究高潮很明显的，某一学科的发展阶段很清晰的，某一事物出现频率在某一阶段很突出的课题。这是一种花费较少时间能查到较多有效文献的一种检索方法。

2．追溯法

追溯法是指不利用一般的检索工具，而是利用已经掌握的文献末尾所列的参考文献，进行逐一地追溯查找"引文"的一种最简便的扩大情报来源的方法。它还可以从查到的"引文"中再追溯查找"引文"，像滚雪球一样，依据文献间的引用关系，获得越来越多的内容相关文献。

3．综合法

综合法又称为循环法，它是把上述两种方法加以综合运用的方法。综合法既要利用检索工具进行常规检索，又要利用文献后所附参考文献进行追溯检索，分期分段地交替使用这两种方法。即先利用检索工具（系统）检到一批文献，再以这些文献末尾的参考目录为线索进行查找，如此循环进行，直到满足要求时为止。

综合法兼有常用法和追溯法的优点，可以查到较为全面而准确的文献，是实际中采用较多的方法。

11.1.5　信息检索的步骤

信息检索，为实现检索目标所制定的对检索全过程具有指导作用的整体计划、方案和安排，其检索的全过程可分为 5 个步骤。

1．分析待查内容，确定检索需求

即首先要分析待查项目的内容实质、所涉及的学科范围及其相互关系，明确检索需求，确定最终要获得文献源的相关信息。

2．选择检索工具，确定检索策略

选择恰当的检索工具，是成功实施检索的关键。

在确定是通过手工检索还是计算机检索的基础上，根据待查项目的内容、性质来确定选择最恰当的检索工具，并且要注意其所报道的学科专业范围、所包括的语种及其所收录的文献类型等，在选择中，要以专业性检索工具为主，再通过综合型检索工具相配合。如果一种检索工具同时具有机读数据库和刊物两种形式，应以检索数据库为主，这样不仅可以提高检索效率，而且还能提高查准率和查全率。

为了避免检索工具在编辑出版过程中的滞后性，还应该在必要时补充查找若干主要相关期刊的现刊，以防止漏检。

3．确定检索途径和方法

大多数的检索工具都能提供几种主要的检索途径，如分类、主题词、著者、机构、刊名、关键词、摘要等。可根据课题要求和已掌握的信息来决定选择何种检索途径，输入检索词进行检索。一般而言，如果检索课题要求的是泛指性较强的文献信息，则最好选择分类途径；如果要求专指性较强的文献信息，则最好选用主题途径；如果事先知道著者，则最好选用著者途径。

对于检索方法，检索时，可以根据检索课题的要求和对课题内容的掌握情况选择不同的检索方法（如常规法、追溯法、综合法），以期能够达到高效率的检索。

4. 优化检索

目前，我们用的检索方式其实就是输入检索词来进行的，因此科学地将检索要求的词语构造成检索表达式就显得非常重要，它是检索技能的综合体现。编制检索表达式要综合、灵活地运用计算机检索系统提供的组配、限定、加权、截词等多种检索功能，得到第一次检索结果后，还要与需求内容进行比对，查证缺漏，然后再做适度地调整，所调整的方面包括检索途径、检索工具、检索方法等，这些也就是所谓的策略调整，直至最后获得最佳的检索效果。

5. 查找文献线索，索取原文

应用检索工具实施检索后，获得的检索结果即为文献线索，对文献线索进行整理，分析其相关程度，根据需要，可利用文献线索中提供的文献出处查找出原文。

11.2 电子图书、期刊、论文的检索

学术资源检索主要包括电子图书、期刊、论文等，本节就这 3 部分的检索进行详细的讲解。

11.2.1 电子图书检索

1. 电子图书的定义

根据简明牛津辞典的定义，电子图书（Electronic book，简称 eBook）是以传统印刷方法出版的图书的电子版，是特别制作的为了方便读者可以在自己的个人计算机或者掌上计算机上阅读的新型图书。可以兼容多媒体文件，所以也被称为多媒体图书。电子图书主要在网络上传播。它是以电子记录信息，以比特为载体，以数字内容为流通介质。

2. 电子图书的生成

电子图书的生成主要是通过扫描、OCR 识别、录入、格式转换等几种方式获取到的。

3. 电子图书的格式

电子图书的格式有很多，以下是目前常见的几种电子图书的文件格式。

（1）LIT 文件格式，是微软公司推出的软件 Microsoft Reader 的一种专有文件格式，可以直接通过 Word 制作电子图书。

（2）PDF 文件格式，是由 Adobe 公司推出的，一般用 Adobe Reader 阅读器来阅读。

（3）Apabi 文件格式，是由方正电子公司推出的，阅读器为 Apabi Reader 。

（4）PDG 文件格式，是由超星公司推出的，阅读器为 SSReader 。

（5）CAJ 文件格式，是由清华同方公司推出的，阅读器为 CAJViewer 。

（6）.VIP 文件格式，是由维普公司推出的，阅读器为 VIPBrowser。

（7）SEP、IFR、GD 文件格式，是由书生之家推出的，阅读器为"书生之家阅读器"。

4. 电子图书的检索

电子图书的检索一般分为两类，一是根据图书自身的一些特点进行查找，例如，图书的名称、作者、出版社、ISBN 号、出版时间等；二是根据图书内容的分类进行检索。

目前，有很多电子图书的检索工具，下面就以最常使用的检索工具之一的"超星数字图书馆"为例，来介绍怎样检索电子图书。

超星数字图书馆（www.ssreader.com）开通于 1999 年，目前是全球最大的中文数字图书馆，向互联网用户提供数十万种中文电子书免费和收费的阅读、下载、打印等服务。其图书种类十分丰富，包括文学、经济、计算机、法律等几十余大类，并且每天仍在不断的增加与更新。

（1）下载并安装超星阅览器

超星数字图书必须使用超星阅览器来阅读和下载，所以要先从网址：http://www.ssreader.com/downland_index.asp 下载超星阅览器，下载完毕后，双击安装程序将进入自动安装向导，向导会引导用户完成超星阅览器的安装。

（2）图书检索

超星的图书检索界面很简洁，如图 11-1 所示。

图 11-1　超星数字图书馆

主要检索方法有以下三种：

① 单条件检索

利用单条件检索能够实现图书的书名、作者、出版社和出版日期的单项模糊查询。对于一些目的范围较大的查询，建议使用该检索方案。

查询实例：读者查询计算机学科中关于 ASP 语言类图书，操作步骤如下：

在检索内容文本框中输入"asp"，在检索范围下拉列表中选择所要查询的大类"计算机图书馆"，如图 11-2 所示，然后单击"查询"按钮，查询结果如图 11-3 所示，从中选择所感兴趣的图书，双击图书名进入或单击下方的"阅读"链接进入即可进行阅读。

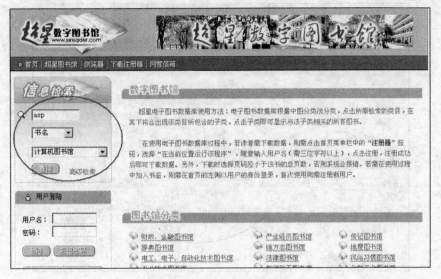

图 11-2 超星单条件检索

图 11-3 超星电子图书查询结果

② 高级检索

利用高级检索可以实现图书的多条件查询。如读者对图书信息比较了解，建议使用该查询，如图 11-4 所示。

图 11-4　超星高级检索

③ 分类检索

在图书检索界面下方，有"图书馆分类"区域，用户可以根据所查找书的类别，单击进入该书所属专业，然后再选择具体的分类，逐层进入，直到查找到每本书的简单题录为止，这种方法适用于已知该书的所属专业类别。

（3）下载图书

超星图书不仅提供了阅读功能，而且还具有下载功能，但在进行下载之前必须先运行"注册器"程序。如图 11-5 所示，单击"下载注册器"超链接，然后运行程序，安装注册器后，就可以下载图书了，如图 11-6 所示。

图 11-5　单击"下载注册器"超链接

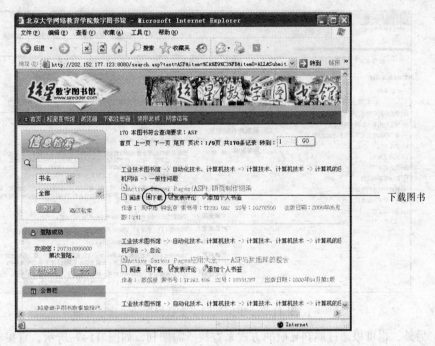

图 11-6　使用超星下载图书

对下载到本地的图书，用户还可以对该书作书签和标注，具体使用方法可以参考超星数字图书馆提供的"使用说明"。

11.2.2　期刊检索

我们所讲的期刊检索主要是由计算机检索系统提供的。而计算机中的检索数据库主要是由收录发表在期刊或者各种学术杂志上的文献组成的。目前，典型使用的期刊数据库有：中国期刊网、中国知网和维普资讯网，下面我们就以常用到的中国期刊全文数据库为例介绍期刊的检索。

中国期刊全文数据库（www.cnki.net）是目前世界上最大的连续动态更新的中国期刊全文数据库，收录国内 8 200 多种重要期刊，以学术、技术、政策指导、高等科普及教育类为主；同时收录部分基础教育、大众科普、大众文化和文艺作品类刊物，内容覆盖自然科学、工程技术、农业、哲学、医学、人文社会科学等各个领域，全文文献总量 2 200 多万篇，且仍在不断增加。

1．期刊检索方法

如图 11-7 为中国期刊全文数据库的检索界面，检索方法为，先根据检索内容从左侧的十大专辑（理工 A、理工 B、理工 C、农业、医药卫生、文史哲、政治军事与法律、教育与社会科学综合、电子技术与信息科学、经济与管理）中选择要查找的目录范围，然后在检索条件区域中按要求进行检索范围的限制，例如，选择检索词可按主题、篇名、关键词、作者等加以限定；词频指检索词在相应检索结果中出现的次数，可指定具体的词频；还可以选择更新的起止时间和收录范围以及匹配模式等方式对检索内容加以限定。

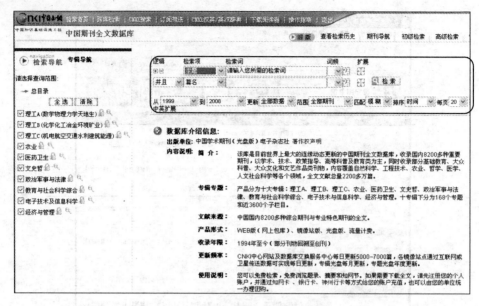

图 11-7　中国期刊全文数据库的主检索界面

另外，也可以通过期刊导航的方式来查找所需期刊，如图 11-7 所示，直接单击检索条件区域上方的"期刊导航"超链接进入导航页面，如图 11-8 所示，期刊导航提供了多种导航方式，有专辑导航、数据库刊源、刊期、地区、核心期刊等，根据不同的导航方式均可查询到相关类型的期刊。

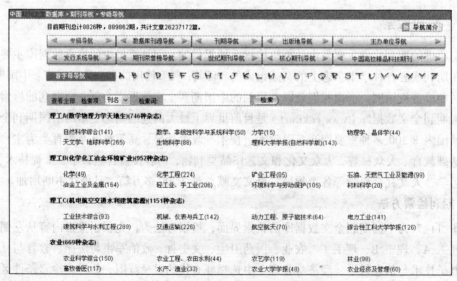

图 11-8　中国期刊全文数据库的期刊导航

2．期刊浏览和下载

只有正常登录的正式用户才可以下载保存和浏览文献全文。系统提供两种途径下载浏览全文：一是从检索结果页面，如图 11-9 所示，单击题名前的 下载浏览 CAJ 格式全文；二是从详细预览页，如图 11-10 所示，单击 "下载阅读 CAJ 格式全文" 或 "下载阅读 PDF 格式全文"，可分别下载浏览 CAJ 格式和 PDF 格式的全文。

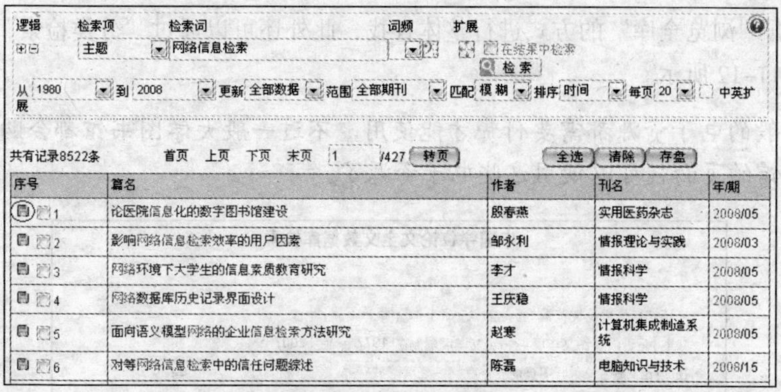

图 11-9　中国期刊全文数据库的检索结果页面

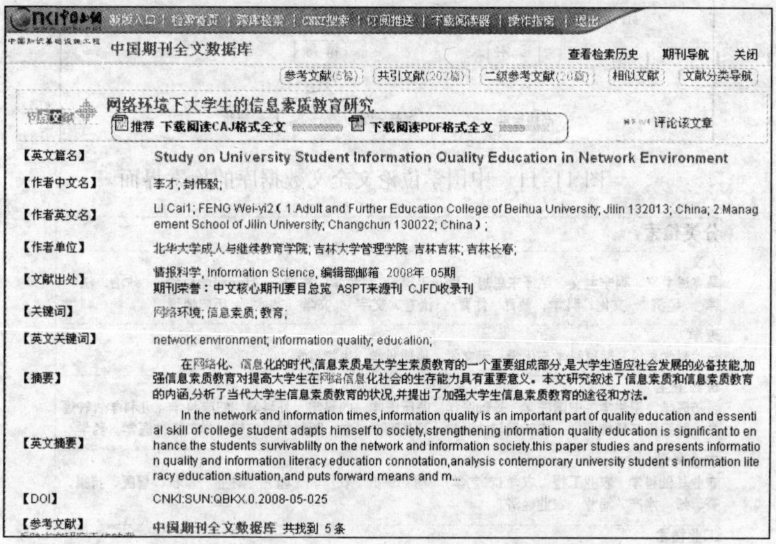

图 11-10　中国期刊全文数据库的详细预览页

11.2.3　学位论文检索

学位论文是科技文献的重要组成部分之一，结合论文自身的特点，学位论文可依据题名、作者、文摘、作者专业、导师姓名、授予学位、授予单位、授予时间等字段来进行限定检索。常用的学位论文检索系统有：CNKI 学术期刊全文库（www.cnki.net）中的中国优秀硕/博士论文全文数据库中国学位论文全文数据库、中国学位论文全文数据库等。下面我们以中国学位论文全文数据库为例来介绍学位论文的检索。

中国学位论文全文数据库（svr.slas.ac.cn:85/cddb/cddbft.htm）是由国家法定学位论文收藏机构—中国科技信息研究所提供，并委托万方数据加工建库，收录了自 1977 年以来我国各学科领域的博士、硕士研究生论文。中国学位论文全文数据库精选相关单位近几年来的博硕论文，涵盖自然科学、数理化、天文、地球、生物、医药、卫生、工业技术、航空、环境、社会科学、人文地理等各学科领域，目前收藏论文总数居前列。

如图 11-11 所示为中国学位论文全文数据库的检索界面，用户只需在下拉列表中选择相应的检索字段，并输入检索关键词，就可查询到所需论文，同时也可以使用"高级检索"方式进行精确查找，或根据"浏览全库"的方式进行整体查找，此外还可以通过"分类检索"的方式进行论文检索，如图 11-12 所示。

注意：一般的电子资源都需要付费才能使用，不过一般大学图书馆都会购买电子资源，通过大学图书馆的页面就可以使用这些电子资源了。

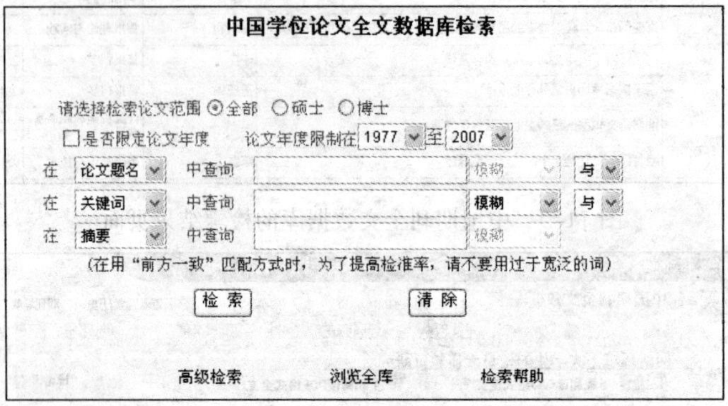

图 11-11　中国学位论文全文数据库的检索界面

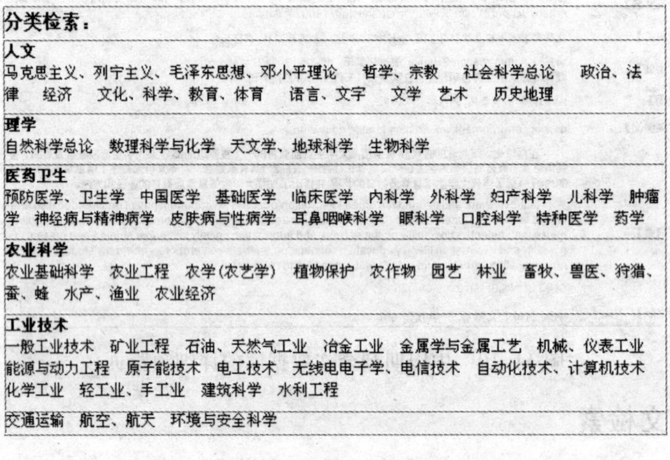

图 11-12　中国学位论文全文数据库的分类检索

11.3　网络信息检索

网络信息已成为人们日常工作和生活中必不可缺的资源，掌握高效而准确的获取网络信息资源的方法已成为人们工作和生活的迫切需要。然而网络信息本身具有数量大、内容广、时效性强和信息利用差异大等特点，这无疑给人们获取信息加大了难度，因此我们必须掌握一些高效的网络信息检索方法和工具，以便在有限的时间内获取最有用的信息

11.3.1　网络信息检索概述

网络信息检索（Networked Information Retrieval，NIR），简单地说就是网络环境下的信息检索，网络信息检索有三个组成要素，即站点资源、浏览器和具有收集、检索功能的搜索引擎。众多站点的网页信息，可以说是网络信息的基本组成部分，而搜索引擎又是网络信息检索的核心部分。

网络信息检索与传统信息环境下的检索有着很大的不同，网络信息检索具有多样性、灵活性等特点。原来传统途径可获得的信息，现在几乎全部可以通过网络检索得到，而且更快、查全查准率更高。

网络信息检索主要是利用搜索引擎，因此接下来我们将重点讲解有关搜索引擎的使用。

11.3.2　搜索引擎的基本知识

1．搜索引擎的概念

所谓搜索引擎，是指 WWW 网中能够主动搜索信息、组织信息并能提供查询服务的一种信息服务系统。它们主要通过网络搜索软件（即 Robot，又称网络搜索机器人）或网站登录方式，将 WWW 上大量网站的页面信息收集到本地，经过加工处理建成数据库，从而能够对用户提出的各种查询请求做出响应，提供用户所需要的信息。

2．搜索引擎的基本技巧

各种搜索引擎都会提供一些搜索方法来供用户查询信息。虽然这些方法不尽相同，但一些基本方法都是通用的，下面就简单地介绍一下。

（1）关键词检索

关键词检索就是指直接将关键词输入后，搜索引擎会把包括关键词的网址以及相关网址的查找结果显示出来，这种查找法是模糊查找，即搜索到的结果范围会比较广。但是若关键词选择的恰当、准确，也能很快速地找到所需内容。

（2）布尔检索

布尔检索是用户在检索时需要用不同的布尔逻辑运算符号把检索词一与检索词二连接起来的一种检索。布尔逻辑运算符主要有以下三种：布尔逻辑或（一般用符号"OR"表示），逻辑或表示它所连接的两个检索词只要其中任何一个出现在结果中就满足检索条件；布尔逻辑与（一般用符号"AND"表示），逻辑与表示它所连接的两个检索词必须同时出现在结果中才满足检索条件；布尔逻辑非（一般用符号"NOT"或"AND NOT"表示），逻辑非表示它所连接的两个检索词应该包含第一个检索词而不包含第二个词才满足检索条件。)

布尔检索在网络信息检索中使用得相当广泛，但各个搜索引擎在表示布尔关系的方式与用法上往往有所差异，需要引起用户的注意。例如，有的用"+"表示 AND，减号"–"表示 NOT，默认值为 OR。

（3）位置检索和短语检索

在网络信息急剧增加的今天，单纯依赖关键词检索和布尔检索已难以满足多种检索需要，为此，许多搜索引擎开始支持位置检索功能。位置检索也称为邻近检索（Proximity Search），通过专门的位置运算符来规定检索式中各个检索词在检索结果中出现的相对位置，以使检索结果更加准确。当前使用较多的两个位置运算符是"（nW）"和"（nN）"。

（nW）要求它所连接的两个检索词在检索结果中出现时，相互距离不超过 n 个词（在中文情况下不超过 n 字，当 $n=1$ 时可省略），而且前后顺序不能颠倒。例如：

检索式"large（W）scale（W）intergrated（W）circuit"可检索出含有词组"large scale intergrated circuit（大规模集成电路）"方面的相关资料。

（nN）要求它所连接的两个检索词在检索结果中出现时，相互距离不超过 n 词（在中文情况

下不超过 n 个字，当 $n=1$ 时可省略），但两个词的先后顺序可以变换。例如：

检索式"money（N）supply"的检索结果中包括含有 money supply 和 supply money 两个词组的有关信息；

而检索式"economic （2N）recovery"则可以检索出含有 economic recovery、recovery from economic troubles、recovery of the economic strengh 等不同词组的有关信息。

（4）使用双引号进行精确查找

为了使检索结果更加精确，可以直接使用双引号（英文状态下的双引号）将所查关键词引起来，表示检索结果必须包含这个关键词，例如查找"北京大学"这个词组，查到的结果中必须包含"北京大学"几个字，而不会包含如"北京的高等大学"、"北京医科大学"等内容的信息。

总的说来，目前搜索引擎的检索方法已经比较丰富，检索界面也非常友好，易学易用。下面我们就以 Google 和百度（Baidu）为例来介绍搜索引擎的具体使用。

11.3.3　Google 搜索引擎的使用

Google 最初于 1998 年由美国 Stanford 大学的两位博士生 Larry Page 和 Sergey Brin 创建。并且从 1998 年至今，Google 已经获得 30 多项业界大奖，今天，Google 已成为了世界上应用很广的综合性搜索引擎。

目前，Google 目录中收录了 80 亿多个网址，10 亿多张图片，并且还有 10 亿多新闻组消息和其他一些相关数据，这些方面在同类搜索引擎中都是首屈一指的。因此，在日常的学习和生活中经常需要使用 Google。

1. 首页介绍

Google 主页非常简洁，如图 11-13 所示，除了检索输入框外，主页上方有"网页"、"图片"、"视频"、"资讯"、"地图"5 个功能模块，默认是"网页"搜索。下面就对 Google 界面中的选项做一下简要介绍。

图 11-13　Google 首页

（1）Google 搜索

在 Google 上进行搜索非常简便。只需在搜索文本框中输入一个或多个搜索字词（多个关键词之间用空格隔开），然后按下【Enter】键或单击【Google 搜索】按钮，之后 Google 就会生成与输入的搜索字词相关的网页列表，其中，相关性最高的网页显示在首位，稍低的放在第二位，依此类推。

例如，搜索内容为"清华大学介绍"，搜索结果如图 11-14 所示。每一项搜索结果大多包含"网页标题"、"网页摘要"、"网址"、"网页快照"、"类似网页"这几项内容，其中"网页快照"是 Google 最后一次为相应网页编制索引时网页的内容。如果由于某种原因，所搜索的网站链接不能够正常打开，则可以通过单击"网页快照"超链接找到所需信息；而"类似网页"顾名思义就是 Google 自动在网上查找到的与该搜索结果相关的网页。

图 11-14　Google 搜索结果

（2）手气不错

输入搜索内容后，单击【手气不错】按钮，浏览器会直接进入最符合搜索条件的网站。例如，要查找"水木清华 BBS"，只要在搜索文本框中输入"水木清华 BBS"后，单击【手气不错】按钮，则 Google 将直接进入水木清华 BBS 的网站：http://bbs.tsinghua.edu.cn。

（3）高级搜索

通过单击 Google 主页上的"高级搜索"超链接进入该功能，如图 11-15 所示，利用高级搜索，可以只搜索符合以下要求的网页：

- 包含输入的"所有"搜索字词
- 包含输入的完整词组
- 至少包含所输入的其中一个字词
- 不包含所输入的任何字词
- 以特定语言编写的内容
- 以特定文件格式创建的内容
- 在特定时间段内更新过的内容
- 位于特定域或网站内

（4）使用偏好

如果希望网络搜索可以完全按照用户自己的要求进行搜索，就可以使用该功能，单击"使用偏好"超链接后，可以设置界面语言、查询语言、搜索结果数量、是否在新窗口中打开结果以及是否打开"汉字繁简体转换"。将这些选项设置好并存储后，再用 Google 搜索时，将按照这种设置显示搜索结果。

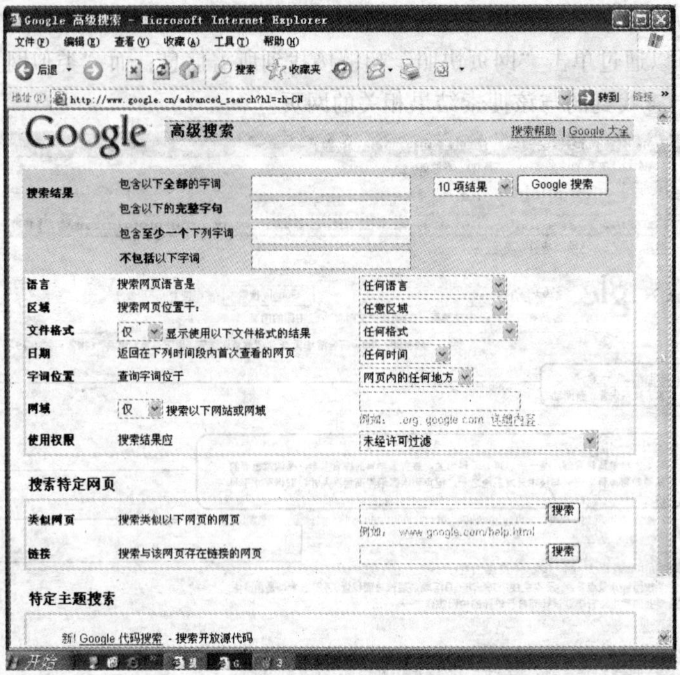

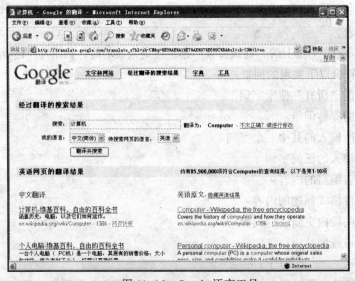

图 11-15　Google 高级搜索

（5）语言工具

利用"语言工具"，可以以用户的语言输入一个搜索词组，然后将搜索结果翻译成其他语言的网页。例如，输入"计算机"中文，搜索英语网页，Google 就会将搜索结果以中英文两种结果对比显示出来，如图 11-16 所示。

图 11-16　Google 语言工具

技巧：浏览网页时，大家可以试试标准按钮工具栏中的前进、后退、停止、刷新、主页按钮。

2．基本搜索技巧

（1）在搜索结果中限定包含两个以上关键字的内容

方法为在多个关键字之间加上空格，例如要搜索既包含"北京大学"又包含"图书馆"的内容，就可以输入："北京大学　图书馆"。

（2）在搜索结果中限定不包含某些特定信息

方法为在希望排除含义的相关字词前添加一个减号（﹣），就可以在检索结果中排除掉某些特定信息，例如检索所有包含"计算机杀毒"而不包含"在线杀毒"的网页，就可以输入："计算机杀毒　﹣在线杀毒"（注意在"﹣"前要保留一个空格）。

（3）在搜索结果中至少包含关键词中的任意一个

方法为在要搜索的关键词中间以"OR"进行分隔，例如检索所有包含"北京大学图书馆"或者"清华大学图书馆"的内容，就可以输入："北京大学图书馆　OR　清华大学图书馆"。

（4）使用一句话进行搜索

有时输入一句完整的话，有助于获得更准确的结果，例如输入"珠海有没有机场"，就可以直接搜索到该主题的答案了。

（5）添加额外的关键词进行搜索

有时在普通关键词外，添加一个看起来关系不大的关键词，可能查找结果更精确 。例如输入："求职信　尊敬的领导"，就可能直接搜索出符合要求的求职信模板文件，并且可能是 DOC 格式的文档。

（6）使用双引号精确搜索

在 Google 中输入关键词时，并不需要使用双引号，但是如果在关键词中输入双引号，就可以搜索出精确匹配的资源。

灵活利用以上搜索技巧，就可以缩小搜索范围，提高查准率。其中搜索引擎的布尔检索与、或、非实际就对应 Google 中的空格、"OR"、"﹣"三种操作符。

技巧：使用搜索引擎，最重要的技巧就是输入适当的关键词。

3．高级搜索技巧

（1）搜索指定类型的文件

可以使用 filetype 指定搜索文件的类型，例如要搜索"信息检索与利用的 ppt 讲稿"，就可以输入"信息检索与利用　filetype:ppt"。

（2）搜索指定网站的文件

可以使用 site 指定搜索文件所在的网站，例如要搜索"北京大学网站上的招生简章"，就可以输入"招生简章　site:www.pku.edu.cn"

（3）把搜索范围限定在网页标题中

可以使用 intitle（或 title）把搜索范围限定在网页标题中，例如要搜索标题中包含"清华大学招生"的信息，就可以输入"intilte:清华大学招生"。

（4）把搜索指定在 URL 链接中

可以使用 inurl 把搜索的关键词包含在 URL 链接，例如要搜索"招生简章的内容包含在网址 pkudl.cn 中"，就可以输入"招生简章　inurl:pkudl.cn"。

（5）搜索链接到某个网址的所有网页

可以使用 link 搜索链接某个网站的全部网页，例如要搜索"链接到北大未名 BBS 的所有网页"，就可以输入"link:http://bbs.pku.edu.cn"。

技巧：使用高级搜索技巧时，可以如上所述直接手工输入检索内容，也可以在前面图 11-15 中的表单中输入或选择有关内容。

4. 特殊搜索技巧

（1）溯源搜索法

这种方法就是从搜索到的文献中的参考文献入手，继续找更多的文献。

例如，搜索"Educational Game"的有关论文，可以按以下几个步骤来进行搜索：

第 1 步：利用高级搜索，输入"Educational Game filetype：pdf"查找有关"Educational Game"的 PDF 文件。

第 2 步：找到合适的文件后，查看该文献之后的参考文献。

第 3 步：用参考文献中的文献名称，继续找 PDF 文件。此时可以用双引号精确匹配。

循环以上几步，即可搜索到大量的关于教育游戏的论文。

（2）技术猜测搜索法

这一方法就是根据文件路径来猜测可能的资源，该方法尤其适用于教学资源搜索。

例如，要搜索信息检索与利用的相关资料，可以按以下几个步骤来进行搜索：

第 1 步：输入关键词"信息检索与利用 电子书"

第 2 步：找到合适的文件后，看它的网址。

第 3 步：猜测其他可能的路径，继续下载其他相关资源。例如看到了某网址 http://www.pku.edu.cn/information/5.ppt，就可以猜测到可能还有 1.ppt、2.ppt、3.ppt、4.ppt 等，这样就可以在地址栏中直接输入 http://www.pku.edu.cn/information/1.ppt 等地址，从而下载更多的相关资源。

5. 生活搜索技巧

（1）定义

可以使用 Define 来搜索关键词的含义。例如要查询"信息的定义"，就可以输入"Define：信息"。

（2）计算器

利用 Google 提供的内置计算器，可以直接方便地做计算、单位换算等，例如可以输入"45*65/45+54"按【Enter】键后，结果就能显示出来，换算单位也同理，例如输入"1 千克=？公斤"，结果如图 11-17 所示。

（3）货币转换

货币转换同单位换算，例如，输入"1 美元=？人民币"，可根据当前汇率计算出美元和人民币的兑换比率。

图 11-17 Google 计算器

（4）天气预报

只要输入要查询的城市名称加上天气这个词，就能获得该城市当天的天气情况。例如输入"北京 天气"，结果如图 11-18 所示。

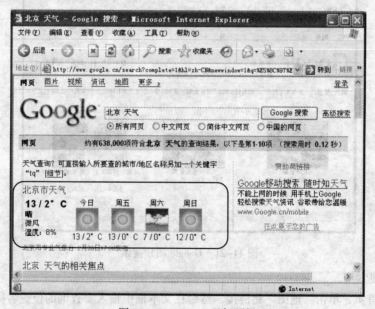

图 11-18 Google 天气预报

（5）邮编查找

可以直接输入查找邮编，例如输入"北京 邮编"，结果如图 11-19 所示。

（6）手机号码查询

可以用 Google 查询出手机号码的归属地，只需直接输入手机号，然后按【Enter】键即可，例如输入"13600000000"，然后在如图 11-20 所示的结果图中单击超链接就可以显示手机号码归属地了。

图 11-19　Google 邮编查找　　　　　　　图 11-20　Google 手机号码查询

6. 其他搜索技巧

（1）图片搜索

在 Google 首页，单击"图片"超链接，然后在文本框中输入要查询的图片名称，然后按【Enter】键，即可找到相关图片，如图 11-21 所示是"长城"的相关图片。

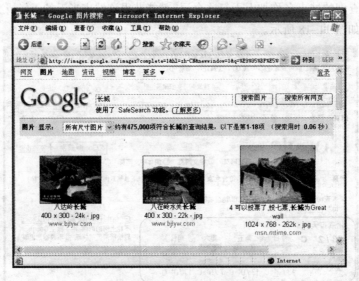

图 11-21　Google 图片搜索

（2）地图搜索

在 Google 首页，单击"地图"超链接，然后在文本框中输入要查询的位置名称，按【Enter】键后，就能在地图上显示出该地的详细地址，例如，查找"北京中关村图书大厦"，输入后按【Enter】键，结果如图 11-22 所示，从图中不仅可以清晰地看到该地所处的地理位置，还可以通过单击"搜索周边"和"行车路线"查询到更具体的信息。

（3）学术搜索

Google 学术搜索提供可广泛搜索学术文献的简便方法，可以从一个位置搜索众多学科和资料来源：来自学术著作出版商、专业性社团、预印本、各大学及其他学术组织的经同行评论的文章、论文、图书、摘要和文章。

　　Google 提供了免费学术搜索工具——Google Scholar（http://scholar.google.com），同时它还提供了中文界面（http://scholar.google.com/schhp?hl=zh-CN），如图 11-23 所示。在其中输入要检索的关键词即可。

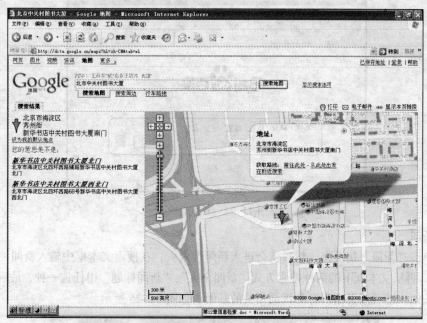

图 11-22　Google 地图搜索

图 11-23　Google 学术搜索

11.3.4　百度搜索引擎的使用

　　百度 2000 年 1 月创立于北京中关村，目前是全球最大的中文搜索引擎。用户可以通过百度主页，在瞬间找到相关的搜索结果，这些结果来自于百度超过 10 亿的中文网页数据库，并且，这些网页的数量每天正以千万级的速度在增长。

1. 首页介绍

　　打开百度首页（http://www.baidu.com），默认是网页搜索，除了正中央的检索输入框外，主页上还有"新闻"、"网页"、"贴吧"、"知道"、"MP3"、"图片" 6 大功能模块，如图 11-24 所示。下面就其他几个功能做一下简要介绍。

图 11-24　百度首页

（1）新闻

首先单击"新闻"超链接，然后就会进入新闻搜索页，在搜索文本框中输入新闻关键词，例如"刘翔"，再从文本框下的两种搜索方式"新闻全文"、"新闻标题"中任选一种，最后单击【百度一下】按钮，即可搜索出所有和该词相关的新闻，如图 11-25 所示。

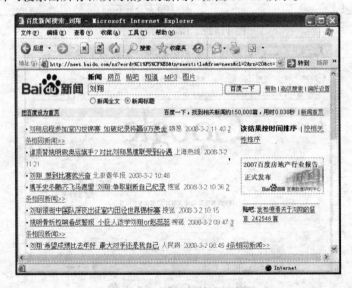

图 11-25　百度新闻搜索

（2）网页

百度搜索简单方便，只需要在搜索文本框内输入需要查询的内容，按【Enter】键，或者单击搜索文本框右侧的【百度一下】按钮，就可以得到符合查询需求的所有网页内容。搜索结果页类似于 Google，包含有搜索结果标题、摘要、快照以及相关搜索几项。

（3）贴吧

百度贴吧（http://post.baidu.com）是根据用户输入的任一关键词，建立起来的一个讨论区，如

图 11-26 所示为刘翔贴吧，在这里，用户可以自由的表达和交流思想。贴吧类似于论坛，可以发帖、看帖、搜索帖子，且也有管理员来管理本吧的一些发帖情况，但它要比论坛的建立更自由、时尚。目前，很多人在查询信息时，都会用到贴吧，因为其内容更新快捷且更贴近于日常生活。

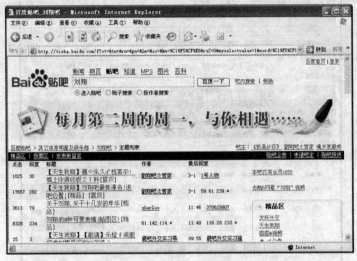

图 11-26　百度贴吧

（4）知道

百度知道（http://zhidao.baidu.com）是一个互动式知识问答的平台，如图 11-27 所示，在这里，一方面，用户可以通过"我要提问"功能来提出自己的问题，并通过积分奖励的制度来鼓励其他用户，共同创造出问题的答案，另一方面，知道会将以往的提问结果搜集起来，因此用户就可以首先通过"搜索答案"功能对自己的提问先进行查找。

图 11-27　百度知道

（5）MP3

百度 MP3 搜索（http://mp3.baidu.com/）是在天天更新的数十亿中文网页中提取 MP3 链接从而建立的庞大 MP3 歌曲的链接库，它拥有自动验证链接有效性的卓越功能，总是把最优的链接排在前列，搜索音乐时，只需要在搜索文本框中输入歌曲名、歌手名或者歌词的一部分，单击【百度一下】按钮即可查找到相关歌曲，如图 11-28 所示为查找歌曲"隐形的翅膀"的结果。

图 11-28　百度 MP3 搜索

（6）图片

百度图片搜索（http://image.baidu.com）从数十亿中文网页中提取各类图片，建立了丰富的中文图片库，目前为止，百度图片搜索引擎可检索图片已经近亿张。

百度新闻图片搜索从中文新闻网页中实时提取新闻图片，它具有新闻性、实时性、更新快等特点。

搜索时，只要在文本框中输入要搜索的关键字（例如，张曼玉），再单击【百度一下】按钮，即可搜索出相关的全部图片，如图 11-29 所示。

图 11-29　百度图片搜索

（7）高级搜索

如果对百度各种查询语法不熟悉，可以使用百度集成的高级搜索界面，可以方便的做各种搜索查询，如图 11-30 所示。

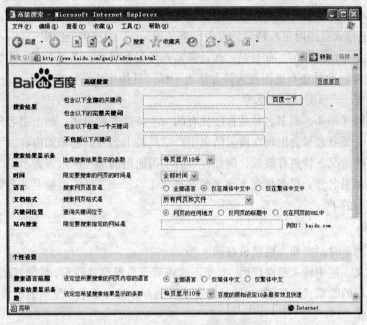

图 11-30　百度高级搜索

除了以上几种主要的搜索以外，主页上还可做"空间搜索"和其他的一些专题搜索，另外值得一提的就是"帮助"功能，如图 11-31 所示，单击进入，可以看到百度已将各种搜索方法分门别类地列了出来，用户只需有针对的查看即可。

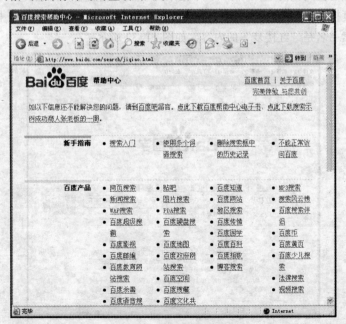

图 11-31　百度帮助中心

2．基本搜索技巧

（1）与 Google 中相同的搜索方法

百度中的绝大部分基本搜索方法都类似于 Google 中的，例如多个关键字的搜索，都是用空格隔开；搜索结果中限定不包含某些特定信息，都是用减号 "−"；把搜索范围限定在网页标题中，都是用 intitle；把搜索范围限定在特定站点中，都是用 site；把搜索范围限定在 url 链接中，都是用 inurl；另外有关生活搜索的一些技巧，如计算器和度量衡转换、英汉互译、天气查询等方法也和 Google 中的一样，此外还有地图搜索等方法也一样，具体用法可以参考 Google 中的例子。

（2）精确匹配——双引号和书名号

双引号用法同 Google，而书名号是百度独有的一个特殊查询语法。加上书名号的查询词，有两层特殊功能，一是书名号会出现在搜索结果中；二是被书名号括起来的内容，不会被拆分。

书名号在某些情况下特别有效果，例如，查名字很通俗的那些电影或者小说。例如，查电影"手机"，如果不加书名号，很多情况下出来的是通讯工具——手机，而加上书名号后，其结果就都是关于电影方面的了。

3．其他搜索

（1）股票、列车时刻表和飞机航班查询

在百度搜索文本框中输入股票代码、列车车次或者飞机航班号回车，就能直接获得相关信息。例如，输入深发展的股票代码 "000001"，搜索结果上方，就会显示深发展的股票实时行情。

（2）百度国学

百度国学搜索（http://guoxue.baidu.com/）是百度与国学公司合作推出的针对中国传统文化方面的专业搜索，提供了大量的丰富的古典名著、历史资料、人名书名等，为传播中华古代文明和国学研究提供使用的便利。

百度国学搜索的使用很简单，只需在一个搜索文本框内直接输入你想要找的内容，按【Enter】键或者单击【百度搜索】按钮，即可得到符合要求的内容，同时也可以选择按书名或者作者方式搜索。例如，搜索书名是"红楼梦"的内容，如图 11-32 所示。

图 11-32　百度国学

虽然以上两种搜索引擎的功能都很强大，也几乎完全满足了我们的网络搜索，但是无论用哪种工具，它都不是万能的，因此不要期望一次就搜索到问题答案，要及时调整检索关键词和策略，或者也可以到一些专门的网站、论坛或博客上去下载所需资源。

11.3.5　搜索资源推荐

现在网上有专门提供某类信息资源的网站，如果能在查找某类信息时恰好用上，正可谓如鱼得水，可是对这些信息资源，如何获得呢，其实这就要靠我们平日的积累了，在上网浏览时，看到一些优秀的网站，就应该立刻收藏下来，以备日后之用。下面是一些优秀的搜索网站，供大家参考使用。

（1）新闻搜索

中新新闻搜索（http://z.zhongsou.com）

一站式新闻搜索（http://www.se-express.com/search-pop/news-search.htm）

（2）图片搜索引擎

中搜图片（http://img.zhongsou.com）

雅虎图片搜索（http://img.yahoo.com.cn）

搜狗图片搜索（http://pic.sogou.com）

Fotoe 无限图像网（http://www.fotoe.com）

（3）MP3 搜索

搜刮网（http://search.sogua.com/）

爱问音乐搜索（http://m.iask.com/）

（4）Flash 搜索

百度 Flash 搜索（http://list.mp3.baidu.com/list/flash.html）

中国搜索——flash (http://flash.zhongsou.com)

（5）图书搜索

中国网络——电子图书搜索（http://www.cnfan.net/ebook/search.php）

爱搜书网（http://www.isoshu.com）

（6）域名和 IP 搜索

众易网（http://www.xeasy.net/mobile/search.php）

注意：以上资源网站可能会有变化，不过大家可以使用自己掌握的各种技巧检索出更多的资源网站。

习　题　11

一、思考题

1. 名词解释：信息、信息检索、信息素养

2. 按检索对象的性质划分，信息检索的类型有哪些？

3. 印刷型手工信息检索工具的检索途径有哪些？

4. 信息检索的方法有哪些？

5. 信息检索的步骤有哪些？

6. 怎样进行学位论文的搜索？

7. 假如你现在希望找到"黄河水利委员会"的邮政编码，你准备怎么办？

8. 何为百度贴吧、百度知道？

二、选择题

1. 在搜索网站 Google 中输入"音乐　美术"进行搜索，则表示（　　）。

　　A. 返回的搜索结果同时含有这两个词的优先

　　B. 返回的搜索结果含有这两个词之一的优先

　　C. 返回的搜索结果含有第一个词汇的优先，含有第二个词的其次

　　D. 上面的说法都不对

2. 小明用 Google 在互联网上搜索李清照的《浣溪沙》，使搜索结果最有效的关键字是（　　）。

　　A. 李清照　　　　　　　B. 宋词　　　　　　C. 李清照 浣溪沙　　　D. 浣溪沙

3. 有一同学要搜索歌曲"Yesterday Once More"，他访问 Google 搜索引擎，输入关键词（　　），搜索范围更为有效。

　　A. Yesterday Once More　　　　　　　　　B. "Yesterday Once More"

　　C. "Yesterday Once More"　　　　　　　　D. "Yesterday"+"Once"+"More"

4. 若要查询有关手机的信息，但不希望找到同名《手机》电影的信息，下面哪种搜索方式更合适？（　　）

　　A. 手机-电影　　　　B. 手机 电影　　　　C. 手机+电影　　　　D. 手机电影

5. 某同学有一个旧的 MP3 音乐播放器想卖掉，可又不知道谁想要，于是他想到现在很流行的网上购物交易，你建议他到以下哪个网站出售 MP3？（　　）

　　A. Yahoo　　　　　　B. 淘宝网　　　　　　C. GOOGLE　　　　　D. 百度

三、填空题

1. 从检索对象的性质来看，存在有三种类型的信息检索，分别为＿＿＿、＿＿＿、和事实检索。

2. 写出至少三种网络信息检索的途径：＿＿＿、＿＿＿、＿＿＿。

3. 阅读.pdf 格式的文件时，应选用的阅读器为＿＿＿。

4. 指定必须在清华大学网站上搜索该校的招生简章，就应该输入＿＿＿＿＿＿＿。

5. 要搜索标题中包含"北京 2008 奥运"的信息，就可以输入＿＿＿＿＿＿＿。

6. 现在要在网上搜索关于"信息检索"的论文，就应该输入＿＿＿＿＿＿＿。

四、上机练习题

1. 在 Google 中搜索自己的名字。

2. 用地图搜索自己正在就读的大学地址。

3. 请大家充分利用期刊网、学位论文库和搜索引擎搜索一批跟自己所学专业有关的学术论文。

4. 请利用搜索引擎搜索一批跟自己所学专业有关的英文 PDF 文献。

5. 请利用搜索引擎搜索一些跟自己所学专业有关的 PowerPoint 演示文稿。

6. 请搜索一些主题为"春天"的桌面图片。

第 **12** 章 网页制作

上网时，大家看到的每一个页面都称为一张"网页"，一张网页其实就是一个文本文件，一般采用 HTML 语言来编写，扩展名通常为.htm 或.html 等。有时为了增强网页效果，还会用到 ASP、JSP、PHP、Java、Javascript 等程序设计语言。

12.1　网页与网站

当使用浏览器来浏览网页时，浏览器会自动对网页的源代码进行解释并在窗口中显示出对应的文字、图片等对象，如图 12-1 所示。

在图 12-1 中依次选择"查看"→"源文件"命令，就会打开如图 12-2 所示的记事本窗口，并显示网页的源代码。

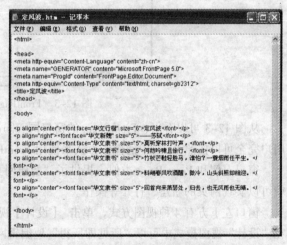

图 12-1　浏览器中的网页　　　　　图 12-2　网页的源代码

所谓的网站就是一系列网页文件和其他相关文件的集合，这些网页和文件通常存储在一个总文件夹内，在文件夹内部再把网页和其他文件按照网页之间的逻辑关系分门别类地存储在各个子文件夹内，以便于对整个网站的组织和管理。网站中的图片通常存储在各个"images"文件夹内。网站的首页就是浏览器中输入站点域名后打开的第一个页面，通常将其命名为"index.htm"、"index.html"、"default.htm"或"default.html"。

通常用来制作网页的工具有两类：一类为文本编辑器，用户可以直接在编辑器中对网页的HTML 源代码进行编辑，并通过 IE 来预览代码的显示效果，如记事本、EditPlus 等软件，但这类编辑器要求用户掌握比较高级的 HTML 知识；另一类为"所见即所得"的可视化网页编辑工具，用户可以直接在工作界面中插入文本、图片、视频等各种对象，应用程序会自动将所有对象转换成对应的 HTML 源代码，这类软件主要有 FrontPage、Dreamweaver 等，它们不需要用户掌握高深的 HTML 知识，比较适合普通用户使用。

12.2　FrontPage 2003 简介

FrontPage 2003 是 Office 2003 系列办公软件中的一员，专门用于创建网站和制作各种网页。它具有"所见即所得"的功能，用户不需要对 HTML 语言有任何了解，只需利用鼠标和各种菜单命令即可对网页中各类对象进行可视化编辑，从而创建出美观实用的网页。

作为 Office 家族的一员，FrontPage 的安装、启动和退出方法都和 Office 系列的其他软件基本相同，很多 Office 软件中的快捷方式也可在 FrontPage 中继续沿用（如【Ctrl + C】、【Ctrl + V】等）。

依次选择"开始"→"所有程序"→"Microsoft FrontPage"命令，就可以打开如图 12-3 所示的 FrontPage 2003 窗口。

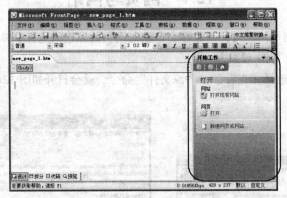

图 12-3　FrontPage 2003 窗口

从图 12-3 可以看出，FrontPage 的窗口同 Word 的窗口十分类似，上面有菜单栏、工具栏，用户完全可以按照 Word 中的操作方式来使用 FrontPage。

窗口右侧和 PowerPoint 类似，提供了"新建网页或站点"等任务窗格，在其中单击相应命令就可以实现网页的新建、打开等操作。

窗口左下方有 4 种视图方式，单击【设计】视图按钮之后，即可切换到"设计"视图模式，在"设计"视图模式中可以"所见即所得"地编辑网页；单击【拆分】视图按钮之后，即可切换到"拆分"视图模式，在"拆分"视图模式中上面显示的是代码，下面显示的是设计页面；单击【代码】视图按钮之后，即可切换到"代码"视图模式，在"代码"视图下，显示的是网页代码的内容；单击【预览】视图按钮，则可以浏览网页。

12.3　制作一张简单的网页

下面将用 FrontPage 制作一个简单的网页。

12.3.1　准备工作

在制作网页之前，最好新建一个文件夹用来存储网站的网页文件和所有相关文件，这里在"我的文档"文件夹下新建一个名为"My Webs"的文件夹作为网站的根目录，在根目录下创建一个名为"images"的文件夹用来存储网站中用到的图片、Flash 动画、声音等文件。

在制作网页的过程中，如果用到了网站根目录以外的其他文件，最好事先将其复制到"My Webs"文件夹之下，以免出错。

12.3.2 制作网页

启动 FrontPage 时，会自动创建一张新网页"new_page_1.htm"，大家可以同 Word 中一样，直接在网页中输入中英文、数字和各种符号等，如图 12-4 所示。

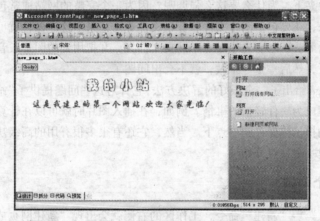

图 12-4 在网页中输入文字

输入内容后，还可以利用"格式"工具栏或字体、段落对话框等对文字的格式进行设置。和 Word 中有区别的是，在网页里文字字号不像 Word 中那样可以设置任意大小，它只有七级大小，段落的格式设置可能和 Word 里也有一些小的差别。

制作完毕后，依次选择"文件"→"保存"命令，就会出现如图 12-5 所示的"另存为"对话框。在对话框中选择网页保存的位置（这里选择 12.3.1 中创建的 My Webs 文件夹），在"文件名"文本框中为该网页命名（这里命名为 notice.htm），单击【保存】按钮即可。

图 12-5 "另存为"对话框

12.3.3 浏览自己制作的网页

如果想浏览自己制作的网页，一般有如下几种方法：

- 在制作过程中，单击图 12-4 主窗口下方的【预览】视图按钮可以预览实际效果。
- 依次选择"文件"→"用浏览器预览"命令，即可打开浏览器，浏览自己制作的网页。
- 也可以在资源管理器或我的电脑中找到该网页文件"myIndex.htm"，双击该文件即可用浏览器打开网页。

12.4　建立一个完整的网站

在第 12.3.1 节中一再强调，一定要先建立一个网页文件夹，并把用到的图片文件和音乐文件事先都存放到该文件夹下，为什么要这么强调呢？因为一个完整的网站通常包括若干张网页，彼此用超链接连接起来，还要包括图片文件和音乐文件等。如果不这样做，就可能会出现错误，例如图片不能正常显示等。所以要先建立一个网页文件夹，并把用到的图片、音乐及其他文件都事先存放到该文件夹下，然后一张一张做，就不会出问题了。

事实上，FrontPage 给出了一个很好的解决方法，它针对这些问题提供了"站点管理解决方案"，该方案使得站点管理成为一件轻松的事情。例如，在插入图片时就可以在计算机里任意选择图片文件，保存时会自动提示你保存到站点下。当然，它还有很多很有用的高级功能。所以，在制作网页时，最好从新建一个站点开始。

12.4.1　新建一个网站

依次选择"文件"→"新建"命令，工作区的右侧就会出现"新建网页或站点"任务窗格，在任务窗格中"新建"栏下选择"其他网站模板"命令，会出现如图 12-6 所示的"网站模板"对话框。

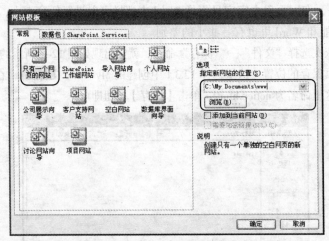

图 12-6　"网站模板"对话框

在图 12-6 中"常规"选项卡下选择一种站点模板，在"指定新网站的位置"中直接输入或单击【浏览】按钮选择需要建立新站点的位置（这里为"C:\My Documents\www\"），单击【确定】按钮即可建立一个新站点，如图 12-7 所示。

在新建的只有一个空白网页的站点"www"中，"index.htm"为默认的首页，"images"文件夹用来存储网页中所用到的图片等文件，"_private"文件夹用来存放 FrontPage 自动生成的一些关于网站属性的文件。

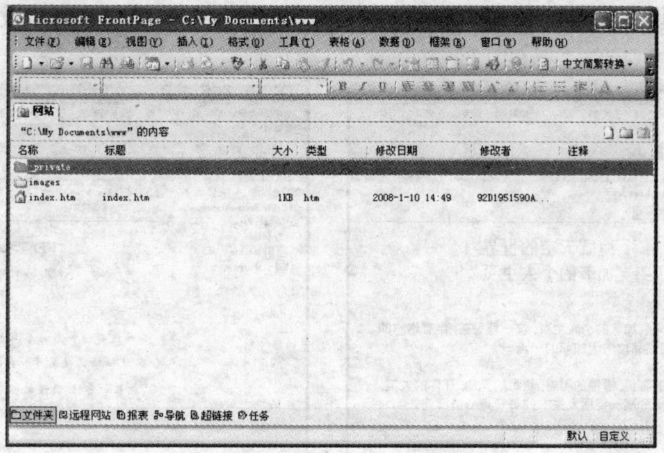

图 12-7 新建站点"www"

注意：在确定新站点的位置时，若输入的位置不存在该文件夹，那么 FrontPage 将会自动在该位置创建该文件夹。

12.4.2 网站的管理

网站管理可以在如图 12-7 所示的文件夹列表中进行。

对准站点根目录右击，在弹出的快捷菜单中选择"新建"→"网页"命令，如图 12-8 所示，即可新建一张网页，并显示在右侧网页窗格中。默认名称通常为"new_page_1.htm"等。在新建网页上进行编辑之后，将其保存到站点根目录下的相应文件夹中即可完成新网页的创建，这时在文件夹列表中将出现该新网页的名称。

图 12-8 站点根目录右键快捷菜单

在文件夹列表中选定某一个文件夹后右击，在快捷菜单中选择"新建"→"文件夹"命令，即可在当前文件夹下建立一个子文件夹。站点中的文件夹通常用来分门别类地存储网页中所用到的图片、音乐、视频等文档。

此外，利用文件夹列表中的右键快捷菜单还可以实现文件和文件夹的复制、移动和删除等操作。

选择"文件"→"关闭网站"命令，可以关闭当前站点；选择"文件"→"打开网站"命令，可以打开站点。

12.5 在网页中插入基本元素

我们通常会在网页中添加文字、图片、表格、超链接等元素，以丰富网页的内容。

12.5.1 在网页中添加文字

在网页中添加文字同 Word 中的操作基本类似，用户可以直接利用键盘输入各种文本，还可以利用"格式"工具栏和"字体"、"段落"对话框来进行文本的格式设置，如图 12-9 所示。

输入文字后，可以改变文字的大小、颜色、位置和段落间距等属性来使它们看起来更漂亮些。这里将标题的两行设置成"隶书"、"深蓝色"、"加粗"、"5 号"，将正文部分设置为"华文行楷"、"4 号"，如图 12-10 所示。

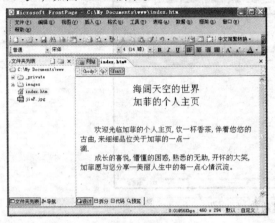 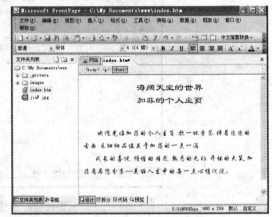

图 12-9　在网页中添加文字　　　　　图 12-10　对文字进行格式设置

注意：在设置文字格式的时候，尽量为文字设置一些常用的字体，如宋体、隶书、楷体等，因为当浏览者浏览网页时，浏览者是通过调用本地计算机上的字体文件来查看网页的，如果网页中使用的字体在本地计算机上不存在，则将自动用宋体显示这些文字，这将在很大程度上影响网页设计者的本意和网页的美观。所以通常的文本都设置为宋体、12 磅或 10 磅为好。如果非常需要使用某种特殊字体来表达特殊效果，可以将该部分文字制作成图片插入到网页中。

12.5.2　在网页中添加图片

在网页中添加适当的图片可以给网页增色不少。依次选择"插入"→"图片"→"来自文件"命令，在出现的"图片"对话框中选择需要插入的图片，单击【插入】按钮即可在网页中插入图片，如图 12-11 所示。选择"插入"→"图片"→"剪贴画"命令可以在网页中插入剪贴画，具体步骤同 Word 中的有关操作。

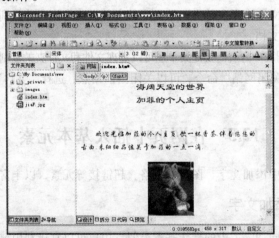

图 12-11　在网页中插入图片

对于插入的图片，编辑方法同 Word 中图片的编辑方法是类似的，可以利用工具栏、对话框（在快捷菜单中选择"图片属性"命令）等来调整图片的大小，设置文字环绕方式等。如图 12-12 所示便是将图片的环绕样式设置为"左"，这样在图片的右侧就可以继续输入很多行文字了。

最后，在保存网页时，如果图片来自于网站根目录之外，则会出现如图 12-13 所示的"保存嵌入式文件"对话框，在对话框中单击【更改文件夹】按钮可以选择图片要保存到的位置，直接单击【确定】按钮即可将其保存到网站根目录下。本例中将其保存到了 images 文件夹下。

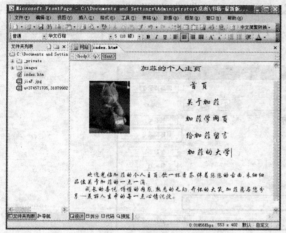

图 12-12 设置图片的环绕方式

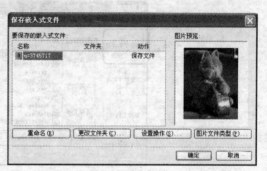

图 12-13 "保存嵌入式文件"对话框

12.5.3 在网页中添加超链接

网页的一个迷人之处就在于其超链接的使用，浏览者可以利用超链接从一个网页跳到其他网页，从而自由地漫游在网络的海洋中。当用鼠标指向某个超链接时，通常该超链接会变色或发生某种变化，同时光标会变成手形，这时单击该超链接，即可转向该超链接所指向的网站。

1. 链接到另一个网页

现在就将图 12-12 中"关于加菲"这 4 个字链接到对应的"关于加菲"的页面。在网页中选中文本"关于加菲"，右击，在快捷菜单中选择"超链接"命令，就会出现如图 12-14 所示的"插入超链接"对话框。

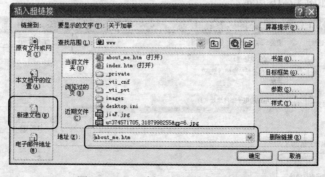

图 12-14 "插入超链接"对话框

由于"关于加菲"的网页还未做好，可以在对话框中选择"新建文档"选项，并在"新建文档名称"中输入该网页的名称，单击【确定】按钮即可新建一个网页并链接到该网页。

技巧：如果要链接到本站内已经存在的网页，只需单击图 12-14 中左侧"原有文件或网页"选项，然后在新出现的对话框中选择该网页即可。

2．链接到一个网址

与上面类似，在图 12-12 中选中"加菲的大学"这 5 个字后右击，在快捷菜单中选择"超链接"命令，在出现的"插入超链接"对话框左侧选择"原有文件或网页"选项，并在"地址"栏中输入网址"http://www.pku.edu.cn"，单击【确定】按钮，就可以将"加菲的大学"链接到北京大学的主页了，如图 12-15 所示。

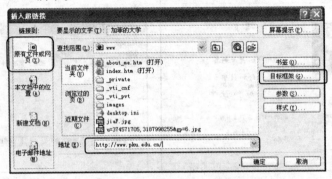

图 12-15　链接到某一个网址

技巧：如果希望在新的窗口中打开北京大学网站，请单击图 12-15 右侧的【目标框架】按钮自行尝试。

3．链接到电子邮箱

大家在浏览别的网站时，经常会看到将主页作者的电子邮件地址设置为超链接，单击该超链接就可以给作者写信了。方法如下：

在图 12-12 中选中"给加菲留言"这 5 个字后右击，在快捷菜单中选择"超链接"命令，在出现的"插入超链接"对话框左侧选择"电子邮件地址"选项，并在"电子邮件地址"栏中输入加菲的 E-mail 地址：jiafei@pku.edu.cn，单击【确定】按钮，就可以将"给加菲留言"链接到加菲的电子信箱了，如图 12-16 所示。

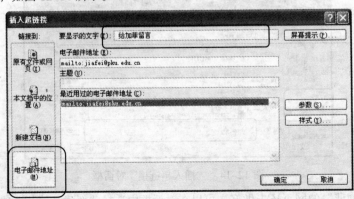

图 12-16　链接到电子邮件地址

现在已经给图 12-12 中 3 个栏目都加上超链接了，可以注意到这 3 个栏目都已经变了颜色，并自动加上了下画线，现在可以单击【预览】视图按钮看一下效果。

技巧：其实可以将超链接指向任意文件，如图片或压缩文件，方法和上面类似。另外，也可以给图片添加超链接，只需先选中图片，然后用相同的方法添加即可。

12.5.4　在网页中使用表格

在网页中适当地使用表格，一方面可以用列表的方式表现各种数据，另一方面有利于页面的排版。下面就将首页用表格重新排列一下。

1．插入表格

依次选择"表格"→"插入"→"表格"命令，会出现如图 12-17 所示的"插入表格"对话框。在对话框中设置表格的行数和列数，调整表格的对齐方式、边框粗细、单元格边距、单元格间距等属性，设置表格的宽度，然后单击【确定】按钮，即可在网页中插入 8×2 的表格。

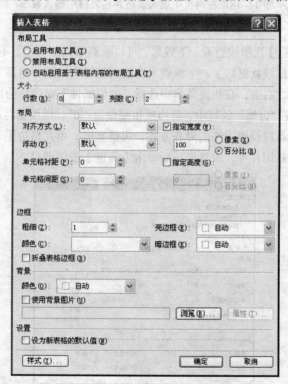

图 12-17　"插入表格"对话框

2．对表格的操作

可以用 Word 中表格的处理方法来对网页中的表格进行各种增删、调整大小等操作。如果对表格不满意，可以选中所需要的单元格，右击，在快捷菜单中选择"合并单元格"和"拆分单元格"命令来进行调整。然后可以将首页中的各个项目用鼠标直接拖动到对应的单元格里，如图 12-18 所示。

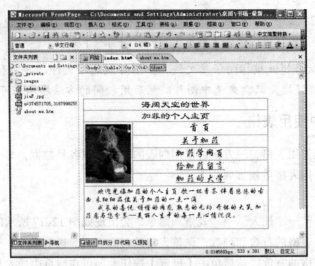

图 12-18　在网页中插入表格并在表格中输入数据

3．表格的设置

现在可以单击【预览】视图按钮看一下效果，可以看到布局整齐了，不过可能还有一点遗憾，如果能够不显示表格边框线就更好了。下面就来讲解如何对表格进行略微复杂些的设置。

将光标放在表格内，右击，在快捷菜单中选择"表格属性"命令，会出现如图 12-19 所示的"表格属性"对话框。在"边框"区域中，将边框粗细设为"0"，则预览时就看不到边框线了。此外，在这个对话框中还可以设置表格的对齐方式、边框宽度、单元格边距、单元格间距和整体宽度、表格背景颜色和背景图片等。设置完毕后单击【确定】按钮即可。

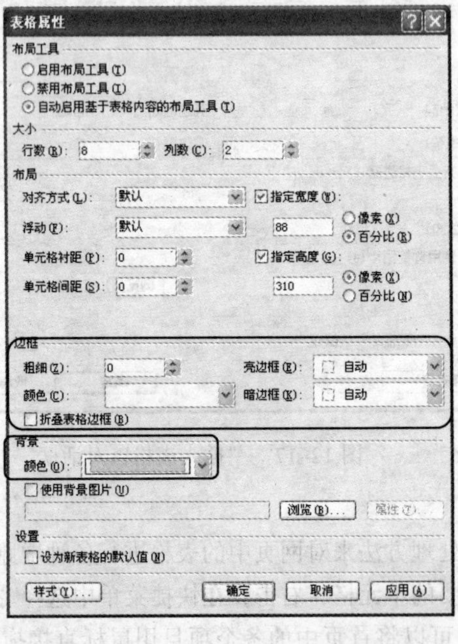

图 12-19　"表格属性"对话框

其实不仅可以给整个表格设置属性，选中部分单元格后右击，在快捷菜单中选择"单元格属性"命令，会出现与图 12-19 类似的"单元格属性"对话框，可以在对话框中设置单元格的对齐方式、宽度、边框、背景等属性。最后网页的预览效果如图 12-20 所示。

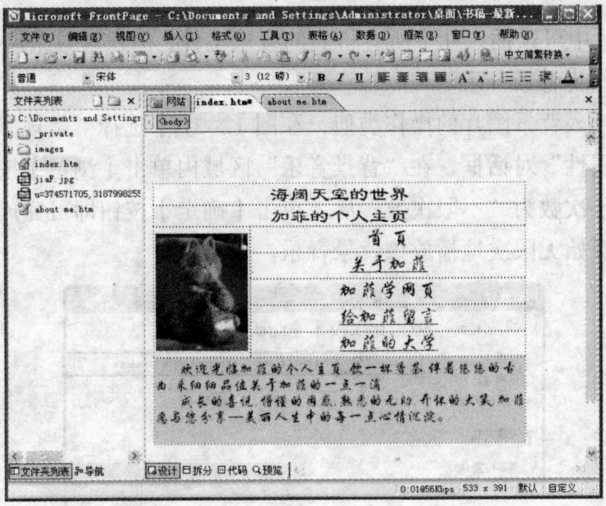

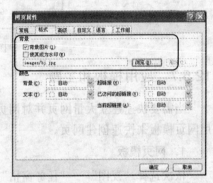

图 12-20　利用表格排版的预览效果

12.5.5　在网页中添加背景图片

为网页加上恰当的背景图片，可以使网页看起来更加生动活泼。几乎所有的图片格式都可以插入到网页中，但最常使用的是 jpg 和 gif 这两种格式，因为这两种格式的图片体积较小，适合网络传输。

依次选择"格式"→"背景"命令，或者右击，在快捷菜单中选择"网页属性"命令，就会出现如图 12-21 所示的"网页属性"对话框。选中"背景图片"复选框，并单击【浏览】按钮找到合适的背景图片，单击【确定】按钮即可为网页添加背景图片。

图 11-21　"网页属性"对话框

添加了背景图片的网页预览效果如图 12-22 所示。

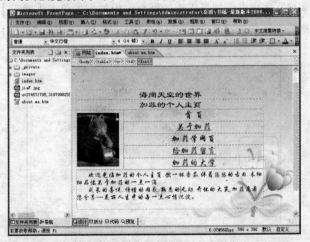

图 12-22　网页背景图片预览效果

12.5.6　在网页中添加背景音乐

从理论上说，网页中可以插入几乎所有格式的音乐文件，但通常只采用体积较小的 midi 音乐或很短的 wav 文件来作为背景音乐。

插入背景音乐和插入背景图片的操作类似，在图 12-21 中选择"常规"选项卡，会出现如图 12-23 所示的"网页属性"对话框。在"背景音乐"区域内单击【浏览】按钮选择需要加入网页的背景音乐，设置循环次数为"不限次数"后，单击【确定】按钮即可完成背景音乐的设置。此后，打开该网页即可开始无限次地播放该背景音乐。

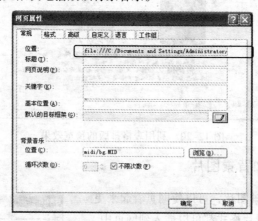

图 12-23　添加背景音乐

12.5.7　应用模板和主题

当需要快速建立大量网页并对网页进行格式设置时，一一进行设置会过于烦琐，这时可以利用网页模板来快速创建网页。

1．网页模板

依次选择"视图"→"任务窗格"命令，使窗口右侧显示"新建网页或网站"任务窗格。在任务窗格中"新建网页"区域中选择"其他网页模板"，会出现如图 12-24 所示的"网页模板"对话框，在对话框中"常规"选项卡下选择需要的网页模板类型，单击【确定】按钮，即可在当前网站中创建一张与模板格式相同的新网页"new_page_1.htm"。大家只需替换图片和文字即可。

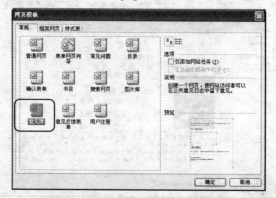

图 12-24　"网页模板"对话框

2．网站模板

在"新建网页或网站"任务窗格中"新建网站"区域中选择"其他网站模板"命令，会出现如图 12-25 所示的"网站模板"对话框，可以新建一个网站，也可以在选择网站模板后，选中"添加到当前网站"复选框，即可将该模板添加到当前正在编辑的网站。

3．应用主题

FrontPage 具有"主题"功能，在每个"主题"中都为网页中的每个对象规定了一系列同主题风格相符的格式，利用该功能可以对大量网页迅速进行格式设置。

图 12-25 "网站模板"对话框

依次选择"格式"→"主题"命令，在右侧的"主题"任务窗格中会出现如图 12-26 所示的"主题"列表。

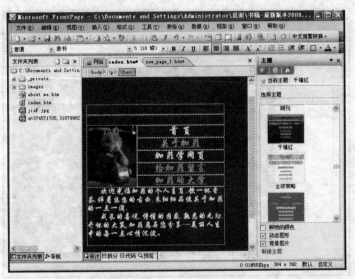

图 12-26 对网页应用主题

在列表中选择要应用的主题类型，单击【确定】按钮即可将该主题应用到当前网页，另外，还可以通过"新建主题"功能修改颜色、图形、文本来自定义主题样式。

12.6　在网页中添加其他元素

除了以上的元素以外，还可以在网页中添加活动元素，活跃网页的版式。

12.6.1　插入滚动字幕

利用滚动字幕可以使文本像走马灯一样在网页中滚动，使网页看起来更加生动活泼。

依次选择"插入"→"Web 组件"命令，会出现如图 12-27 所示的"插入 Web 组件"对话框。

在"组件类型"列表框中选择动态效果，并在右侧效果列表中选择"字幕"效果，单击【完成】按钮，会出现如图 12-28 所示的"字幕属性"对话框。

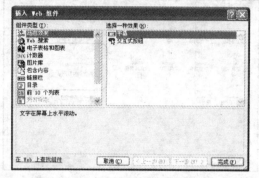

图 12-27　"插入 Web 组件"对话框

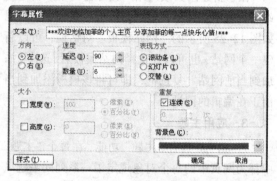

图 12-28　"字幕属性"对话框

在"文本"文本框中输入字幕的文本，设置表现方式、滚动方向、速度、字幕大小、重复和背景色等属性后，单击【确定】按钮即可在当前插入点处插入字幕。插入的字幕如图 12-29 所示，浏览网页时会看到它会自动滚动。

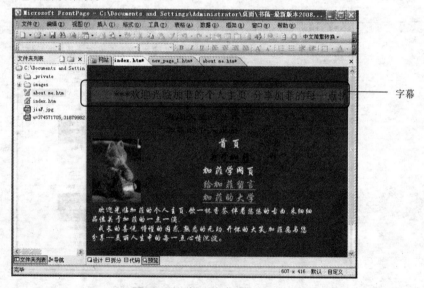

图 12-29　插入字幕

插入字幕后，还可以利用"格式"工具栏更改文字的格式，只需选中字幕，在"格式"工具栏中修改即可。对准字幕右击，在快捷菜单中选择"字幕属性"命令，会出现"字幕属性"对话框，可以重新设置。

12.6.2　插入交互式按钮

交互式按钮也是超链接的一种，只不过当鼠标移至交互式按钮上时，按钮上不会出现下画线，而表现为按钮颜色的变化，丰富了网页的内容。下面就把"加菲学网页"转换成交互式按钮。

将插入点移至"加菲学网页"所在的单元格，删除"加菲学网页"这几个字后，再次选择"插入"→"Web 组件"命令，会出现如图 12-27 所示的"插入 Web 组件"对话框。在"组件类型"列表框中选择动态效果，并在右侧效果列表中选择"交互式按钮"效果，单击【完成】按钮，会出现如图 12-30 所示的"交互式按钮"对话框。

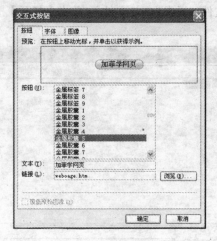

图 12-30　"交互式按钮"对话框

在"交互式按钮"对话框中设置按钮的文本为"加菲学网页"，并单击【浏览】按钮将该按钮链接到对应的页面 webpage.htm，可以在"字体"和"图像"选项卡中来设置按钮的图像、宽度和高度以及按钮上文本的颜色、字体等属性，设置好后单击【确定】按钮即可。预览效果如图 12-31所示。

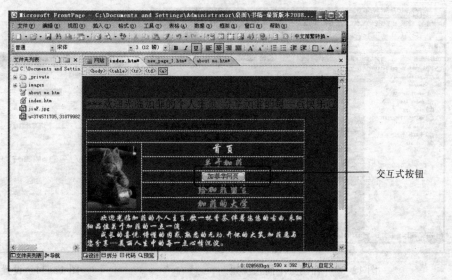

图 12-31　插入交互式按钮的预览效果

对准交互式按钮右击，在快捷菜单中选择"交互式按钮属性"命令，会出现"交互式按钮"对话框，可以重新设置。

12.6.3　插入视频

在网页中插入恰当的视频文件，可以更恰当地表达网页的内容，并可以活跃网页的气氛。但是视频文件的体积不能过大，否则会影响网页的传输。

在 FrontPage 中，视频是作为图片的一种插入到网页中的。将插入点定位到需要插入视频的位置，依次选择"插入"→"图片"→"视频"命令，会出现如图 12-32 所示的"视频"对话框。在对话框中选择恰当的视频文件（通常为.avi 文件），单击【打开】按钮，即可在插入点处插入视频。

图 12-32 "视频"对话框

插入的视频如图 12-33 所示。如果希望对插入的视频进行进一步的设置，可以在插入的视频上右击，在快捷菜单中选择"图片属性"命令，会出现如图 12-34 所示的"图片属性"对话框，可以对视频的来源、循环次数和延迟、开始播放的方式进行设置。

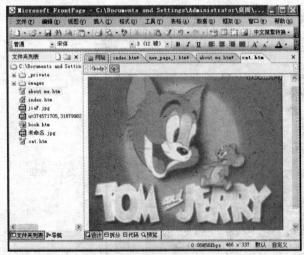

图 12-33 在网页中插入视频

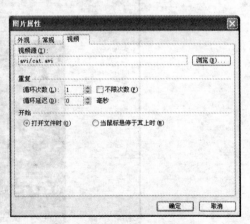

图 12-34 设置视频属性

12.6.4 使用图像映射

利用图像映射可以为一张图片的不同部分加上不同的"热点"区域，为每个热点加上不同的超链接，从而使得在网页上单击相应热点即可链接到相应区域，方便快捷、美观大方。

选中需要添加图像映射的图片，在出现的"绘图"工具栏中单击恰当的热点绘制工具，如图 12-35 所示，在图片中需要添加热点的地方按住鼠标左键并拖动即可开始绘制热点。

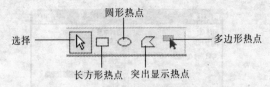

图 12-35 "图片"工具栏中的热点绘制工具

绘制完成后松开鼠标左键会出现如图 12-36 所示的"插入超链接"对话框,可以在对话框中为该热点设置超链接。

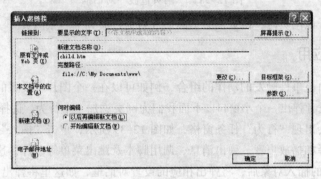

图 12-36 "插入超链接"对话框

设置完热点的网页图片如图 12-37 所示。可以在图 12-35 中单击【选择】按钮,在图片中移动热点的位置,当然也可以删除热点。

图 12-37 在图片上设置热点

12.6.5 应用网页过渡

网页过渡效果与幻灯片中的切换效果类似,下面就为网站的首页添加过渡效果。

依次选择"格式"→"网页过渡"命令,会出现如图 12-38 所示的"网页过渡"对话框。在"事件"下拉列表中可以设置一种事件,在"过渡效果"列表框中选择一种效果,在"周期"栏中设置过渡效果保留的时间后,单击【确定】按钮即可完成过渡效果的设置。

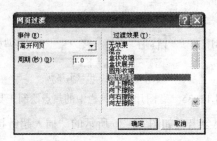

图 12-38　"网页过渡"对话框

这样，每当离开该网页时，网页便会呈圆形放射地过渡到下一张网页。

12.6.6　行为的应用

行为是事件和由该事件触发的动作的组合，例如可以在一个图片上设置的行为有当鼠标移上去后就播放声音，或者弹出一个小窗口。下面我们为网页添加一个行为，选择"格式"→"行为"命令，页面的右侧会出现"行为"任务窗格，如图 12-39 所示，单击"插入"向下箭头按钮，在弹出的菜单中可选择如播放声音、弹出消息、调用脚本及跳出菜单等事件，这里我们选择"弹出消息"，在选择指定的插入对象后，将弹出相应的设置对话框，如这里将弹出如图 12-40 所示的对话框，在其中输入"欢迎您的光临,我是开心的加菲!"后，单击【确定】按钮就能看到列表中增加了一条事件，单击事件的下拉按钮，所有事件均会显示出来，可以按需要从中选择一种激发该行为的事件即可，例如，此处选"Onload"，表示网页一装载，就弹出消息框，预览网页，弹出消息框，如图 12-41 所示。

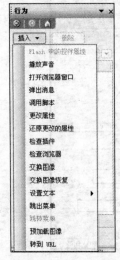

图 12-39　"行为"任务窗格

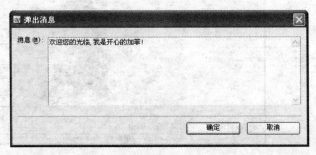

图 12-40　"弹出消息"对话框

图 12-41　应用"行为"弹出的消息框

12.7　框架网页的使用

利用框架网页，可以在同一个浏览器窗口内查看两个或多个窗口的内容，每个窗口中显示不同的网页内容。如图 12-42 所示便是一个典型的框架网页，浏览器窗口中共显示了 3 个页面，分别为上面的 up.htm、左侧的 left.htm 和右侧的 main.htm。在左侧窗口中单击某一个超链接，会在右侧主窗口中打开超链接所对应的网页。

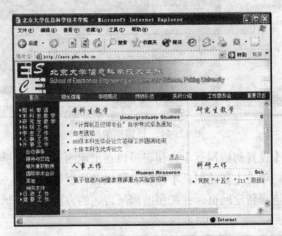

图 12-42　典型框架网页

12.7.1　新建框架网页

依次选择"视图"→"任务窗格"命令，使窗口右侧显示"新建网页或网站"任务窗格。在任务窗格中"新建网页"区域中选择"其他网页模板"命令，会出现"网页模板"对话框。

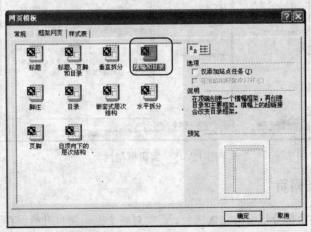

图 12-43　"框架网页"选项卡

选择"框架网页"选项卡，如图 12-43 所示，并选择合适的框架网页类型，单击【确定】按钮，即可新建一个框架网页，如图 12-44 所示。

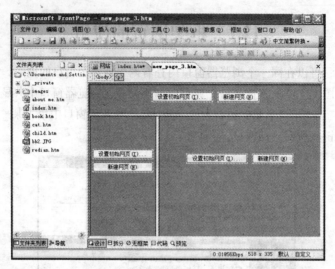

图 12-44　新建框架网页

在框架网页中单击【设置初始网页】按钮，可以在出现的"插入超链接"对话框中寻找需要在该框架内显示的网页；单击【新建网页】按钮，可以在该框架内显示一个新建网页，并在该网页上进行编辑。这里都选择新建网页，并按照前面所讲述的方法进行编辑。编辑完毕的网页如图 12-45 所示。

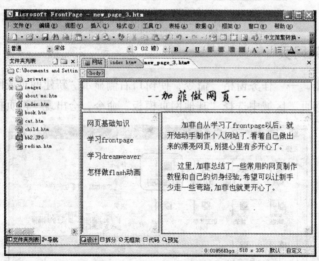

图 12-45　编辑框架网页

12.7.2　保存框架网页

当框架网页的各个部分都编辑完成之后，需要对整个框架网页进行保存。选择"文件"→"保存"命令，会出现如图 12-46 所示的"另存为"对话框。可以按照对话框所提示的步骤将框架网页的各个部分逐个保存。

注意：一个 3 栏的框架网页保存时共有 4 个部分，除了每一栏所对应的网页外，还有整个框架需要保存，共 4 个文件。通常可将上面一栏命名为 up.htm，左侧一栏命名为 left.htm，右侧一栏命名为 main.htm，整个框架命名为 index.htm。

图 12-46　"另存为"对话框

12.7.3　框架网页中的超链接

在框架网页中设置超链接的步骤同一般超链接的设置相同，唯一有区别的是在"编辑超链接"对话框中要单击【目标框架】按钮，在"目标框架"对话框中设置链接的目标框架。如图 12-47 所示，在左侧框架示意图中单击链接网页要显示的位置，或在右侧目标区列表框中选择目标区域，单击【确定】按钮，即可完成链接目标框架的设置。通常目标框架都为"main"框架，这样单击左侧的链接，就会在右侧主框架中打开所链接到的网页。

图 12-47　"目标框架"对话框

技巧：一般来说，可以将框架网页所涉及的网页事先都做好，然后再打开框架网页，逐一添加超链接。

12.8　利用 Dreamweaver 制作网页

Dreamweaver 是由 Adobe 公司出品的一款制作网页的专业软件，与 Fireworks、Flash 并称为网页制作的"三剑客"。同 FrontPage 类似，Dreamweaver 也是一款"所见即所得"的可视化软件，但它比 FrontPage 更为专业，可以制作出更加精美的网页，适合专业的网页设计师使用。

12.8.1　Dreamweaver 窗口组成

启动 Dreamweaver 后，将出现如图 12-48 所示的工作窗口。该窗口同 Flash 窗口非常类似，从上至下分别为菜单栏、"常用"工具栏、工作区和状态栏；此外还有各种浮动面板，如上部的"插入面板"、下部的"属性面板"以及右端的"CSS 面板"和"文件面板"等，利用这些面板几乎可以在网页中插入和编辑所有对象。

用鼠标拖动浮动面板的标题栏可以移动面板的位置；单击面板右上角的【关闭】按钮可以关闭该面板；在"窗口"菜单中选择面板的名称可以控制面板的显示和隐藏。

窗口的中间为编辑区，可以在插入点处输入文字和插入图片、表格等各种对象。

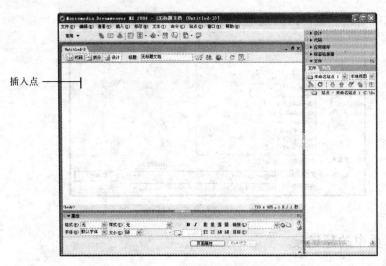

图 12-48　Dreamweaver 工作窗口

12.8.2　一个简单的例子

1. 定义网站

在 FrontPage 中，在制作网页之前，最好先建立一个网站，以便于网站将来的组织和管理，在 Dreamweaver 中也是如此，制作网页之前先要定义网站。

依次选择"站点"→"新建站点"命令，在出现的"新建站点"对话框中单击【高级】按钮，会出现如图 12-49 所示的站点定义对话框。

图 12-49　站点定义对话框

在对话框中输入网站的名称，单击【浏览】按钮，在弹出的对话框中确定网站文件夹的位置，单击【选择】按钮后，即可将这个新网站添加到站点定义对话框中。在站点定义对话框中单击【确定】按钮即可完成新网站的定义，会出现如图 12-50 所示的"站点"窗口，这样一个名为"www2"的网站就建成了。

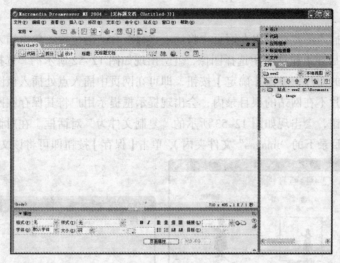

图 12-50 "站点"窗口

"站点"窗口中间有一个"视图"下拉列表框，初始为本地视图。在右侧窗口中对准某个文件夹右击，在快捷菜单中选择"新建文件"命令，即可在该文件夹下新建一个网页；同理，在右键快捷菜单中选择"新建文件夹"命令，可以在该文件夹下建立一个子文件夹。

本地文件夹同资源管理器中的文件夹列表类似，利用右键快捷菜单就可以方便地实现文件和文件夹的复制、移动、删除和重命名等操作。

2．制作简单的网页

下面可以在本地文件夹中新建一张网页，将其重命名为"index.htm"，然后双击该文件，在编辑窗口将其打开进行编辑。

（1）添加文字

若要在网页中添加文字，只需直接在插入点处用键盘输入文字即可。输入完毕后，选中需要进行格式设置的文字，在属性面板中设置文字的字体、字形、字号、对齐方式和颜色等属性。

注意：设置文字字体时，可能字体下拉列表中不存在想要的字体，这时可以选择列表最末端的"编辑字体列表"命令，打开如图 12-51 所示的"编辑字体列表"对话框，在对话框右下角可用字体框中选择需要的字体，单击向左的箭头按钮，即可将该字体加入到字体列表中，单击【确定】按钮，可以回到编辑状态。

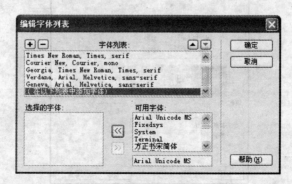

图 12-51 "编辑字体列表"对话框

（2）插入图片

若要在网页中插入图片，可以在网页中将插入点移至合适的位置，单击插入面板中的【插入图像】按钮，然后在下拉列表中选择图像，就会出现如图 12-52 所示的"选择图像源文件"对话框，选择要插入的图片，单击【确定】按钮，即可在网页中插入点处插入该图片。

如果插入的图片不在网站的根目录内，会出现提示框提示用户将其保存在网站之内，在提示框内单击【是】按钮，会出现如图 12-53 所示的"复制文件为"对话框。在对话框中选择要保存的位置（通常在根目录下的"images"文件夹内），单击【保存】按钮即可将该文件复制到网站内。

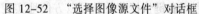

图 12-52　　"选择图像源文件"对话框　　　　　　图 12-53　　"复制文件为"对话框

（3）添加超链接

若要对图片或文字添加超链接，可以选定该图片或文字，在属性面板中的"链接"栏中单击【浏览】按钮，在对话框中寻找需要链接到的文件，或者直接在"链接"栏中输入要链接到的网址，即可为该图片或文字加上超链接。

（4）插入表格

如果需要在网页中插入表格，可以在网页中将插入点移至合适位置，单击插入面板中的【插入表格】按钮，会出现如图 12-54 所示的"表格"对话框。在对话框中设置要插入表格的行数、列数、宽度、边框粗细、单元格边距和单元格间距等属性，单击【确定】按钮即可在插入点处插入表格。

当网页设置完成后，可以选择"文件"→"保存"命令将所做的改动加以保存。如果需要预览该网页，可以直接按【F12】键在浏览器中预览该网页。

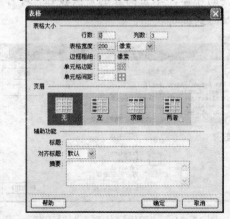

图 12-54　　"表格"对话框

12.8.3　插入 Flash 影片

Flash 动画是当前网络上非常流行的动画格式，如果需要在网页中插入 Flash 动画，可以在网页中将插入点移至合适位置，单击插入面板中的【插入媒体】按钮，然后选择 "Flash"，在出现的 "选择文件" 对话框中寻找合适的 Flash 动画文件，然后单击【确定】按钮即可将其插入到网页。

如果插入的 Flash 动画不在网站的根目录内，会出现提示框提示用户将其保存在网站之内，在提示框内单击【是】按钮，会出现如图 12-53 所示的 "复制文件为" 对话框。在对话框中选择要保存的位置，单击【保存】按钮即可将该动画复制到网站内。

12.8.4　层的概念

网页中除了使用表格排版以外，还可以利用 "层" 来进行排版。层类似于 Word 中的矩形文本框，可以定位在网页中的任何位置，可以重叠在表格的上方，从而营造出奇妙的效果。

若要在网页中插入层，可以单击插入面板中的 "布局"，然后选择【AP Div】按钮，在网页中要绘制层的左上角处按住鼠标左键并拖动至层的右下角，放开鼠标，即可绘制出一个矩形的层。

在层中可以插入文字、图片、动画、视频等多种对象。将鼠标指针移至层的边缘处，指针会变成十字箭头，后单击层的左上角会出现控制柄，同时层的四角和四边上会出现 8 个控点。这时用鼠标拖动层左上角的控制柄可以移动层的位置，拖动层四周的控点可以改变层的大小。

图 12-55 便是在图片上绘制了一个层并输入文字，从而营造出文字浮于图片之上的效果。

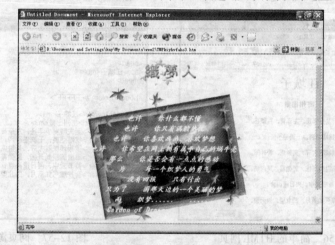

图 12-55　层的应用

注意：由于 "层" 是绝对定位，即层的位置不随浏览器窗口的大小而改变；而表格一般为相对定位，即表格大小随浏览器窗口而改变。因此在利用层实现特殊效果时，最好把对应的表格改为绝对定位，这样当窗口改变大小时，不会由于层和表格的错误而影响整体的美观。

12.9　利用 HTML 源代码制作网页

网页上所传输的网页大多采用 HTML 语言来编写，或将 ASP、JSP、PHP、Java、JavaScript 等其他脚本语言嵌入在 HTML 中来编写。

12.9.1　HTML 简介

　　HTML 的全名是"Hyper Text Markup Language"，即"超文本标记语言"，是用特殊标记来描述文档结构和表现形式的一种语言。虽然在可视化的网页制作工具中，用户不需要对 HTML 语言有任何了解即可制作出专业精美的网页，但若能了解一些关于 HTML 的知识，将使你如虎添翼。

12.9.2　HTML 的开发工具

　　HTML 文档其实是一种纯文本文件，可以用任何文本编辑器来编写，只需要在保存时将其扩展名设置为.htm 或.html 即可。不仅用 FrontPage 和 Dreamweaver 等软件可以编辑 HTML 源代码，而且 Windows 自带的记事本也可以用来开发 HTML，此外还可利用 EditPlus、UltraEdit 等专业的文本编辑器来开发 HTML。

　　注意：最好不要用 Word 或 WPS 之类的字处理软件来编辑 HTML 文档，因为这类软件中常会有多余的格式，容易导致格式字符出错。

12.9.3　一张简单的 HTML 网页

　　如图 12-56 所示是一张利用 HTML 语言直接编写的网页。

　　在浏览器窗口中选择"查看"→"源文件"命令，会出现如图 12-57 所示的记事本窗口，显示网页的源代码。

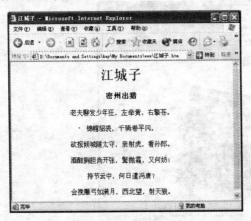

图 12-56　简单的 HTML 网页　　　　　　图 12-57　网页源代码

　　若想直接利用 HTML 语言编写这样的网页，可以在记事本中输入以上内容，在保存时将文件扩展名保存为.htm 或.html，即可用 IE 打开该文件进行浏览。

12.9.4　HTML 中的基本语法

　　如图 12-56 所示的网页源代码包含了 HTML 网页的基本框架，任何复杂的网页都是由基本框架衍生而来的。

　　一般 HTML 文档都由<HTML>标记（Tag）开始，到</HTML>标记结束，分为文档头<Head>和文档主体<Body>两大部分。文档头和文档主体由具有各种功能的元素组成，标记是用来描述这些功能元素的符号。

标记在使用的时候必须用尖括号 "< >" 括起来，而且标记大部分是成对出现的。起始标记没有斜杠，如<html>，终止标记有斜杠，如</html>。对成对标记而言，起始标记和终止标记之间的部分，连同它们在内，是 HTML 的元素，如<title>和</title>、<h1>和</h1>等。对单独标记而言，表示在该标记所在的位置插入一个元素，如<p>。

此外，为了明确网页中某个元素的功能，在标记中会加入描述元素的某种特性的参数及相关的语法，称为 "标记属性"。如图 12-57 中的<body bgcolor="#FFFFFF">、<h1 align="center">、<p align="center">等都是标记属性的例子。bgcolor 用来规定网页的背景颜色，FFFFFF 是颜色的十六进制表示，表示白色；align 用来规定标题内容的对齐方式，center 表示居中。通常情况下，标记属性的格式是：<标记名 属性名 = 属性值 属性名 = 属性值…>…< / 标记名>，如<h3 align="center">密州出猎</h3>。

在 HTML 文档中，不同的标记元素一般有不同的属性，但也有一些属性是通用的，如 align 属性也可以用在<p>标记中，bgcolor 属性可以用在表格中。

12.9.5 HTML 中的基本标记

下面列举一些最基本的标记。

1．<html>和</html>标记

每一个 HTML 文件都以<html>开始，以</html>结束，表示中间是一个 HTML 文档。

2．<head>和</head>标记

该标记之间的部分是文档头，包含在它们之间的内容不会显示在网页中，主要是用来记载一些重要信息，如其中的<title>和</title>标记则是用来显示网页标题。

3．<body>和</body>标记

该标记之间的部分是文档主体，也就是显示在网页中的内容。利用<body bgcolor="#FFFFFF">语句，可以设置页面的背景颜色。

4．<title>和</title>标记

该标记之间的部分是网页标题，浏览时显示在浏览器标题栏中。

5．<hx>和</hx>标记

该标记表示中间是标题文字。<h1>和</h1>表示为标题 1，是最大的标题，共有 7 级。

6．<p>标记

这是分段标记，表示一个新的自然段的开始。这是一个单独标记。

**7．
标记**

这是换行标记，这是一个单独标记。

8．<hr>标记

这是水平线标记，这是一个单独标记。

9．<bgsound>标记

该标记用来设置网页的背景音乐，用法如下：
<bgsound src=" bgmusic.mid" loop="-1">
其中 "src" 表示背景音乐的来源，"loop" 表示背景音乐的循环次数。-1 表示循环播放。

10．<font>和</font>标记

该标记用来设置文字的字体、大小、文字颜色。用法如下：

```
<font face="宋体" color="red" size="5">热烈欢迎您访问我的主页</font>
```

其中"face"表示字体名称，"color"表示字体颜色，"size"表示字体的大小。

11．<img>标记

在 HTML 中，用<img>标记来插入图片。这是一个单独的标记，用法如下：

```
<img src="flower.jpg" width="250" height="145" border="1" alt="香水百合"
align="left" >.
```

其中，"src"表示图片的来源，"width"和"height"分别表示插入图片的宽度和高度，"border"表示图片边框的宽度，"alt"表示图片不能显示时的替换文字，"align"表示图片的对齐方式。

12．<a>标记

HTML 文档用<a>标记来设置超链接，用法如下：

```
<a href="http://www.google.com" target="_blank" title="一个比较好的搜索引擎
">Google 搜索</a>
```

该例子会在新窗口中打开 Google 搜索引擎。其中，"href"表示超链接的 URL 地址，"target"指定打开超链接的窗口或框架，"title"表示当鼠标移到链接上时显示的说明文字。

13．<table>与</table>标记

<table>标记用来声明表格，<table>和</table>标记界定了表格的范围，两者之间就是表格的内容，用法如下：

```
<table width="100%">
  <tr>
    <td width="100%"> </td><td></td>
  </tr>
</table>
```

一个<tr>标记表示一行，一个<td>标记表示一列，分别以</tr>和</td>结束，上面这段代码表示的即为一行两列的一个表格。

注意：标记可以嵌套使用，但必须一一匹配出现。

技巧：在 FrontPage 窗口下方单击【HTML】视图按钮，就可以查看网页的 HTML 语言代码了，用这种方法也可以学习 HTML 语言。

12.10　发布网站

通常的网站，例如搜狐网站，世界各地的人们都可以随时访问，而大家刚才做的网站只能在自己的计算机上浏览，如果想让远方的朋友看，就必须用磁盘或 E-mail 将整个网站文件夹全部发送给朋友。

12.10.1　为什么要发布网站

怎么样才能让世界各地的人们通过网络访问自己的网站呢？那就要将自己的网站传到专门的 Web 服务器上，所谓 Web 服务器，就是安装了网络操作系统的特殊的计算机，它对外开通了 WWW 服务，放在服务器上的网站才能让世界各地的人们访问。

　　那么现在大家就要向这样的服务器申请一个空间，就像买一套房子一样，在网上给自己的网站找一个"房间"，然后将自己的主页放进去。申请空间通常有几种方法，可以向本单位的网络管理员申请一个空间；也可以向一些 Internet 服务机构购买一个空间；还可以到提供免费空间的网站申请一个免费空间。发布网站就是将网站中所有的文件及文件夹复制到网络服务器上的过程。

　　下面是一些提供收费或免费空间的网站，大家也可以自己去搜索：

- 万网：http://www.net.cn
- 西陆空间：http://hp.xiloo.com
- 网易 X 空间：http://Diy.163.net

　　大家甚至还可以为自己的网站申请一个国际域名或国内域名，如 http://www.dwclub.com，具体申请方法可以访问 ISP 服务商的主页，如 http://www.net.cn 等。

12.10.2　发布网站的几种方式

　　发布网站的过程其实就是将本地计算机上的网页文件通过网络传输到远程 WWW 服务器上，从而使得人们能够通过访问该 WWW 服务器来浏览用户所制作的网页。

　　将网页传输到远程 WWW 服务器的方法主要有 3 种：FTP 上传、利用 FrontPage 的发布功能上传，以及利用远程服务器提供的在线上传功能。

1．FTP 上传

　　假设在远程 WWW 服务器中已经为用户开设了一个个人空间，那么用户只需在 FTP 软件中输入服务器的地址、用户名和密码，即可将网站文件上传至该空间。例如，在 ftp://162.105.74.242 处为用户开设了一个个人空间，用户名为 dwclub，密码为 clubdw，则可将 WWW 文件夹下的所有文件都上传至该空间。之后，如果服务器管理员告知该网站的地址为 http://162.105.74.242/dw，则可以通过直接访问该网址来访问用户的网站。

2．利用 FrontPage 的发布功能上传

　　在 FrontPage 中，选择"文件"→"发布网站"命令，会出现如图 12-58 所示的"发布目标"对话框。

　　在对话框中输入远程服务器的地址，单击【确定】按钮，会出现如图 12-59 所示的"要求提供用户名和密码"对话框，在对话框中输入用户名和密码，即可将网站发布至远程服务器。

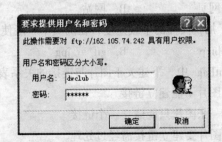

图 12-58　"发布目标"对话框　　图 12-59　"要求提供用户名和密码"对话框

3. 利用 WWW 服务器提供的在线上传功能

很多提供网页空间的网站都提供"在线上传"功能，用户可以利用网站提供的上传功能本机上的网站文件上传到远程服务器中。不过不同的空间服务商通常提供不同的上传方法，具体方法请参考他们网站上的说明。

4. 将自己的计算机当作服务器

很多免费的 WWW 服务器提供的服务都十分有限，如果需要网站实现更多的交互式、动态功能的话，还可以将本地计算机设置为 WWW 服务器而直接将网站发布在本地计算机上，大家可参考有关 Windows XP 的 IIS（Internet Information Service，Internet 服务管理器）的书籍。

技巧：要想实现留言板、BBS 等网页动态交互功能，还需要学习专门的网络程序设计语言，例如 ASP、PHP 和 JSP 等语言。

习 题 12

一、思考题

1. 为什么最好新建一个网站？
2. 在 FrontPage 中缩小图片后，图片的实际大小有无改变？
3. 表格在网页中除了基本功能外，还有什么特殊的功效？
4. 如何使浏览器中的表格不显示边框？
5. 可不可以对图片添加超链接？
6. 如何在 FrontPage 中插入 Flash 动画？（提示：选择"插入"→"高级"→"插件"命令）
7. 对于左右框架，共有几个文件？
8. 对于左右框架，左框架中的超链接默认在哪个框架中打开？
9. 什么是 HTML 语言？它的基本标记有哪些？
10. 为什么要发布网站？

二、选择题

1. 网页文件的扩展名一般为（　　）。
   A. doc　　　　　　B. htm　　　　　　C. xls　　　　　　D. mpg
2. 使用浏览器访问网站时，第一个被访问的网页称为（　　）。
   A. 网页　　　　　　B. 网站　　　　　　C. HTML 语言　　　D. 主页
3. 为了加快页面的下载速度，在网页中一般使用（　　）格式的图片文件。
   A. bmp　　　　　　B. gif 或 jpg　　　　C. psd　　　　　　D. tiff
4. FrontPage 中，下述关于图片与链接的关系表述正确的是（　　）。
   A. 图片不能建立链接
   B. 一张图片只能建立一个链接
   C. 图片要建立链接需经过处理
   D. 通过设置热区，一张图片可建立多个链接
5. 在 FrontPage 中的（　　）视图可以直接制作网页。
   A. 网页视图　　　　B. 文件夹视图　　　C. 报表视图　　　　D. 超链接视图

6. 在网页制作中，经常使用（ ）进行页面布局。

    A. 文字   B. 表格   C. 表单   D. 图片

7. 在 FrontPage 中，下列关于表格的说法，错误的是（ ）。

    A. 如果表格的大小以像素为单位，那么无论网页的大小是多少，表格的大小都会维持不变

    B. 如果表格的大小是浏览器窗口大小的百分比，那么无论网页的大小是多少，表格的大小都会维持不变

    C. 如果未指定表格的高度和宽度，则表格的大小将根据内容而定

    D. 如果表格显示在框架中，则其大小根据框架大小的百分比而非整个网页大小的百分比而定

8. 在 FrontPage 中，想在浏览器中的不同区域同时显示几个网页，可使用下列（ ）方法。

    A. 表格   B. 框架   C. 表单   D. 单元格

9. 在 HTML 源文件中，如果要分段可用（ ）标记。

    A. <p>   B.
              C. <hr>   D. <a>

10. 在 HTML 源文件中，如果要插入一条水平线可用（ ）标记。

    A. <p>   B.
              C. <hr>   D. <a>

三、填空题

1. 在 FrontPage 视图中，有网页、文件夹、远程网站、报表、导航、超链接、任务 7 种视图方式，在网页制作和网站管理中，分别代表 7 种不同的工作模式，其中_____视图用来了解整个网站的状况，报告网站中的文件和超链接的状态。

2. 如果使用了特殊字体，而访问者的计算机中没有安装该字体，那么浏览器将以_____字体显示该网页。

3. 在 FrontPage 中制作网页时，可以通过单击_____视图按钮，观察网页在浏览器中的显示效果。

4. 在 FrontPage 网页视图中制作时，既可以在_____视图下进行直观的操作，又可以在 HTML 视图下输入或编辑 HTML 源代码来制作网页。

5. 在 FrontPage 的各种视图类型中，_____用来编辑网页；_____用来了解整个网站的状况，报告网站中的文件和超链接的状态；_____用来帮助设计网站结构图，网页会依据结构图的形式自动产生链接；_____显示来自和指向网站中每一个网页的所有超链接。

四、上机练习题

1. 新建一个名为"www"的网站，并在网站中新建一张名为"index.htm"的网页。在该网页中插入文字、图片、表格等对象。

2. 在"www"网站中新建若干张网页，分别命名为 1.htm、2.htm、3.htm、4.htm 和 5.htm。在 index.htm 中将为文字或图片添加超链接，链接到新建的这 5 张网页、电子邮件地址、其他文件或网址。

3. 在 index.htm、1.htm、2.htm、3.htm、4.htm 和 5.htm 这 6 张网页上练习背景图片和背景音乐的插入、模板和主题的使用、字幕和交互式按钮的插入、动态 HTML 效果、网页过渡效果的使用等操作。

4. 综合运用所学习到的内容，创建一个自己的个人主页或为学校中的某个机构、某个班级、某个社团建立一个网站。

5. （选做题）结合 FrontPage 和源代码，尝试制作一个滚动图片页面，也就是说让图片像滚动字幕一样滚动。

附录 A 推荐资源网站

1. 尚俊杰个人主页：http://www.jjshang.com，这是本书作者尚俊杰的个人教学网站，也是本书的支持网站，有一些相关学习资源。
2. 中国教育和科研计算机网：http://www.edu.cn，有很多教育相关资源。
3. 中华网网络教室：http://tech.china.com/zh_cn/netschool/index.html，有大量的关于计算机的学习资源。
4. 中国万网：http://www.net.cn，一个比较好的主页空间和域名服务商。
5. 程序太平洋：http://www.dapha.net/down，有大量程序源代码。
6. 无忧计算机等级考试服务站：http://www.wuyouschool.com.cn，有关计算机等级考试的大量资料。
7. 北大图书馆：http://www.lib.pku.edu.cn，有大量的北大讲座及相关资源。
8. 北大未名：BBS http://bbs.pku.edu.cn，北大著名的 BBS。
9. 水木清华：BBS http://bbs.tsinghua.edu.cn，清华大学著名的 BBS 站"水木清华"。
10. 北京大学：http://www.pku.edu.cn，北京大学主页。
11. 清华大学：http://www.tsinghua.edu.cn，清华大学主页。
12. 天网搜索引擎：http://e.pku.edu.cn，由北京大学开发的著名的搜索引擎。
13. Google 搜索引擎：http://www.google.com，国外著名的搜索引擎，非常实用。
14. 出国考试报名网站：http://www.51test.com，里面有出国考试报名信息以及 ucmle、icme 等会计考试信息。
15. 闪客帝国：http://www.flashempire.com，著名 Flash 网站，有大量与 Flash 相关的资源。
16. 找工作网站：http://www.51job.com，不错的找工作的网站。
17. 新浪网：http://www.sina.com.cn，国内著名门户类综合性网站。
18. 搜狐网：http://www.sohu.com.cn，国内著名门户类综合性网站。
19. 北京大学网络导航：http://www.pku.edu.cn/resource/navigation.htm，推荐了很多优秀的网站。

参考文献

[1] 卢湘鸿. 文科计算机教程[M]. 北京：高等教育出版社，1999.

[2] 卢湘鸿. 计算机应用教程（Windows 98 环境）[M]. 北京：清华大学出版社，1999.

[3] 卢湘鸿. 计算机应用教程（Windows 2000 环境）[M]. 北京：清华大学出版社，2001.

[4] 尚俊杰. 计算机应用基础[M]. 北京：北京大学出版社，2002.

[5] 裘宗燕. 计算机基础教程[M]. 北京：北京大学出版社，2000.

[6] 联机培训方案提供商国际公司. Microsoft Windows XP 标准教程[M]. 安树民，等译. 北京：科学出版社，2002.

[7] 协同教育微软 ATC 教材编译室. Microsoft Office XP 基础标准培训教程[M]. 北京：电子工业出版社，2001.

[8] 协同教育微软 ATC 教材编译室. Microsoft FrontPage 2002 中文版标准培训教程[M]. 北京：电子工业出版社，2002.

[9] 李振英. 简明汉字输入法培训教程[M]. 北京：高等教育出版社，2000.

[10] 李瞳. 信息检索与利用[M]. 南京：南京大学出版社，2006.

[11] 缪蓉. 网络技术与教育技术[M]. 北京：北京大学出版社，2005.

———————————— 笔 记 栏